数据挖掘技术与应用案例教程

主审　曲俊红

主编　李华风　郑瑞银　魏　星

内容提要

本书采用项目式编写形式，通过合理的内容安排、丰富实用的典型案例、学练结合的讲解方式和通俗易懂的语言，全面系统、循序渐进地介绍了数据挖掘的相关技术和实际应用。全书共分为8个项目，内容包括数据挖掘基础、数据探索与预处理、分类、回归分析、聚类、关联规则挖掘、人工神经网络与深度学习、综合案例——某地二手房数据挖掘。

本书可作为职业院校大数据技术、计算机科学与技术、数据科学与大数据技术、人工智能等专业学生的专用教材，也可供数据挖掘技术爱好者自学使用。

图书在版编目（CIP）数据

数据挖掘技术与应用案例教程 / 李华风，郑瑞银，魏星主编. -- 上海 : 上海交通大学出版社，2025. 1.(2025. 12.重印)
ISBN 978-7-313-32189-3

Ⅰ. TP274

中国国家版本馆CIP数据核字第2025L4R315号

数据挖掘技术与应用案例教程
SHUJU WAJUE JISHU YU YINGYONG ANLI JIAOCHENG

主　　编：李华风　郑瑞银　魏　星
出版发行：上海交通大学出版社　　地　　址：上海市番禺路951号
邮政编码：200030　　电　　话：021-64071208
印　　制：北京时代华都印刷有限公司　　经　　销：全国新华书店
开　　本：787 mm×1092 mm　1/16　　印　　张：15
字　　数：347千字
版　　次：2025年1月第1版　　印　　次：2025年12月第2次印刷
书　　号：ISBN 978-7-313-32189-3　　电子书号：ISBN 978-7-89564-149-5
定　　价：58.00元

前言

随着信息技术的飞速发展，数据正以前所未有的速度和规模不断产生和积累，这些数据中蕴含着丰富的价值信息和潜在的知识宝藏。然而，如何从海量数据中提取真正有价值的信息，成为一个亟待解决的问题。数据挖掘正是解决这一问题的关键手段。数据挖掘能够通过大量算法和模型，从庞杂的数据中洞察数据背后的潜在规律，为决策提供更加科学、精准的依据，从而促进各行业的创新发展和社会经济的繁荣。

为帮助学生和广大数据挖掘技术爱好者深入理解并熟练掌握数据挖掘的相关技术和实际应用，我们在充分吸取多年工作实践和教学经验的基础上，精心策划和编写了本书。

本书特色

1. 春风化雨，立德树人

党的二十大报告指出："育人的根本在于立德。"本书积极贯彻党的二十大精神，在正文合适位置安排了"德育长廊"栏目，将能够体现职业理想、职业道德、工匠精神、创新精神等的内容潜移默化地融入知识和技能教育，引导学生将个人价值实现与国家民族发展紧密相连，力求培养有担当、高素质、高水平的专业型人才。

2. 校企合作，协同育人

本书邀请相关企业专家参与案例设计和编写，结合企业对人才的实际要求，通过案例实施、项目实训及综合案例锻炼学生的工作思维和实践技能，充分发挥学校和企业各自在人才培养方面的优势，帮助学生实现从校园到企业的平稳过渡。

3. 全新形态，全新理念

本书遵循"理论够用，重在实践"的原则，采用项目式编写形式，以数据挖掘流程为主线，较为全面地介绍了数据挖掘的相关技术和实际应用。其中，在前 7 个项目中，不仅介绍了数据挖掘的基础知识和典型算法，还在每个项目的案例实施和项目实训部分根据相关知识点安排了具有针对性的实用案例；在最后一个项目中，设置了一个综合案例，帮助学生进一步熟悉和掌握数据挖掘整体流程和实际应用。

此外，本书还根据需要在各项目中穿插设置了"小提示""高手点拨"等栏目，适时提醒学生在学习与操作过程中需要注意的问题，让学生少走弯路，提高学习效率。

4. 资源升级，平台支撑

本书配有丰富的数字资源，学生可以借助手机或其他移动设备扫描二维码观看微课视频，也可以登录文旌综合教育平台"文旌课堂"查看和下载本书配套资源，如优质课件、项目考核答案、素材与实例等。学生在学习过程中产生疑问，也可以登录该平台寻求帮助。

此外，本书还提供了在线题库，支持“教学作业，一键发布”，教师只需通过微信或“文旌课堂”App 扫描扉页二维码，即可迅速选题、一键发布、智能批改，并查看学生的作业分析报告，提高教学效率，提升教学体验。学生可在线完成作业，巩固所学知识，提高学习效率。

本书创作团队

本书由曲俊红担任主审，李华风、郑瑞银、魏星担任主编，夏奔、魏威、屈静、尹静、衡山、邵珠雪、黄浩担任副主编。由于编者水平有限，书中可能存在疏漏或不妥之处，敬请各位读者批评指正。

特别说明

在本书编写过程中，编者参考了大量资料，这些资料大部分已获授权，但由于部分资料来自网络，我们暂时无法联系到原作者。对此，我们深表歉意，并欢迎原作者随时与我们联系。

本书配套资源下载网址和联系方式

网址：https://www.wenjingketang.com

电话：400-117-9835

邮箱：book@wenjingketang.com

片头

CONTENTS 目录

项目 1　数据挖掘基础 …… 1
项目导读 …… 1
项目目标 …… 1
项目分析 …… 2
项目准备 …… 2
1.1　认识数据挖掘 …… 2
1.1.1　数据挖掘的概念 …… 2
1.1.2　数据挖掘的流程 …… 3
1.1.3　数据挖掘的应用领域 …… 4
1.2　数据挖掘常用算法 …… 5
1.3　数据挖掘常用工具 …… 6
1.3.1　常用工具 …… 6
1.3.2　Python 数据挖掘常用库 …… 7
案例实施——搭建数据挖掘基础环境 …… 8
项目实训 …… 15
项目总结 …… 16
项目考核 …… 17
项目评价 …… 18
项目 2　数据探索与预处理 …… 19
项目导读 …… 19
项目目标 …… 19
项目分析 …… 20
项目准备 …… 20
2.1　数据探索 …… 21
2.1.1　数据质量分析 …… 21
2.1.2　数据特征分析 …… 23
案例实施 1——体测成绩数据探索 …… 27
2.2　数据清洗 …… 34
2.2.1　缺失值处理 …… 34
2.2.2　异常值处理 …… 38
2.2.3　重复值处理 …… 38
2.3　数据集成 …… 39
2.3.1　实体识别问题处理 …… 40
2.3.2　属性冗余处理 …… 40
2.3.3　元组重复处理 …… 40
2.3.4　属性值冲突处理 …… 41
2.3.5　数据合并 …… 41
2.4　数据变换 …… 42
2.4.1　简单函数变换 …… 42
2.4.2　数据规范化 …… 43
2.4.3　数据离散化 …… 46
2.4.4　数据编码 …… 48
2.5　数据归约 …… 49
2.5.1　维度归约 …… 49
2.5.2　数量归约 …… 51
2.5.3　数据压缩 …… 51
案例实施 2——体测成绩数据预处理 …… 52
项目实训 …… 55
项目总结 …… 57
项目考核 …… 58
项目评价 …… 60
项目 3　分类 …… 61
项目导读 …… 61
项目目标 …… 61
项目分析 …… 62

项目准备 ······62
3.1 分类概述 ······63
3.1.1 分类的概念及过程 ······63
3.1.2 分类模型的评价指标 ······64
3.1.3 过拟合与欠拟合 ······66
3.2 K 近邻分类 ······67
3.2.1 K 近邻算法原理 ······67
3.2.2 K 近邻算法实现 ······68
案例实施 1——使用 K 近邻算法对鸢尾花进行分类 ······69
3.3 决策树分类 ······74
3.3.1 决策树的工作原理 ······74
3.3.2 ID3 决策树 ······75
3.3.3 C4.5 决策树 ······77
3.3.4 CART 决策树 ······78
3.3.5 决策树算法实现 ······80
案例实施 2——使用 CART 决策树对鸢尾花进行分类 ······81
3.4 贝叶斯分类 ······84
3.4.1 贝叶斯定理 ······84
3.4.2 朴素贝叶斯 ······85
案例实施 3——使用朴素贝叶斯对鸢尾花进行分类 ······86
3.5 支持向量机分类 ······89
3.5.1 支持向量机概述 ······89
3.5.2 线性支持向量机 ······89
3.5.3 非线性支持向量机 ······91
案例实施 4——使用线性支持向量机对鸢尾花进行分类 ······92
项目实训 ······95
项目总结 ······97
项目考核 ······98
项目评价 ······100
项目 4 回归分析 ······101
项目导读 ······101
项目目标 ······101
项目分析 ······102
项目准备 ······102
4.1 回归分析概述 ······103
4.1.1 回归分析的概念及过程 ······103
4.1.2 回归分析的分类 ······103
4.1.3 回归模型的评价指标 ······104
4.2 一元线性回归 ······105
4.2.1 一元线性回归模型 ······105
4.2.2 一元线性回归模型实现 ······106
案例实施 1——使用一元线性回归模型预测员工薪资 ······107
4.3 多元线性回归 ······110
4.3.1 多元线性回归模型 ······110
4.3.2 多元线性回归模型实现 ······111
案例实施 2——使用多元线性回归模型预测体测成绩 ······112
4.4 逻辑回归 ······115
4.4.1 逻辑回归模型 ······115
4.4.2 逻辑回归模型实现 ······116
案例实施 3——使用逻辑回归模型预测肿瘤类型 ······116
项目实训 ······120
项目总结 ······121
项目考核 ······122
项目评价 ······123

项目 5 聚类 …… 124
项目导读 …… 124
项目目标 …… 124
项目分析 …… 125
项目准备 …… 125
5.1 聚类概述 …… 126
5.1.1 聚类的概念 …… 126
5.1.2 聚类的分类 …… 126
5.1.3 聚类效果的评价指标 …… 126
5.2 划分聚类 …… 128
5.2.1 划分聚类概述 …… 128
5.2.2 K-Means 算法原理 …… 128
5.2.3 K-Means 算法实现 …… 131
案例实施 1——使用 K-Means 算法分析用户消费习惯 …… 132
5.3 层次聚类 …… 136
5.3.1 层次聚类概述 …… 136
5.3.2 AGNES 算法原理 …… 138
5.3.3 AGNES 算法实现 …… 139
案例实施 2——使用 AGNES 算法分析用户消费习惯 …… 140
5.4 密度聚类 …… 142
5.4.1 密度聚类概述 …… 142
5.4.2 DBSCAN 算法原理 …… 143
5.4.3 DBSCAN 算法实现 …… 145
案例实施 3——使用 DBSCAN 算法分析用户消费习惯 …… 145
项目实训 …… 149
项目总结 …… 151
项目考核 …… 152
项目评价 …… 154
项目 6 关联规则挖掘 …… 155
项目导读 …… 155
项目目标 …… 155
项目分析 …… 156
项目准备 …… 156
6.1 关联规则挖掘概述 …… 157
6.1.1 关联规则挖掘的基本概念 …… 157
6.1.2 关联规则挖掘的过程 …… 159
6.2 Apriori 算法 …… 159
6.2.1 频繁项集的产生 …… 159
6.2.2 关联规则的产生 …… 162
6.2.3 Apriori 算法实现 …… 163
案例实施 1——使用 Apriori 算法进行超市购物篮分析 …… 164
6.3 FP 增长算法 …… 167
6.3.1 FP 树的构建 …… 167
6.3.2 FP 树的挖掘 …… 169
6.3.3 FP 增长算法实现 …… 171
案例实施 2——使用 FP 增长算法进行超市购物篮分析 …… 171
项目实训 …… 174
项目总结 …… 176
项目考核 …… 177
项目评价 …… 179
项目 7 人工神经网络与深度学习 …… 180
项目导读 …… 180
项目目标 …… 180
项目分析 …… 181
项目准备 …… 181
7.1 人工神经网络 …… 182
7.1.1 人工神经网络的基本概念 …… 182

7.1.2 感知器 …………………… 186
案例实施 1——使用感知器对鸢尾花进行分类 ………… 188
7.2 深度学习………………………… 191
7.2.1 深度学习概述 ………… 191
7.2.2 卷积神经网络 ………… 193
案例实施 2——使用卷积神经网络识别手写数字 …… 199
项目实训 ……………………………… 203
项目总结 ……………………………… 205
项目考核 ……………………………… 206
项目评价 ……………………………… 208
项目 8 综合案例——某地二手房数据挖掘 ……………………… 209
项目导读 ……………………………… 209
项目目标 ……………………………… 209
项目分析 ……………………………… 210
8.1 需求分析………………………… 210
8.2 某地二手房数据预处理 ………211
8.2.1 缺失值处理 ……………211
8.2.2 异常值处理……………… 213
8.2.3 重复值处理……………… 213
8.2.4 数据编码………………… 214
8.3 某地二手房数据探索………… 215
8.3.1 二手房面积和房龄分布分析……………………… 215
8.3.2 二手房数量分布分析……………………… 217
8.3.3 二手房平均单价分析……………………… 218
8.3.4 二手房总价分析……… 220
8.4 某地二手房房价预测………… 221
8.4.1 构建多元线性回归模型…………………… 221
8.4.2 使用多元线性回归模型预测房价……………… 224
8.5 某地二手房房源分析………… 225
8.5.1 准备数据……………… 225
8.5.2 构建聚类模型并分析房源…………………… 226
参考文献………………………………230

项目1 数据挖掘基础

项目导读

在如今信息爆炸式增长的时代，数据已经成为一种无形的资产，它的价值不仅在于其数量，更在于其蕴含的信息和知识。因此，如何从海量的数据中挖掘出有价值的信息和知识，正逐渐成为数据科学领域一个重要且热门的研究课题。本项目学习数据挖掘的基础知识，以便对数据挖掘有一个整体的认识。

项目目标

知识目标

- 了解数据挖掘的概念、流程及应用领域。
- 熟悉数据挖掘的常用算法。
- 了解数据挖掘的常用工具。
- 了解 Python 数据挖掘常用库。

技能目标

- 能够正确搭建数据挖掘基础环境。

素养目标

- 增强自主学习意识，培养动手实践能力，为以后的学习与实践奠定基础。
- 培养大数据思维，主动适应社会发展。

项目分析

本书数据挖掘的实现均基于于Python语言，因此，搭建数据挖掘基础环境即为搭建Python开发环境，过程可分为以下两个步骤。

步骤1：安装Anaconda。Anaconda是一个开源的Python发行版本，通过Anaconda，用户可以轻松地安装、更新和管理Python包及其依赖关系。同时，Anaconda还包含了大量Python库，如NumPy、Pandas、Scikit-Learn等，便于用户更高效地进行数据挖掘。

步骤2：安装PyCharm。PyCharm是一款优秀的Python集成开发环境，它包含一系列可以帮助用户高效使用Python语言进行开发的工具，如调试、语法高亮、项目管理、代码跳转、智能提示、自动完成、单元测试、版本控制等。

项目准备

全班学生以3～5人为一组进行分组，各组选出组长。组长组织组员扫码观看“数据挖掘的发展历程”视频，讨论并回答下列问题。

数据挖掘的发展历程

问题1：简述数据挖掘与数据分析的区别。

问题2：尝试列举日常生活中属于数据挖掘的应用场景。

1.1 认识数据挖掘

1.1.1 数据挖掘的概念

数据挖掘（data mining, DM）是从大量的、不完全的、有噪声的、模糊的、随机的数据中，提取隐含在其中的、人们事先不知道的，但又有潜在利用价值的信息和知识的过程。

通常情况下，可以将数据挖掘任务分为预测性任务和描述性任务两类。

（1）预测性任务。预测性任务是根据已知的数据预测未来的结果。也就是说，可以利用历史数据中的规律来构建模型，然后使用模型来预测新样本的目标值。

（2）描述性任务。描述性任务不需要预测未来的结果，而是尝试揭示现有数据中潜在的模式、规律或关系，以便更好地理解数据的特征和结构。

1.1.2 数据挖掘的流程

一般来说，数据挖掘通常包括数据探索、数据预处理、数据挖掘建模、模型评价和知识表示五个阶段，如图 1-1 所示。

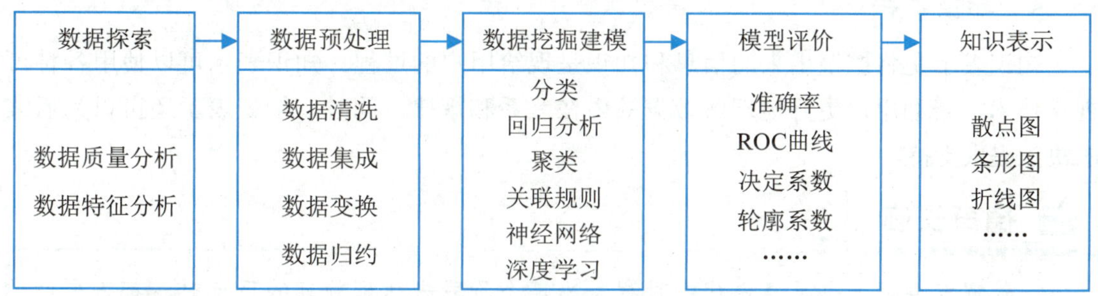

图 1-1 数据挖掘的流程

1. 数据探索

获取数据后需要对数据进行分析，目的是分析获取的数据是否满足数据挖掘建模的需要。该过程分为数据质量分析和数据特征分析两部分，统称为数据探索。需要注意的是，数据探索阶段仅对数据进行分析，并不对数据进行处理。

2. 数据预处理

为了提高数据质量，数据探索后还需要根据质量分析结果和数据挖掘的目标对数据进行恰当的预处理，通常包括数据清洗、数据集成、数据变换和数据归约。

（1）数据清洗。数据清洗是数据预处理的重要步骤之一，用于处理数据中存在的缺失值、异常值、重复值等，从而为后续的数据挖掘提供可靠的数据基础。

（2）数据集成。数据集成是将不同来源、格式、特征的数据在逻辑或物理上集成到一个统一的数据集中。

（3）数据变换。数据变换是指对数据进行规范化、离散化等操作，使数据更适合特定的挖掘算法和模型，从而提高数据挖掘的准确性和效率。

（4）数据归约。数据归约的目的是在保留数据代表性特征的前提下，降低数据的维度和规模，从而提高数据挖掘的效率。

3. 数据挖掘建模

数据挖掘建模是整个数据挖掘流程的核心阶段，是指针对具体的数据挖掘目标，通过选择合适的算法来构建挖掘模型。对于预测性任务，通常将数据分为训练数据集和测试数据集两部分，训练数据集用于构建模型，测试数据集用于测试模型性能。

4. 模型评价

模型评价是通过合适的评价指标对数据挖掘模型的性能进行评价。该阶段通常是对测试数据集挖掘的结果进行评价以判断模型性能。除此之外，也会结合相关领域专家的评价对数据挖掘模型进行评估。根据评估结果，可能需要对模型进行调整和优化，以改进模型的性能。

5. 知识表示

知识表示是将挖掘出来的信息和知识呈现给用户的过程。知识表示可以使用各种可视化技术，帮助用户更好地理解数据的内在联系和规律。同时，知识表示还可以为后续的决策提供支持。

德育长廊

数据挖掘是一个反复迭代的过程，当某个阶段未达到预期的目标时，都需要回到前面的步骤进行调整。其中，数据挖掘大部分时间和精力通常会耗费在数据预处理上。

正如在人生的道路上，我们难免会遇到困难和挑战，这时，我们不应选择回避或轻易放弃，而应展现出坚韧不拔的毅力，秉持精益求精的态度，将每一次困境视为成长的契机，在不断尝试与反思中磨砺自己的意志，并最终提升自己解决问题的能力。

1.1.3 数据挖掘的应用领域

如今，数据挖掘已经在金融、电子商务、医疗、社交和交通等领域得到广泛应用，为各行各业带来了巨大的商业价值和社会效益。

1. 金融领域

数据挖掘在金融领域应用广泛且发挥着巨大作用。利用数据挖掘，可以从海量数据中挖掘出有价值的信息，有效助力精准营销、风险评估、欺诈检测和投资组合优化等。例如，通过挖掘客户数据，金融机构可以识别不同的客户群体，并制订个性化营销策略；通过挖掘历史交易数据，金融机构可以预测股市的波动模式、涨跌，帮助人们识别潜在风险，保障金融安全；等等。

2. 电子商务领域

数据挖掘在电子商务领域的应用也非常普遍。利用数据挖掘，可以分析用户的购买记录、浏览行为和搜索习惯等信息，从而帮助商家洞察用户需求，实现个性化推荐和精准营销。除此之外，数据挖掘还可以应用在供应链管理和销售预测方面，以帮助商家优化库存管理和制订合理的采购计划等。

3. 医疗领域

数据挖掘在医疗领域的应用发挥着至关重要的作用。利用数据挖掘，可以有效地跟踪和监测患者的健康状况，还可以根据大量的病例数据、生物标志物信息、健康指标等，建立预测模型来评估个体患某种疾病的风险。例如，根据患者的基本信息、家族病史、生活方式等数据，预测心血管疾病、糖尿病等慢性疾病的发生概率。

4. 社交领域

数据挖掘在社交领域的应用日益广泛。利用数据挖掘，可以分析用户的行为模式和偏好，了解用户的兴趣爱好、社交圈子及活跃时间段，从而帮助平台优化推荐系统、个性化推送内容，提高用户满意度和留存率。除此之外，利用数据挖掘，还可以自动识别和过滤社交平台中的虚假信息，以保障平台的信息质量。

5. 交通领域

数据挖掘在交通领域的应用具有重要意义。利用数据挖掘，可以根据交通流量、路况、天气等数据，预测未来的交通状况，从而帮助交通管理部门合理安排交通资源，减少拥堵。除此之外，利用数据挖掘，还可以分析历史事故数据，挖掘事故发生的关联因素，提前发现潜在的安全隐患，为交通安全保驾护航。

1.2 数据挖掘常用算法

在数据挖掘过程中，需要根据实际需求，选择合适的数据挖掘算法进行模型构建。常用的数据挖掘算法按功能主要分为分类、回归分析、聚类、关联规则等。

1. 分类算法

分类是根据数据特征将数据划分到已有的类别中。分类算法通常用于数据挖掘的分类和预测任务，如鸢尾花分类、电信客户流失情况预测、股市波动预测等。常见的分类算法有K近邻算法、决策树算法、贝叶斯算法和支持向量机等。

2. 回归分析模型

回归分析研究的是因变量（目标）和自变量（特征）之间的关系。回归分析模型通常用于预测基于一个或多个特征的目标值，如员工薪水预测、商品价格预测、恶性肿瘤发病率预测等。常用的回归分析模型有一元线性回归模型、多元线性回归模型和逻辑回归模型等。

3. 聚类算法

聚类是将数据聚集为若干个类别，使得同一类别内的数据尽可能相似，不同类别之间的数据尽可能不同的过程。聚类算法通常用于发现数据间隐藏的区别和结构，如识别不同的客户群体、识别城市热点区域等。常用的聚类算法有 K-Means 算法、AGNES 算法和 DBSCAN 算法等。

4. 关联规则挖掘算法

关联规则是描述数据中不同项或集合之间的关联关系的规则。关联规则挖掘算法通常用于寻找数据之间的关联，并提取出频繁出现的项集与项集之间的联系。这种关联关系常用于购物篮分析、推荐系统等场景，如购买面包的用户同时购买牛奶的可能性较高。常用的关联规则挖掘算法有 Apriori 算法、FP 增长算法等。

除此之外，数据挖掘领域还有两类重要的算法，即人工神经网络和深度学习。它们广泛应用于数据的分类和预测任务，是目前很受欢迎的数据挖掘技术。而它们在数据挖掘领域的广泛应用，也在持续推动着数据挖掘技术的进一步发展。

1.3 数据挖掘常用工具

1.3.1 常用工具

数据挖掘工具通常是一类软件或平台，利用它们可以实现从大量数据中挖掘出有用信息和知识的操作。下面介绍常用的数据挖掘工具。

1. Python 语言

Python 是目前广泛使用的编程语言，它采用简洁清晰的语法结构，更便于用户上手操作，且它拥有强大的库支持，更易进行海量数据的处理。同时，Python 语言的兼容性较好，可以与其他编程语言进行对接。因此，Python 语言逐渐成为数据挖掘领域的首选语言。

2. R 语言

R 语言是一门专为统计计算和图形绘制设计的编程语言，广泛应用于数据挖掘领域。R 语言拥有许多可用于数据挖掘的包和工具，可以帮助用户方便地进行数据分类、预测、聚类和可视化等。

3. SPSS

SPSS 是一款商业统计软件，常用于数据处理、统计分析、图表绘制和数据挖掘等。SPSS 提供了多种算法和工具，可以完成回归分析、聚类分析、关联规则挖掘等多种数据挖掘任务。

4. SAS

SAS 是一款具有出色数据处理和分析能力的商业软件，广泛应用于数据分析和数据挖掘领域。SAS 提供了多种数据处理、统计分析和机器学习工具，可以帮助用户方便地进行数据分类、预测和聚类等。

5. WEKA

WEKA 是一款基于 Java 语言的开源数据挖掘软件，它提供了多种机器学习算法和可视化工具，且具有易于使用的界面和强大的功能，可以完成数据预处理、分类、聚类和关联规则挖掘等多种数据挖掘任务。

6. KNIME

KNIME 是一款开源的数据挖掘工具，它提供了可视化的界面和多种数据处理和分析组件。KNIME 具有强大的数据处理能力，可以完成数据清洗、变化和特征选择等操作，同时还提供了多种机器学习算法和可视化工具。

小 提 示

本书选取 Python 作为数据挖掘实现工具，来讲解数据挖掘整个流程中涉及的算法和模型实现。

1.3.2 Python 数据挖掘常用库

Python 数据挖掘常用库有 NumPy、Scipy、Pandas、Matplotlib、Scikit-Learn 和 Keras 等。

1. NumPy

NumPy 是 Python 科学计算的基础库，其全称是 Numerical Python。NumPy 提供了多维数组、数学函数库等，可用于存储和处理大型矩阵，比 Python 自身的嵌套列表结构更高效。

2. SciPy

SciPy 是基于 NumPy 的库，提供了许多用于数学、科学、工程计算的工具和函数。它包括积分、优化、插值、傅里叶变换、信号处理、图像处理、常微分方程等多个模块，可为科学计算提供强大支持。

3. Pandas

Pandas 也是基于 NumPy 的库，它是一个开源、高性能、易于使用的数据分析工具。Pandas 提供了一系列高效处理大型数据集所需的方法，包括数据导入、数据清洗、数据转换等，是数据挖掘过程中不可或缺的库。

4. Matplotlib

Matplotlib 是一个开源的数据可视化库，提供简洁、直观的接口，可用于创建高质量静态图形。它支持各种图表类型，如散点图、条形图、箱形图、折线图等，可帮助用户更容易理解数据挖掘结果。Matplotlib 通常与 NumPy 和 Pandas 等库一起使用，是数据挖掘过程中不可或缺的库。

5. Scikit-Learn

Scikit-Learn 是 Python 中的机器学习库，它建立在 NumPy、SciPy 和 Matplotlib 之上。Scikit-Learn 提供了丰富且易于使用的算法，包括分类算法、回归分析模型、聚类算法等，是数据挖掘领域一个简单高效的数据挖掘工具。

高手点拨

机器学习（machine learning）是一门利用各种算法从大量数据中挖掘有价值信息、学习如何完成特定任务，并获得有效完成任务方法的学科。

机器学习的基本思路就是使用一定的算法解析训练数据（进行模型训练）；然后学习到数据中存在的一些特征，得到模型；最后使用得到的模型对实际问题做出分类、决策或预测等。

6. Keras

Keras 是一个开源人工神经网络库，几乎支持所有类型的神经网络，同时具有高级神经网络接口，可以方便地定义和训练模型。Keras 特别适合快速实验和原型设计，对于复杂的神经网络结构和模型调整提供了灵活的支持。

案例实施——搭建数据挖掘基础环境

搭建数据挖掘基础环境

本书案例实施均在 Windows 10（64 位）操作系统下操作，各软件版本如表 1-1 所示。

表 1-1　软件版本

软件名称	版本选择
Anaconda	3-2024.02-1
PyCharm	2024.1

1. 安装 Anaconda

（1）下载并安装 Anaconda。

步骤 1 启动浏览器，访问 Anaconda 官网（网址为 https://www.anaconda.com），在打开的页面中单击“Products”选项下的“Distribution”选项，打开注册页面，在该页面中可选择注册或跳过注册，此处选择单击“Skip registration”链接文字跳过注册，然后打开下载页面，单击 Windows 区域的“64-Bit Graphical Installer (904.4M)”链接文字，下载 Anaconda 安装文件，如图 1-2 所示。

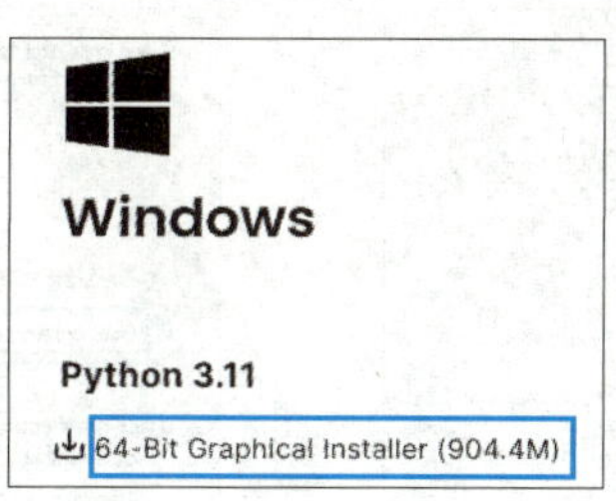

图 1-2　下载 Anaconda 安装文件

小 提 示

Anaconda 下载页面可能更新，用户可访问“https://repo.anaconda.com/archive/”，打开 Anaconda 官方历史版本下载页面，下载需要的版本。

步骤 2 双击下载的 Anaconda 安装文件，在打开的欢迎界面中单击“Next”按钮，如图 1-3 所示。

步骤 3 在打开的“License Agreement”界面中阅读许可协议条款，然后单击“I Agree”按钮，如图 1-4 所示。

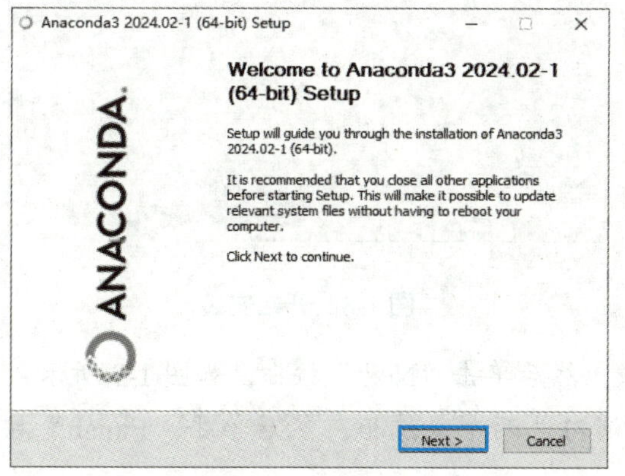

图 1-3　单击“Next”按钮

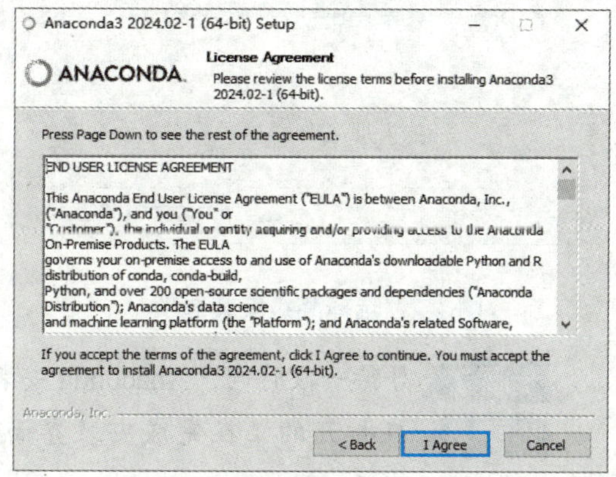

图 1-4　阅读并同意许可协议

步骤 4 在打开的“Select Installation Type”界面中根据需求选择安装类型，此处选中“All Users”单选钮，然后单击“Next”按钮，如图 1-5 所示。

步骤 5 在打开的“Choose Install Location”界面中单击“Browse...”按钮选择 Anaconda 安装位置，此处选择“D:\ProgramData\anaconda3\”，然后单击“Next”按钮，如图 1-6 所示。

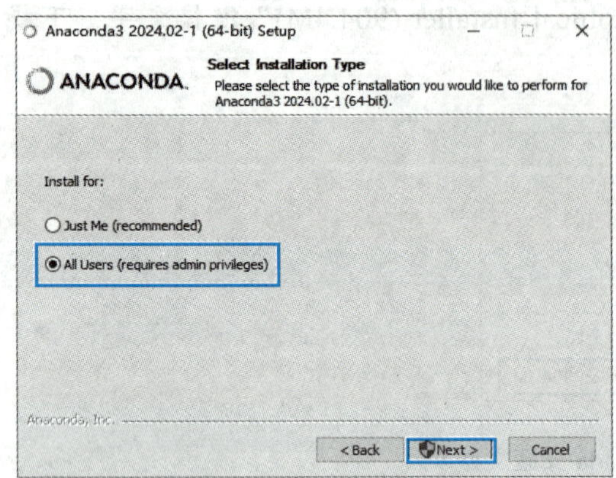

图 1-5　选择安装类型

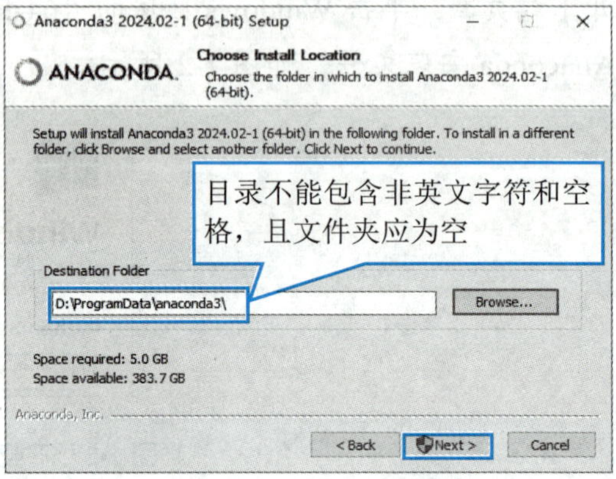

图 1-6　选择 Anaconda 安装位置

步骤 6 在打开的“Advanced Installation Options”界面中默认勾选前两个复选框，然后单击“Install”按钮，如图 1-7 所示。此时，开始安装 Anaconda，并在“Installing”界面中显示安装进度，如图 1-8 所示。

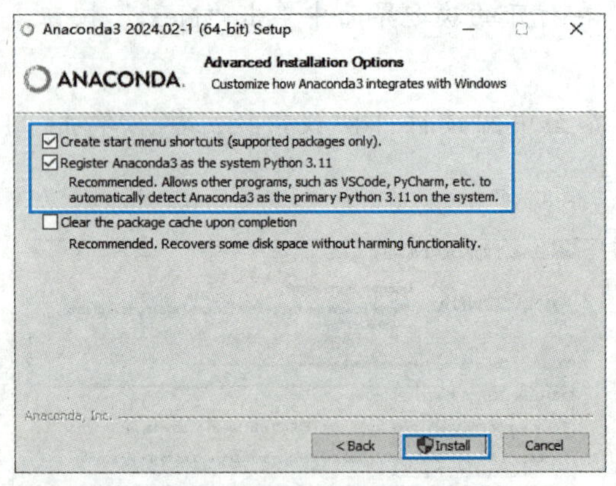

图 1-7　选择高级安装选项

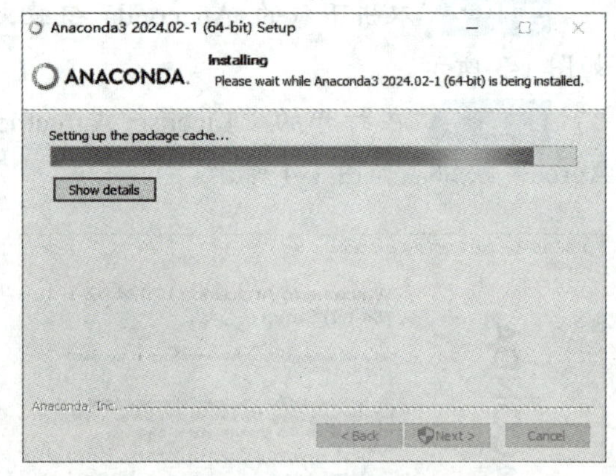

图 1-8　开始安装

步骤 7 等待一段时间，Anaconda 安装完成，然后单击“Next”按钮，如图 1-9 所示。

步骤 8 在打开的正在完成安装界面中取消勾选两个复选框，然后单击“Finish”按钮，如图 1-10 所示。

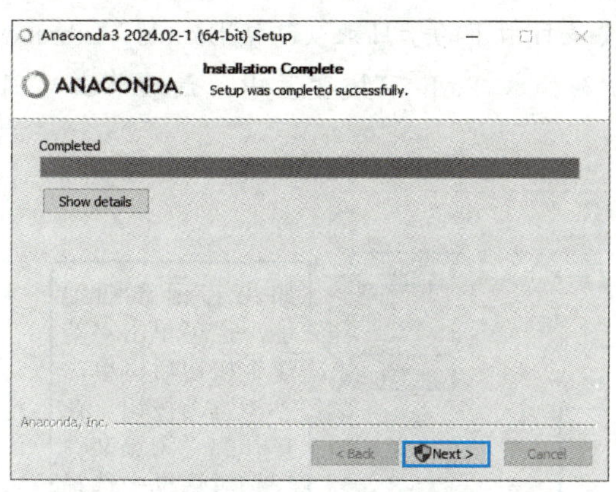

图 1-9 安装完成

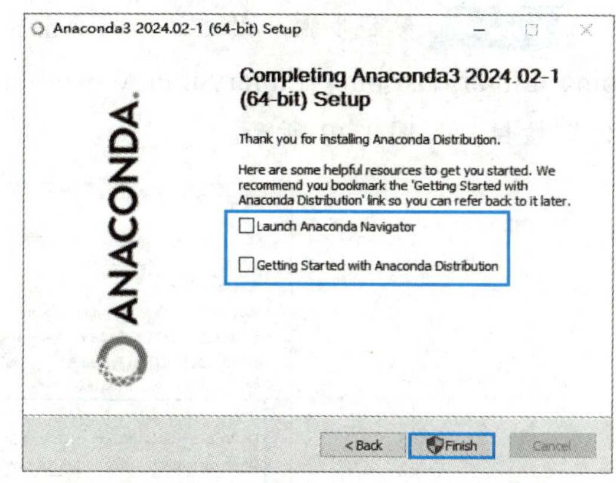

图 1-10 正在完成安装

（2）配置环境变量。

步骤 1 在桌面上右击“此电脑”图标，在弹出的快捷菜单中选择“属性”选项，打开“设置”界面，然后在界面右侧选择“相关设置”中的“高级系统设置”选项，打开“系统属性”对话框，如图 1-11 所示。

步骤 2 在“系统属性”对话框中单击“环境变量”按钮，打开“环境变量”对话框，在其中选中系统变量列表中的“Path”选项后单击系统变量区域的“编辑”按钮，如图 1-12 所示。

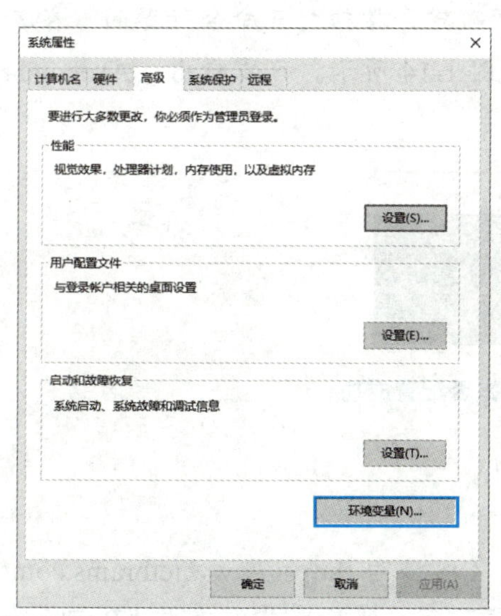

图 1-11 “系统属性”对话框

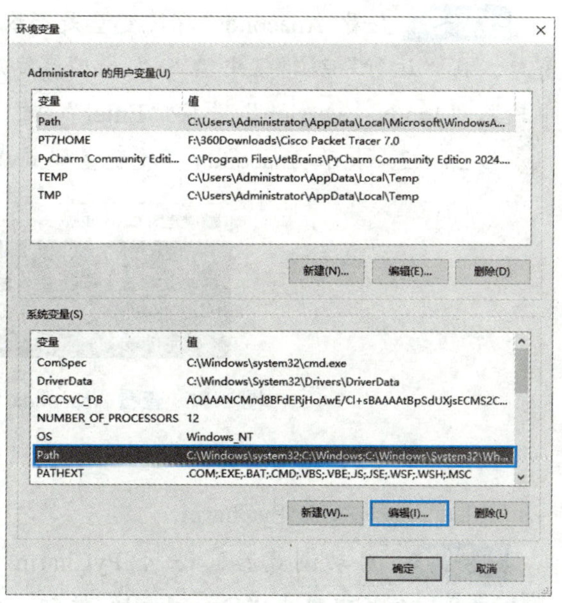

图 1-12 选中“Path”选项后单击“编辑”按钮

步骤 3 打开“编辑环境变量”对话框，单击“新建”按钮，根据前面选择的 Anaconda 安装位置输入对应内容，此处为“D:\ProgramData\anaconda3”。

步骤 4 参照步骤 3 的方法，将 Anaconda 安装目录下的子目录（包括 Scripts、Library\bin、Library\usr\bin、Library\mingw-w64\bin）分别加入 Path 环境变量中，最后单击“确定”按钮，如图 1-13 所示。

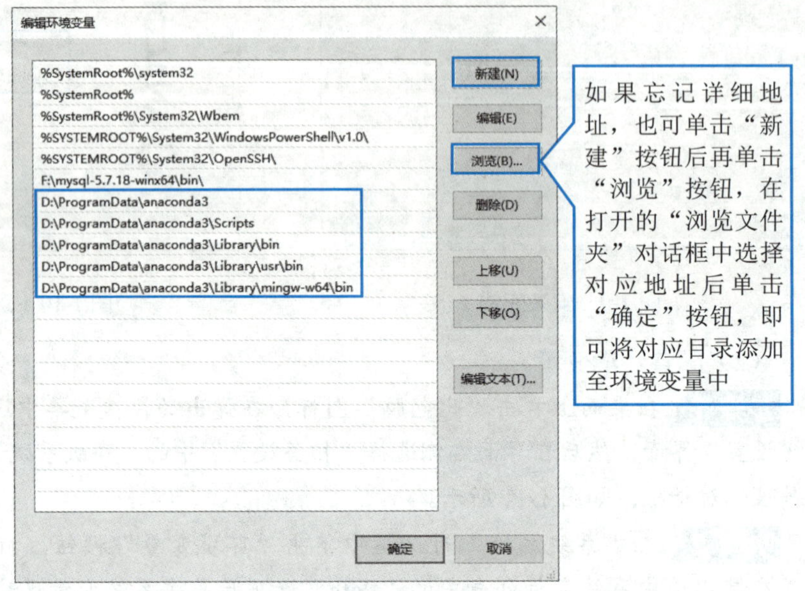

图 1-13　编辑环境变量

步骤 5 查看 Anaconda 环境变量是否配置成功。按“Win+R”组合键打开“运行”窗口，在“运行”编辑框中输入“cmd”，然后单击“确定”按钮打开命令行界面，在其中输入“conda --version”并按“Enter”键，结果如图 1-14 所示。可以看出，Anaconda 版本为 24.1.2，表示 Anaconda 环境变量配置成功。

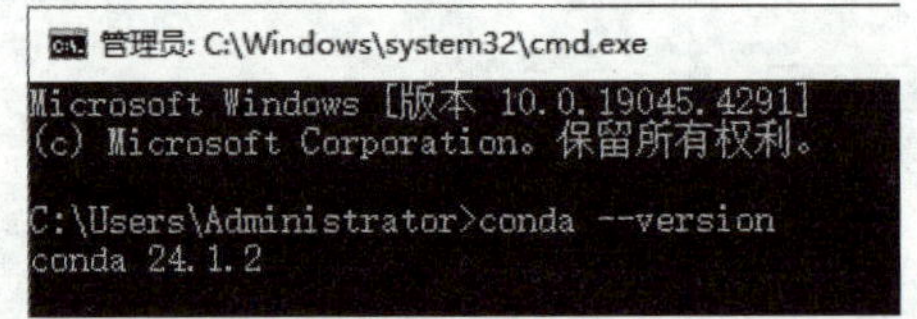

图 1-14　查看 Anaconda 环境变量是否配置成功

2. 安装 PyCharm

（1）下载并安装 PyCharm。

步骤 1 启动浏览器，访问 PyCharm 的官网（网址为 https://www.jetbrains.com/pycharm），在其中单击“Download”按钮，打开下载页面，然后在其中单击“PyCharm Community Edition”版本下的“Download”按钮，下载 PyCharm 安装文件，如图 1-15 所示。

图 1-15　下载 PyCharm 安装文件

小 提 示

PyCharm 下载页面可能更新，用户可访问“https://www.jetbrains.com/pycharm/download/other.html”，打开 PyCharm 官方历史版本下载页面，下载需要的版本。

步骤 2 双击下载的 PyCharm 安装文件，在打开的欢迎界面中单击“下一步”按钮，如图 1-16 所示。

步骤 3 在打开的“选择安装位置”界面中选择安装位置，此处保持默认位置，然后单击“下一步”按钮，如图 1-17 所示。

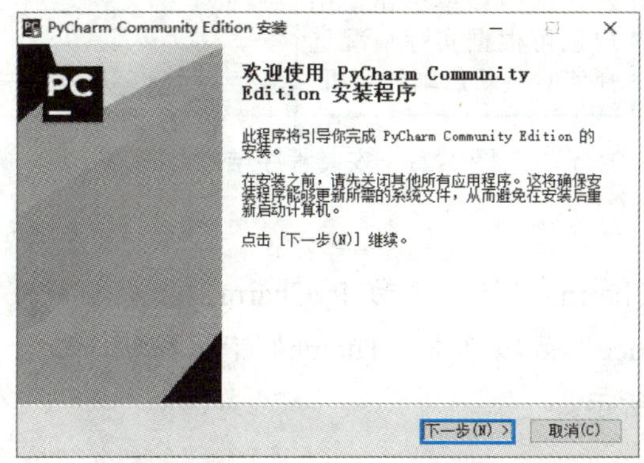

图 1-16　单击“下一步”按钮

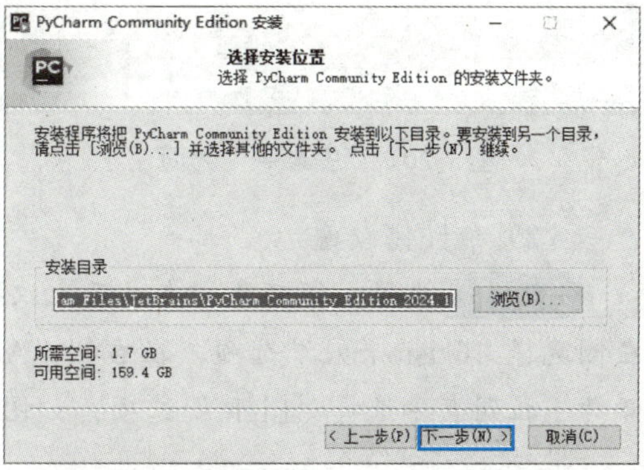

图 1-17　选择 PyCharm 安装位置

步骤 4 在打开的“安装选项”界面中勾选四个复选框，然后单击“下一步”按钮，如图 1-18 所示。

步骤 5 在打开的“选择开始菜单目录”界面中配置开始菜单文件夹，此处保持默认名称，然后单击“安装”按钮，如图 1-19 所示。此时，开始安装 PyCharm，并在“安装中”界面中显示安装进度，如图 1-20 所示。

步骤 6 等待片刻，PyCharm 安装完成后，在安装程序结束界面中单击“完成”按钮关闭该界面，如图 1-21 所示。

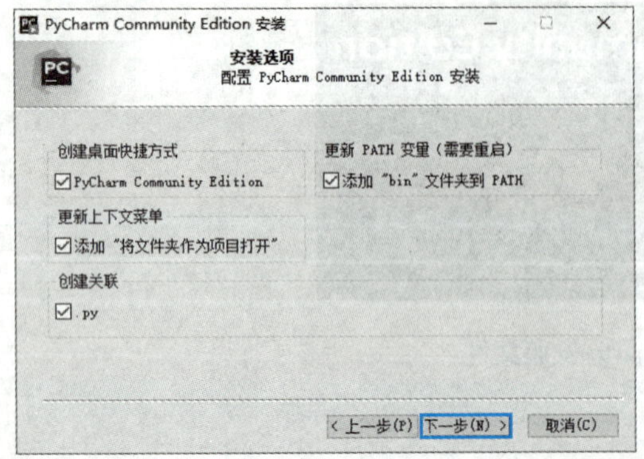

图 1-18　安装选项

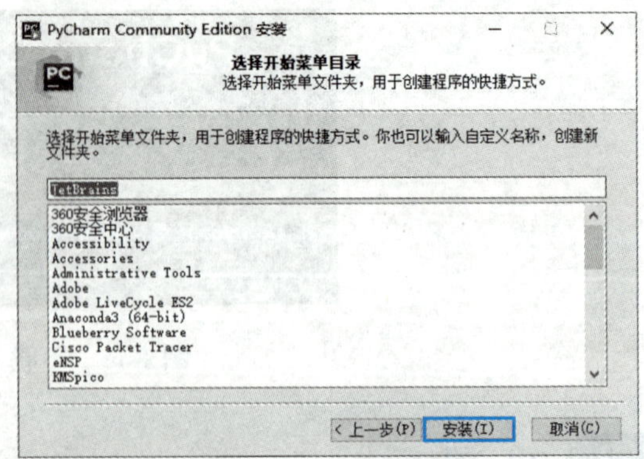

图 1-19　选择开始菜单目录

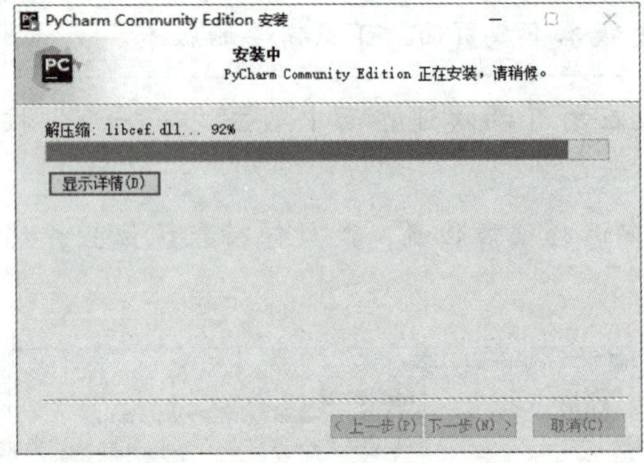

图 1-20　“安装中”界面

图 1-21　安装程序结束

（2）个性化设置。

步骤 1　设置主题颜色。在桌面上双击 PyCharm 图标，启动 PyCharm，在欢迎界面左侧选择“Customize”选项，在右侧“Appearance”区域单击“Theme”下拉按钮，在展开的下拉列表中选择“Light”选项，如图 1-22 所示。

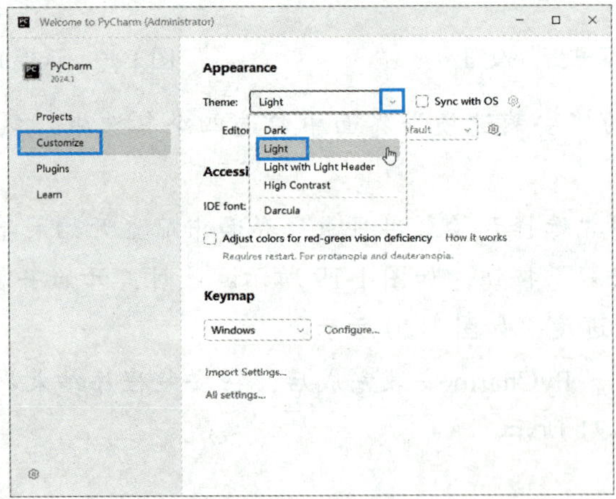

图 1-22　设置主题颜色

步骤 2 设置中文界面。在欢迎界面左侧选择“Plugins”选项，在右侧搜索编辑框中输入“Chinese”，按“Enter”键搜索，在搜索结果中单击“Chinese (Simplified) Language Pack/中文语言包”选项的“Install”按钮，安装中文语言包，安装完成后“Install”按钮自动变为“Restart IDE”按钮，如图 1-23 所示。

图 1-23 设置中文界面

步骤 3 单击“Restart IDE”按钮，重启 PyCharm 软件。等待片刻后，重新打开 PyCharm 软件，即可看到中文界面。

项目实训

1. 实训目的

练习数据挖掘基础环境的搭建。

2. 实训内容

（1）安装 Anaconda 并配置环境变量。

（2）安装 PyCharm 并进行个性化设置。

3. 实训小结

按要求完成实训内容，并将实训过程中遇到的问题和解决办法记录在表 1-2 中。

表 1-2 实训过程

序 号	主要问题	解决办法
1		
2		
3		
4		
5		

项目总结

完成本项目的学习与实践后，请总结应掌握的重点内容，并将图 1-24 中的空白处填写完整。

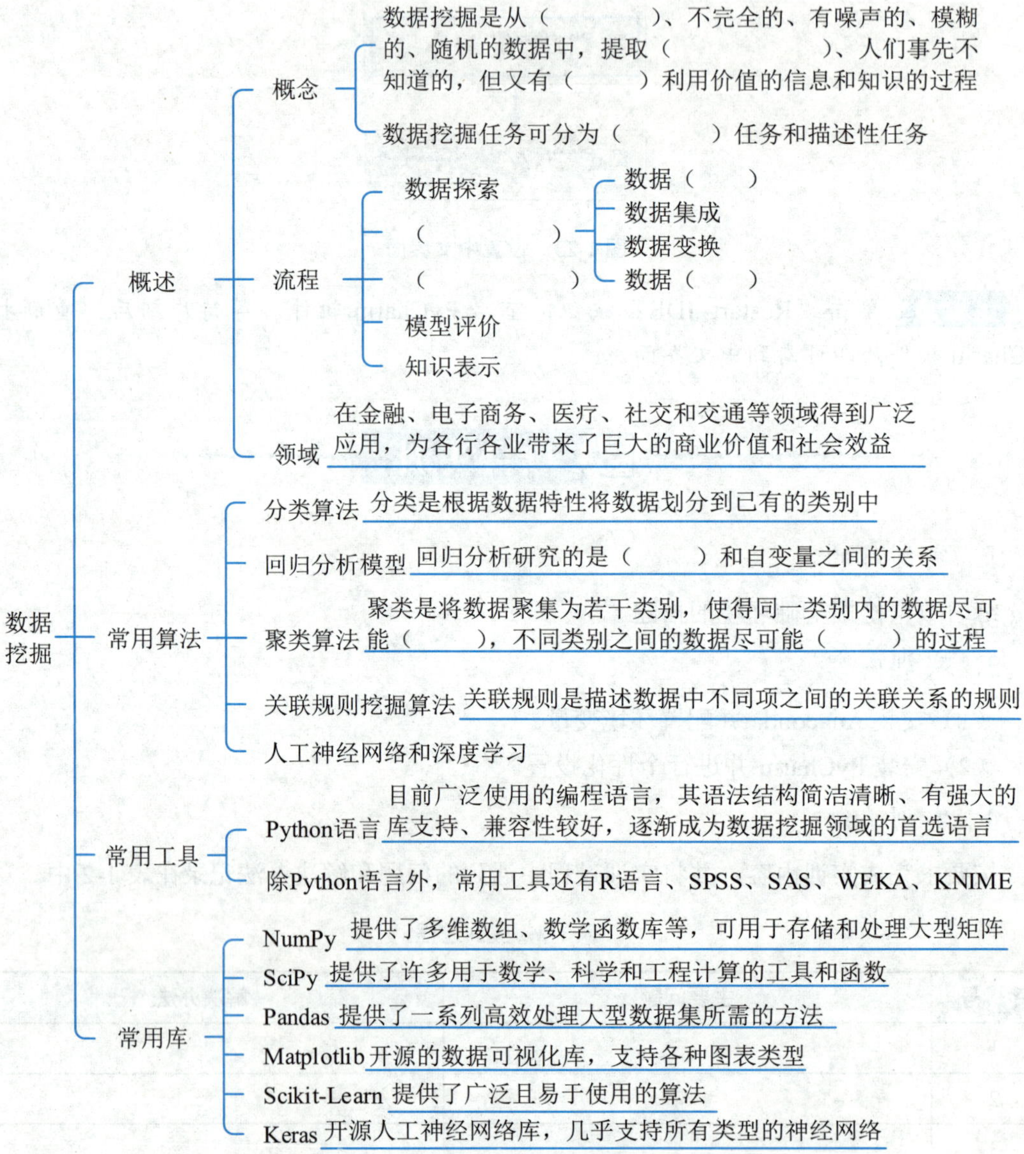

- 数据挖掘
  - 概述
    - 概念
      - 数据挖掘是从（　　　）、不完全的、有噪声的、模糊的、随机的数据中，提取（　　　　）、人们事先不知道的，但又有（　　）利用价值的信息和知识的过程
      - 数据挖掘任务可分为（　　　）任务和描述性任务
    - 流程
      - 数据探索
      - （　　　　　）
        - 数据（　　）
        - 数据集成
        - 数据变换
        - 数据（　　）
      - （　　　　　）
      - 模型评价
      - 知识表示
    - 领域：在金融、电子商务、医疗、社交和交通等领域得到广泛应用，为各行各业带来了巨大的商业价值和社会效益
  - 常用算法
    - 分类算法：分类是根据数据特性将数据划分到已有的类别中
    - 回归分析模型：回归分析研究的是（　　　）和自变量之间的关系
    - 聚类算法：聚类是将数据聚集为若干类别，使得同一类别内的数据尽可能（　　），不同类别之间的数据尽可能（　　）的过程
    - 关联规则挖掘算法：关联规则是描述数据中不同项之间的关联关系的规则
    - 人工神经网络和深度学习
  - 常用工具
    - Python语言：目前广泛使用的编程语言，其语法结构简洁清晰、有强大的库支持、兼容性较好，逐渐成为数据挖掘领域的首选语言
    - 除Python语言外，常用工具还有R语言、SPSS、SAS、WEKA、KNIME
  - 常用库
    - NumPy：提供了多维数组、数学函数库等，可用于存储和处理大型矩阵
    - SciPy：提供了许多用于数学、科学和工程计算的工具和函数
    - Pandas：提供了一系列高效处理大型数据集所需的方法
    - Matplotlib：开源的数据可视化库，支持各种图表类型
    - Scikit-Learn：提供了广泛且易于使用的算法
    - Keras：开源人工神经网络库，几乎支持所有类型的神经网络

图 1-24　项目总结

项目考核

1. 选择题

（1）数据挖掘的流程中，针对具体的数据挖掘目标选择合适算法来构建模型的是（　　）。

A. 数据探索　　B. 数据预处理
C. 数据挖掘建模　　D. 模型评估

（2）（　　）是将数据聚集为若干个类别，使得同一类别内的数据尽可能相似，不同类别之间的数据尽可能不同的过程。

A. 分类　　B. 回归分析
C. 聚类　　D. 关联规则

（3）下列 Python 数据挖掘常用库中，提供了一系列包括数据导入、数据清洗、数据转换等高效处理大型数据集所需方法的工具是（　　）。

A. NumPy　　B. Pandas
C. SciPy　　D. Matplotlib

2. 判断题

（1）数据变换的目的是在保留数据代表性特征的前提下，降低数据的维度和规模。（　　）

（2）若要预测银行客户的信用是否符合贷款的标准，最适合的数据挖掘算法是聚类算法。（　　）

（3）若要了解数据中两个集合之间的潜在联系，可采用关联规则挖掘算法进行数据挖掘。（　　）

（4）Scikit-Learn 是 Python 中的机器学习库，它提供了广泛且易于使用的算法，包括分类算法、回归分析模型、聚类算法等。（　　）

3. 简答题

（1）简述数据挖掘的应用领域。

（2）简述数据挖掘的流程。

项目评价

请同学们结合本项目的学习情况，对学习成果进行自评和互评（组内成员相互评分），然后请指导教师进行师评和总评，并将评价结果填入表 1-3 中。

表 1-3　项目评价

评价项目	评价内容	分值	评价分数		
			自评	互评	师评
项目完成度（20%）	项目准备阶段，回答问题清晰准确、紧扣主题，没有明显错误	5 分			
	项目实施阶段，根据操作步骤完成本项目	5 分			
	项目实训阶段，出色地完成实训内容	5 分			
	项目总结阶段，正确地将空白信息补充完整	2 分			
	项目考核阶段，正确地完成考核题目	3 分			
知识（30%）	了解数据挖掘的概念、流程及应用领域	5 分			
	熟悉数据挖掘的常用算法	10 分			
	了解数据挖掘的常用工具	10 分			
	了解 Python 数据挖掘常用库	5 分			
技能（30%）	能够安装 Anaconda 并配置环境变量	15 分			
	能够安装 PyCharm 并进行个性化设置	15 分			
素养（20%）	具有自主学习意识，做好课前准备	5 分			
	文明礼貌，遵守课堂纪律	5 分			
	善于思考，积极参与，勇于提出问题	5 分			
	具有团队合作精神，出色完成小组任务	5 分			
总评	综合分数______自评（25%）+互评（25%）+师评（50%）	100 分			
	综合等级______	指导教师签字__________			
总结提高	最突出的表现（创新或进步）： 还需改进的地方（不足或缺点）：				

说明：综合等级可以“优”（综合得分≥90 分）、“良”（80 分≤综合得分<90 分）、“中”（60 分≤综合得分<80 分）、“差”（综合得分<60 分）为标准进行评价。

项目2 数据探索与预处理

项目导读

数据挖掘是以数据为中心展开的，数据质量的高低对数据挖掘的结果有着极大影响。在实际应用中，获取的原始数据经常分布不均衡且伴随着缺失值、异常值等情况。因此，在进行数据挖掘前需要全面了解和认识数据，并对数据进行针对性的预处理。本项目学习数据探索与预处理的相关知识，以及实现数据探索与预处理的常用方法，为后续的数据挖掘建模奠定良好的基础。

项目目标

知识目标

- 掌握数据质量分析与数据特征分析的常用方法。
- 掌握缺失值、异常值和重复值的常用处理方法。
- 掌握数据集成过程中常见问题的处理方法及数据合并的常用方法。
- 掌握简单函数变换、数据规范化、数据离散化及数据编码的常用方法。
- 掌握维度归约、数量归约、数据压缩的常用方法。

技能目标

- 能够对数据进行质量分析和特征分析。
- 能够根据数据探索结果对数据进行数据清洗、数据集成、数据变换和数据归约操作。

素养目标

- 提高分析问题并选择合适解决方法的能力。
- 养成事前做好充分准备的良好习惯。

项目分析

本项目采用的数据集是“体测成绩”数据集，该数据集中包含477条高一学生（男生）体测成绩记录，每条记录包括班级、姓名、1 000米、50米、跳远、坐位体前屈、引体向上、肺活量、身高、体重和成绩属性。

本项目的案例实施对“体测成绩”进行数据探索和数据预处理。

（1）要实现“体测成绩”的数据探索，过程可分为以下三个步骤。

步骤1：新建项目并安装Python库。新建“数据探索与数据预处理”项目，并提前安装本项目用到的Python库，包括Pandas、openpyxl、Matplotlib和Scikit-Learn。

步骤2：数据质量分析。分析数据是否存在缺失值和异常值的情况。

步骤3：数据特征分析。根据数据特征分析数据的分布情况、数据的集中趋势和离散趋势、各属性间的相关性。

（2）要实现“体测成绩”的数据预处理，过程可分为以下两个步骤。

步骤1：数据清洗。根据数据质量分析的结果，对数据的缺失值和异常值进行清洗。

步骤2：数据变换。根据数据特点对数据进行规范化、离散化和编码，使数据适合数据挖掘的形式。

项目准备

全班学生以3~5人为一组进行分组，各组选出组长。组长组织组员扫码观看“认识数据”视频，讨论并回答下列问题。

问题1：数据的元组指的是什么？数据的属性指的是什么？

认识数据

问题2：数据的类型有哪些？尝试列举几个日常生活中用到的数据。

2.1 数据探索

数据探索是数据预处理前重要的准备工作，包括数据质量分析和数据特征分析两方面。

2.1.1 数据质量分析

数据质量分析的主要任务是检查原始数据中是否存在不符合要求或不能直接进行数据挖掘的数据，通常包括对数据的缺失值分析、异常值分析和一致性分析。

1. 缺失值分析

在实际应用中，获取数据时经常会因为机器故障或人为因素等造成数据的缺失，如数据采集传感器出现故障导致部分数据没有采集，人为刻意隐瞒一些比较敏感的数据（如个人收入）等。此外，还会出现某些属性不存在造成数据缺失的情况，如未婚者并不存在配偶信息。缺失值的存在会影响数据的完整性，从而影响数据挖掘结果的准确性。因此，缺失值分析是数据质量分析中必不可少的步骤之一。

Pandas 提供了 isnull()函数用于检测缺失值，函数返回值为布尔类型，其中“False”表示非空值，“True”表示空值。isnull()函数的使用格式如下：

```
DataFrame.isnull()
```

除此之外，Pandas 还提供了 sum()函数与 isnull()函数的结合使用，用于统计每个属性的缺失值个数。sum()函数与 isnull()函数的结合使用格式如下：

```
DataFrame.isnull().sum()
```

小 提 示

上述函数使用格式中的“DataFrame”是 Pandas 提供的核心数据结构之一。一个 DataFrame 对象由列索引、行索引和二维数据组成，可以看作电子表格或字典对象的扩展形式。在实际应用中，需将函数使用格式中的“DataFrame”替换为具体分析对象。

2. 异常值分析

数据中明显偏离绝大多数数值的数据称为异常值或离群点。异常值可能是数据录入错误、测量误差、数据损坏导致的，也可能是真实存在但属于偶然事件的正常值数据。

异常值的出现往往是发现问题进而去改进的契机，因此，异常值不容忽视。例如，信用卡消费数据中存在异常值时，就需要特别注意该数据是否提示存在欺诈；患者药物使用的健康监测数据中存在异常值时，就需要特别注意该数据是否由药物的副作用引发；等等。

常用的异常值分析方法有基于统计的方法、基于偏差的方法和基于箱形图分析的方法。

（1）基于统计的方法。

基于统计的方法是通过为数据创建一个统计模型，来查看哪些数据是不合理的。常用的统计模型是最大值和最小值模型，用于判断数据是否超出合理范围。例如，统计的年龄数据中最大值为 300 岁，超出人们认知的合理范围，属于异常值。

（2）基于偏差的方法。

基于偏差的方法是通过检查一组数据的主要特征来确定数据是否异常。常用的基于偏差的方法采用的是序列异常技术，这种技术主要适用于服从正态分布的数据，当某个数据与均值（μ）的偏差超过 3 倍标准差（3σ）时，会被认定为异常值。

高手点拨

在服从正态分布的数据中，与均值的偏差超过3σ的概率$P(|x-\mu|>3\sigma)$小于等于 0.003（x为某个具体的数值），属于小概率事件。因此，在默认情况下，可以认定与均值的偏差超过3σ的数据为异常值。

（3）基于箱形图分析的方法。

箱形图是一种用作显示一组数据离散情况的统计图。基于箱形图分析的方法是一种简单的可视化异常值的方法，它通过程序设定一个识别异常值的标准，将大于箱形图上限或小于箱形图下限的数据判定为异常值，如图 2-1 所示。

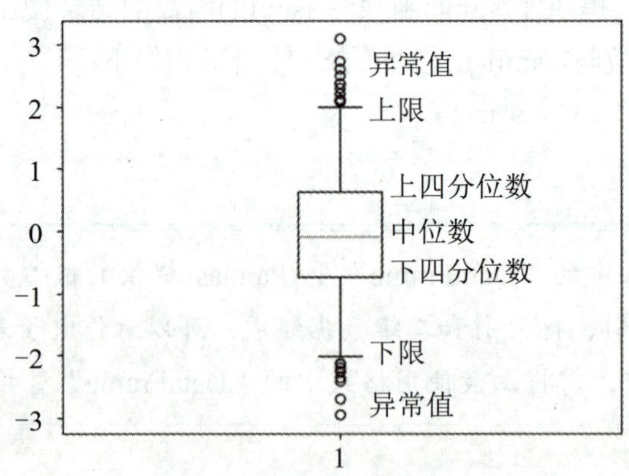

图 2-1　基于箱形图分析异常值

在箱形图中，中位数为二分之一分位数，是数据从小到大排序时处于中间位置的数值；下四分位数为Q_1，表示所有数据中只有 1/4 的数值小于Q_1，即数据从小到大排序时Q_1处于 25%处；上四分位数为Q_3，表示所有数据中只有 1/4 的数值大于Q_3，即数据从小到大排序时Q_3处于 75%处；上限是非异常值中的最大值，常利用$Q_3+1.5\times IQR$计算得到；下限是非异常值中的最小值，常利用$Q_1-1.5\times IQR$计算得到。其中，IQR是指上四分位数与下四分位数的差值，即 $IQR = Q_3 - Q_1$；1.5 是计算上限和下限中常用的系数，但在不同的领域和应用中，可以根据具体需求调整这个系数。

与基于偏差的方法相比，基于箱形图分析的方法对数据的分布情况没有要求，它只是直观地表现数据的本来面貌。

3. 一致性分析

数据不一致可能会导致数据挖掘结果无意义或者挖掘出与实际情况相违背的结果。因此，在数据挖掘过程中，对数据进行一致性分析是非常必要的。

数据的不一致主要发生在数据集成过程中，当数据来自不同的数据源或对于重复存放的数据未能进行一致性更新时，均有可能造成数据的不一致。例如，两张表中都存储了用户的订单信息，但在修改用户收货地址时只更新了其中一张表中的数据，则在集成这两张表的数据时就产生了不一致的情况。

2.1.2 数据特征分析

数据特征分析的主要任务是通过绘制图表、计算某些特征量等手段对数据进行分布分析、统计量分析和相关性分析等。

1. 分布分析

分布分析可以揭示数据的分布特征和分布类型，便于人们对数据有清晰的结构认知。数据若为定量数据，则采用定量数据的分布分析；数据若为定性数据，则采用定性数据的分布分析。

小 提 示

定量数据指的是可以通过计数或测量得到的数据，通常以数字形式表达，如记录温度、人数、收入的数据。定性数据指的是无法通过数值来衡量的数据，它们通常是描述性的，如记录性别、职业、婚姻状况的数据。

（1）定量数据的分布分析。

定量数据的分布分析最常用的工具是直方图。直方图由一条列高度不等的矩形柱组成，用于展示各个值出现的频数（数据中一个值出现的次数）或频率（频数除以总数据量），如图 2-2 所示。直方图有两种：当用直方图中矩形柱的高度代表频数时，称为频数分布直方图；当用直方图中矩形柱的面积代表频率时，称为频率分布直方图。

（2）定性数据的分布分析。

定性数据的分布分析最常用的工具是饼图和条形图。其中，饼图的每个扇形部分表示一类数据占总体的百分比，如图 2-3 所示。条形图的每个条形高度代表一类数据的数值大小、百分比或频数，其宽度是没有意义的，如图 2-4 所示。

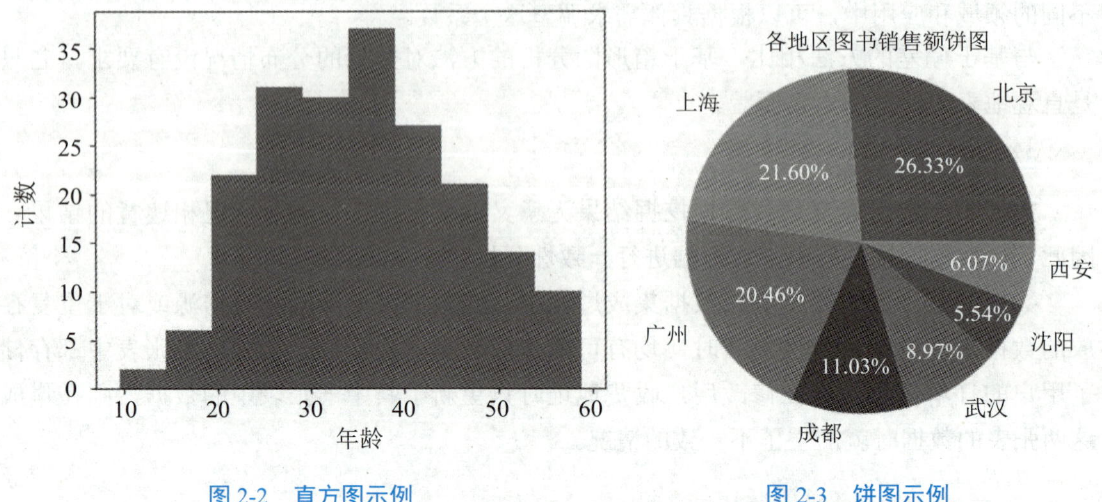

图 2-2　直方图示例　　　　图 2-3　饼图示例

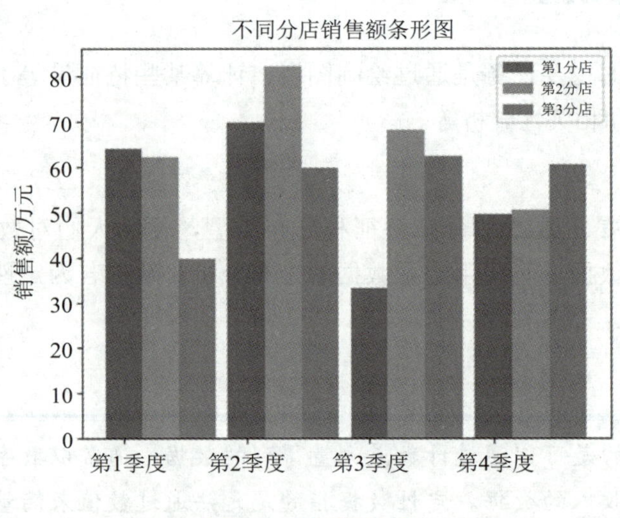

图 2-4　条形图示例

2. 统计量分析

统计量分析是对数据进行统计描述，以便识别数据的性质。统计量分析通常从集中趋势和离散趋势两个方面进行。

（1）集中趋势分析。

集中趋势是指一组数据向某一中心值靠拢的程度。集中趋势分析常用的度量指标有平均数、中位数、众数等。

① 平均数。平均数是指一组数据中所有数据之和除以这组数据总量的数值。假设某属性 X 的取值为 $x_1,x_2,\cdots,x_n$，那么该属性数据的平均数计算公式如下：

$$\overline{x}=\frac{x_1+x_2+\cdots+x_n}{n} \qquad (2\text{-}1)$$

在实际应用中，属性 X 的每个取值的重要程度不同，则对应的权重也不同，直接求平均数则不再适用，需要为每个取值赋予不同的权重 w_i，即采用加权平均数，其计算公式如下：

$$\overline{x}=\frac{w_1x_1+w_2x_2+\cdots+w_nx_n}{w_1+w_2+\cdots+w_n} \qquad (2\text{-}2)$$

小提示

平均数对极端值是比较敏感的。当数据中存在极端值时，平均数不能很好地表示数据的集中趋势，此时可以去除极端值后再求取平均数。

② 中位数。中位数是指将一组数据由大到小或由小到大排序后处于中间位置的数值。当数据量为奇数时，则选取正中间的数作为中位数；当数据量为偶数时，则选取中间两个数的平均数作为中位数。

③ 众数。众数是指一组数据中出现次数最多的数值。若一组数据中出现次数最多的数值有多个，那么这几个数值均为众数。

（2）离散趋势分析。

离散趋势是指一组数据的离散程度。离散趋势分析常用的度量指标有极差、四分位差、方差与标准差、离散系数等。

① 极差。极差是一组数据中最大值与最小值的差值，是最基本的离散趋势分析指标。极差反映了数据的数值范围，忽略了最大值与最小值之间数据的分布情况。

② 四分位差。四分位差是上四分位数与下四分位数之间的差值。上四分位数与下四分位数的概念可参考箱形图中的概念，此处不再赘述。四分位差越小，说明数据越集中；四分位差越大，说明数据越离散。

③ 方差与标准差。方差（σ^2）是一组数据中每个数据与其平均数之差的平方和的平均数。假设某属性 X 的取值为 $x_1,x_2,\cdots,x_n$，那么该属性数据的方差计算公式如下：

$$\sigma^2=\frac{\sum_{i-1}^{n}(x_i-\overline{x})^2}{n} \qquad (2\text{-}3)$$

标准差（σ）是方差的算术平方根，标准差越小表示数据越靠近平均数，数据越集中；标准差越大表示数据越离散。

④ 离散系数。离散系数是标准差与平均数的比值，它提供了一个标准化的度量指标，用于比较不同规模或单位的数据的离散程度，其计算公式如下：

$$cv=\frac{\sigma}{\overline{x}} \qquad (2\text{-}4)$$

离散系数的值通常为 5%～35%，但当统计的数据存在个体差异较大的情况时，离散系数可能会大于 35%，这属于正常现象。

高手点拨

Python 提供了许多函数，这些函数可以直接计算我们需要的统计量（如平均数、中位数、方差和标准差等），如表 2-1 所示。

表 2-1 统计量及对应函数

统计量名称	函数	统计量名称	函数
平均数	mean()	最小值	min()
中位数	median()	分位数	quantile()
众数	mode()	方差	var()
最大值	max()	标准差	std()

3. 相关性分析

相关性是指两个或两个以上的属性之间相关的程度，利用相关性分析可以快速判断属性间是否存在冗余。相关性分析常用的分析方法有相关系数和卡方（χ^2）检验。

（1）相关系数。

相关系数是衡量属性间相关程度的基本度量之一。最常用的一种相关系数是皮尔逊相关系数，它用于描述属性间的线性关系。当相关系数为负数时，说明两个属性负相关，即一个属性值随另一个属性值的增大而减小；当相关系数为正数时，说明两个属性正相关，即一个属性值随另一个属性值的增大而增大。同时，相关系数的绝对值越接近 0，表示两个属性的相关性越弱。

Pandas 提供了 corr()函数用于实现相关系数的计算，其一般使用格式如下：

```
DataFrame.corr(method='pearson',min_periods=1)
```

各参数的含义如下。

- method：指定计算相关性的方法，默认取值为“pearson”，表示采用皮尔逊相关系数计算相关性。
- min_periods：指定计算相关系数所需的最小非缺失值数量，默认取值为 1。

（2）卡方检验。

卡方检验是一种用来检验两个离散属性之间相关性的统计假设检验，其核心思想是比较观察频数与期望频数的差异程度。卡方值越大，那么两个属性的相关性越强；卡方值越小，那么两个属性的相关性就越弱。

SciPy 的 stats 模块提供了 chi2_contingency()函数用于实现卡方检验的计算，其一般使用格式如下：

```
chi2_contingency(observed)
```

其中，observed 是观察频数的二维数组。

小提示

连续属性是指可以在某个连续的数值范围内任意取值的属性，该范围存在无限多个可能的值，如身高、体重、收入等都属于连续属性。离散属性是指只能在一个有限或可数的集合中取值的属性，该集合中的值通常代表分类或标签，如头发的颜色（黑色、白色、黄色、褐色）、婚姻状况（0 表示未婚，1 表示已婚）等都属于离散属性。

案例实施 1 ——体测成绩数据探索

体测成绩数据探索

1. 新建项目并安装 Python 库

（1）新建项目。

步骤 1 启动 PyCharm，在欢迎界面（见图 2-5）右侧单击“新建项目”按钮，进入“新建项目”界面。

步骤 2 在“新建项目”界面的“名称”编辑框中输入项目名称，本案例为“数据探索与数据预处理”，在“位置”编辑框中输入存储路径，本案例为“D:\PycharmProjects”，在“Python 版本”下拉列表中选择“Python 3.12.2”选项，最后单击“创建”按钮，如图 2-6 所示。此时，会自动下载并安装 Python 3.12.2，然后自动打开当前新建项目的 PyCharm 工作界面。

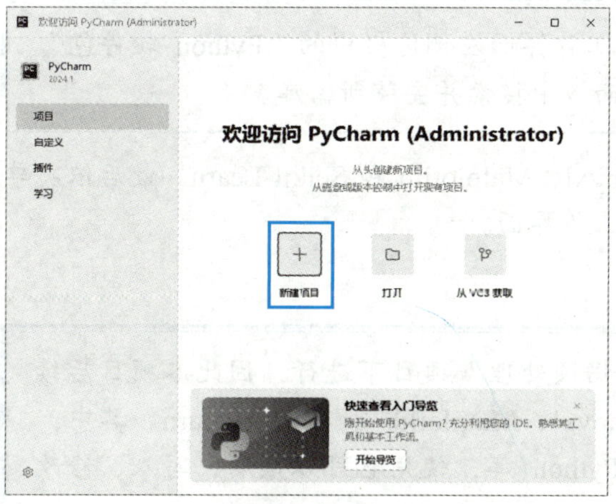

图 2-5 欢迎界面

图 2-6 新建项目

小 提 示

如图 2-5 所示的欢迎界面仅在第一次新建项目时出现，当新建过项目后，启动 PyCharm 会直接打开最后一次关闭的项目。

（2）安装 Python 库。

步骤 1 单击 PyCharm 工作界面上方的“主菜单”按钮，在展开的下拉列表中选择“设置”选项，打开“设置”界面（见图 2-7），在其左侧选择“项目：数据探索与数据预处理”/“Python 解释器”选项，在其右侧单击“安装”按钮+，打开“可用软件包”界面，在搜索编辑框中输入“pandas”，然后单击“安装软件包”按钮进行安装，如图 2-8 所示。

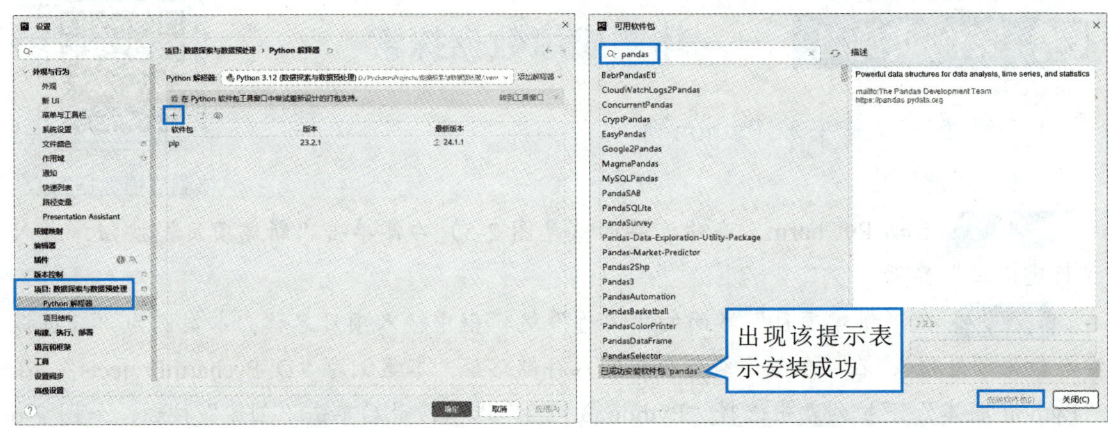

图 2-7 “设置”界面　　图 2-8 安装 Pandas

小 提 示

安装 Python 库还可以单击 PyCharm 工作界面左侧边栏中的“Python 软件包”按钮，然后在展开的“Python 软件包”面板中搜索并安装所需库。

步骤 2 参照步骤 1 的方法，安装 openpyxl、Matplotlib 和 Scikit-Learn。最后依次单击“关闭”和“确定”按钮，返回 PyCharm 工作界面。

小 提 示

本项目案例实施均在“数据探索与数据预处理”项目下进行，因此本项目后续案例不用再新建项目及安装 Pandas、openpyxl、Matplotlib 和 Scikit-Learn。其中，openpyxl 是一个用于处理 Excel 文件的 Python 库，使用它可以读取、写入、修改 Excel 文件。

项目 3 至项目 6 的案例实施仅在第一个案例实施中新建项目和安装 Python 库，同一个项目的案例实施在同一个项目下进行，后续不再提示。

2. 数据质量分析

步骤 1 在项目结构区中选中项目名称“数据探索与数据预处理”，然后右击，在弹出的快捷菜单中选择“新建”/“Python 文件”选项，最后在打开的对话框中新建名称为“体测成绩数据探索”的 Python 文件，如图 2-9 所示。

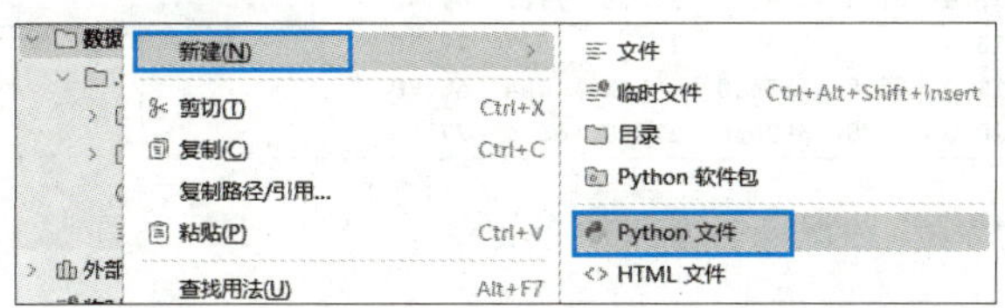

图 2-9 新建 Python 文件

步骤 2 导入当前案例实施所需要的 Pandas 和 pyplot 模块。

```
# 导入当前案例需要的库和模块
import pandas as pd
import matplotlib.pyplot as plt
```

小提示

需要注意的是，openpyxl 在使用相关函数时会自动导入，因此无须手动导入。

步骤 3 使用 read_excel()函数读取“体测成绩”数据集，并查看前 10 条记录。

```
df=pd.read_excel('体测成绩.xlsx')          # 读取“体测成绩”数据集
print(df.head(10))                        # 查看前 10 条记录
```

高手点拨

Pandas 提供的 read_excel()函数用于读取 Excel 文件，其一般使用格式如下：

```
pandas.read_excel(io,dtype)
```

其中，io 是文件存放的路径，dtype 用于指定属性的数据类型。

除 Excel 文件外，常见的数据集文件还有 CSV 格式，该格式需要使用 read_csv()函数读取，该函数的使用方法与 read_excel()函数类似。

步骤 4 单击 PyCharm 工作界面上方的“运行”按钮▶，等待片刻，在工作界面的下方可以看到运行结果，如图 2-10 所示。此时可以看到“体测成绩”数据集中的前 10 条记录。

	班级	姓名	1 000米	50米	跳远	坐位体前屈	引体向上	肺活量	身高	体重	成绩
0	1	高某阳	4.13	8.88	195.0	12.0	1.0	2785.0	170.0	72.6	62.30
1	1	郝某杰	4.16	7.70	225.0	11.0	7.0	3133.0	174.0	52.7	75.60
2	1	田某聪	3.32	7.20	255.0	22.0	12.0	5324.0	183.0	63.4	95.00
3	1	郝某烨	4.09	8.45	218.0	14.0	1.0	3901.0	169.0	46.5	67.60
4	1	牛某嘉	4.12	7.38	245.0	17.0	11.0	4423.0	167.0	53.9	84.75
5	1	戎某龙	NaN	NaN	NaN	NaN	NaN	NaN	NaN	NaN	0.00
6	1	何某源	4.21	8.05	206.0	13.0	1.0	4946.0	183.0	79.7	69.40
7	1	刘某鹏	3.44	7.52	210.0	13.0	9.0	3538.0	171.0	54.7	79.70
8	2	吕某繁	4.21	8.12	204.0	11.0	5.0	4336.0	NaN	NaN	60.70
9	1	刘某硕	3.49	7.94	190.0	20.0	7.0	3970.0	175.0	66.4	77.80

在 Python 中，NaN 表示缺失值

图 2-10 “体测成绩”数据集中的前 10 条记录

小提示

在图 2-10 中，运行结果显示的部分数据类型与原始数据类型不一致，是因为 Pandas 在读取数据时会尝试推断数据的数据类型，推断出的数据类型可能与原始数据类型不同。

步骤 5 统计并输出每个属性的缺失值个数。

```
print(df.isnull().sum())                # 统计并输出每个属性的缺失值个数
```

步骤 6 运行程序，结果如图 2-11 所示。此时可以看到“体测成绩”数据集的大多数属性都存在缺失值。

班级	0
姓名	0
1000米	19
50米	12
跳远	10
坐位体前屈	10
引体向上	10
肺活量	10
身高	11
体重	11
成绩	0

图 2-11 缺失值个数统计结果

步骤 7 使用 boxplot()函数绘制“跳远”数据的箱形图，以检测其中的异常值。

```
plt.rcParams['font.sans-serif']='SimSun'# 设置可视化字体为“宋体”
axes=df.boxplot(column='跳远')                # 绘制“跳远”数据的箱形图
plt.show()                                    # 显示图形
```

高手点拨

Matplotlib 的 pyplot 模块提供了 boxplot()函数用于绘制箱形图，其一般使用格式如下：

```
DataFrame.boxplot(column=None)
```

其中，column 表示要绘制箱形图的属性名，默认取值为 None。

boxplot()函数常使用 get_children()方法获取箱形图中的子元素。其中，箱形图的第 7 个子元素为异常值。若想获取子元素对应的 y 轴数据还需要结合，get_ydata()函数。get_ydata()函数通常用于从 Matplotlib 图形对象（如箱形图、散点图等）中获取数据点的 y 轴数据。

步骤 8 运行程序，结果如图 2-12 所示。此时检测出“跳远”数据中存在一个异常值。

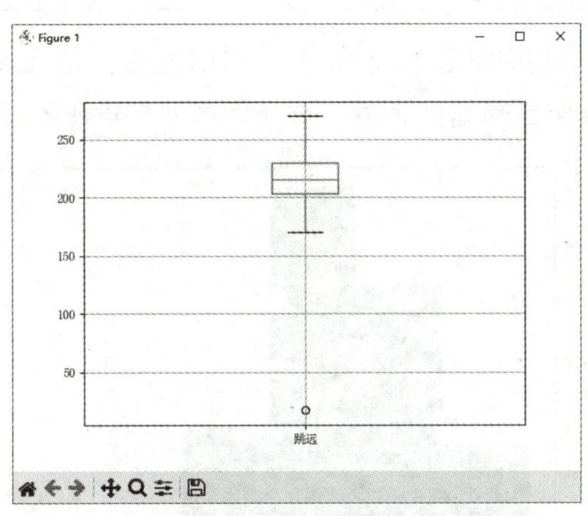

图 2-12　“跳远”数据的箱形图

步骤 9 使用 get_children()函数和 get_ydata()函数获取箱形图中异常值的数值。

```
# 获取并输出“跳远”数据中异常值的具体数值
outliers=axes.get_children()[6].get_ydata()
print('“跳远”数据中异常值的具体数值：',outliers)
```

步骤 10 运行程序，结果如图 2-13 所示。可以看到，“跳远”数据中的异常值为“17”。

```
“跳远”数据中异常值的具体数值： [17.0]
```

图 2-13　“跳远”数据中的异常值

步骤 11 参照步骤 5 和步骤 7 的方法，利用箱形图检测其他数据中的异常值。

3. 数据特征分析

（1）分布分析。

步骤 1 使用 hist()函数绘制“1 000 米”数据的直方图，查看学生跑 1 000 米所需时间的分布情况。

```
plt.hist(df['1 000 米'],bins=6)#  “1 000 米”数据的直方图（6 等分）
plt.xlabel('1 000 米所需时间（分钟）')   # 横坐标名称
```

```
plt.ylabel('人数（人）')                    # 纵坐标名称
plt.show()                                # 显示图形
```

高手点拨

Matplotlib 的 pyplot 模块提供了 hist()函数用于绘制直方图，其一般使用格式如下：

```
pyplot.hist(x,bins=None)
```

其中，x 是绘制直方图的数据；bins 是指定直方图中的柱子数量，默认取值为 10。

步骤 2 运行程序，结果如图 2-14 所示。可以看出，学生跑 1 000 米所需时间大致呈现正态分布，且大多数学生所需时间在 3.5 分钟到 4.5 分钟之间。

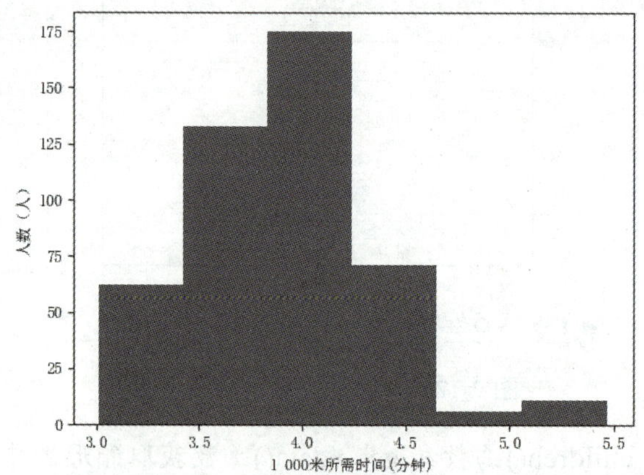

图 2-14 1 000 米所需时间分布直方图

步骤 3 参照步骤 1 的方法，利用直方图查看“50 米”“跳远”“坐位体前屈”“引体向上”“肺活量”“身高”“体重”的分布情况。注意根据数据含义及特点选择设置的区间数量，即 hist()函数的 bins 参数。

（2）统计量分析。

步骤 1 计算“50 米”数据的平均数和中位数，以分析“50 米”数据的集中趋势。

```
print('“50 米”数据的平均数：',df['50 米'].mean())
print('“50 米”数据的中位数：',df['50 米'].median())
```

步骤 2 计算“50 米”数据的极差、四分位差、方差、标准差和离散系数，以分析“50 米”数据的离散趋势。

```
print('“50 米”数据的极差：',df['50 米'].max()-df['50 米'].min())
q3_50m=df['50 米'].quantile(0.75)        # “50 米”数据的上四分位数
q1_50m=df['50 米'].quantile(0.25)        # “50 米”数据的下四分位数
print('“50 米”数据的四分位差：',q3_50m-q1_50m)
print('“50 米”数据的方差：',df['50 米'].var())
```

```
print('"50 米"数据的标准差:',df['50 米'].std())
print('"50 米"数据的离散系数:',round(df['50 米'].std()/df['50 米'].
mean()*100,2),'%')
```

高手点拨

round()函数用于对浮点数进行四舍五入到指定的小数位数，其一般使用格式如下：

```
round(number,ndigits)
```

其中，number 是要四舍五入的数值；ndigits 是指定要四舍五入到的小数位数，默认取值为 0，即四舍五入到最近的整数。

步骤 3 运行程序，结果如图 2-15 所示。由平均数和中位数可以看出，学生跑 50 米所需时间的分布相对对称，且不存在极端值对平均数产生过大的影响，因此可以说“50 米”数据较为集中。同时，观察极差、四分位差、方差、标准差和离散系数，也可以看出这组数据的离散程度不高。

```
"50米"数据的平均数:  8.059655913978494
"50米"数据的中位数:  8.05
"50米"数据的极差:  4.14
"50米"数据的四分位差:  0.6000000000000005
"50米"数据的方差:  0.322826174453096
"50米"数据的标准差:  0.5681779425964159
"50米"数据的离散系数:  7.05 %
```

图 2-15 “50 米”数据的统计量分析结果

步骤 4 参照步骤 1 和步骤 2 的方法，计算除“班级”“姓名”之外的其他数据的平均数、中位数、极差、四分位差、方差、标准差和离散系数，并根据计算结果分析其集中趋势和离散趋势。

（3）相关性分析。

步骤 1 使用 corr()函数计算连续属性间的相关性。

```
pd.set_option('display.max_columns',None)  # 将列信息显示完全
pd.set_option('display.width',None)        # 使列信息在同一行显示
# 选择需要计算相关性系数的属性
columns=['1 000 米','50 米','跳远','坐位体前屈','引体向上','肺活量',
'身高','体重','成绩']
print(df[columns].corr())                  # 计算并输出各属性间的相关系数
```

高手点拨

当数据集中的数据量较多时，运行结果中会出现“…”省略重要输出结果，可通过代码将信息显示完全。

> ① 若想将行信息显示完全可输入代码“pd.set_option('display.max_rows',None)”。
> ② 若想将列信息显示完全可输入代码“pd.set_option('display.max_columns',None)”。
> 除此之外，若想将列信息在同一行显示，可输入代码“pd.set_option('display.width',None)”。

步骤 2 运行程序，结果如图 2-16 所示。可以看出，1 000 米、50 米、引体向上这 3 个属性与成绩的相关性均较强。

	1 000米	50米	跳远	坐位体前屈	引体向上	肺活量	身高	体重	成绩
1 000米	1.000000	0.422038	-0.371068	-0.107452	-0.398763	-0.039158	-0.110421	0.251798	-0.701541
50米	0.422038	1.000000	-0.483104	-0.161127	-0.382494	-0.068149	-0.120805	0.155032	-0.646234
跳远	-0.371068	-0.483104	1.000000	0.154859	0.419305	0.143851	0.222837	-0.129586	0.589674
坐位体前屈	-0.107452	-0.161127	0.154859	1.000000	0.146499	0.218964	-0.004774	0.040248	0.297056
引体向上	-0.398763	-0.382494	0.419305	0.146499	1.000000	0.009663	-0.107087	-0.387213	0.704136
肺活量	-0.039158	-0.068149	0.143851	0.218964	0.009663	1.000000	0.334531	0.354118	0.248304
身高	-0.110421	-0.120805	0.222837	-0.004774	-0.107087	0.334531	1.000000	0.386825	0.108277
体重	0.251798	0.155032	-0.129586	0.040248	-0.387213	0.354118	0.386825	1.000000	-0.346358
成绩	-0.701541	-0.646234	0.589674	0.297056	0.704136	0.248304	0.108277	-0.346358	1.000000

图 2-16　各属性间的相关系数

2.2 数据清洗

数据清洗的最终目的是使数据更有价值、更可信，能够为数据挖掘及决策提供有力的数据支持。通常情况下，数据清洗需要处理和纠正数据中的缺失值、异常值、重复值等。

2.2.1 缺失值处理

缺失值的存在可能导致在建模过程中忽略某些关键特征和规律，进而导致数据挖掘结果的准确性降低。因此，需要对缺失值进行处理，以保证数据的完整性和数据挖掘结果的准确性。处理缺失值的方法主要分为删除和填补。

1. 删除

删除是将存在缺失值的元组或属性删除，通常应用于元组中有多个缺失值或属性意义不大且缺失值较多的情况。

Pandas 提供了 dropna()函数用于删除缺失值，其一般使用格式如下：

```
DataFrame.dropna(axis=0,how='any',thresh=None,subset=None,
inplace=False)
```

各参数的含义如下。

- axis：指定删除含有缺失值的行或列，可取值为 0 或 1。其中，取值为 0（默认），表示删除包含缺失值的行；取值为 1，表示删除包含缺失值的列。

- how：指定删除缺失值的方式，可取值为“any”或“all”。其中，取值为“any”（默认），表示只要有一个缺失值就删除；取值为“all”，表示全部为缺失值才删除。
- thresh：指定要保留的行或列中非缺失值个数的最小要求。例如，thresh 取值为 2 时，表示删除少于两个非缺失值的行或列。thresh 默认取值为 None。
- subset：指定要考虑的列的子集，即在哪些列上查找缺失值，默认取值为 None，表示在所有列上查找缺失值。
- inplace：是否直接修改原始数据，默认取值为 False，表示不修改原始数据，而是返回数据副本。

【例 2-1】 删除“商品库存”数据（见表 2-2）中的缺失值。

表 2-2 商品库存

分店名称	季 度	产品名称	单价（元）	数 量	库 存
第 1 分店	1	电冰箱	3 540	35	21
第 1 分店		电冰箱		45	
第 1 分店	3	电冰箱	3 540	12	37
第 1 分店	3	电冰箱	3 540	12	37
第 1 分店	4	电冰箱			36

【参考代码】

```
# 导入 Pandas
import pandas as pd
# 读取“商品库存”数据
data=pd.read_excel('商品库存.xlsx')
print('删除包含缺失值的行：\n',data.dropna())
print('删除包含缺失值的列：\n',data.dropna(axis=1))
print('删除少于 4 个非缺失值的行：\n',data.dropna(thresh=4))
print('删除“库存”属性中含缺失值的行：\n',data.dropna(subset=['库存']))
```

【运行结果】“商品库存”缺失值删除结果如图 2-17 所示。

```
删除包含缺失值的行：
   分店名称  季度 产品名称  单价（元）  数量   库存
0  第1分店  1.0  电冰箱  3540.0  35.0  21.0
2  第1分店  3.0  电冰箱  3540.0  12.0  37.0
3  第1分店  3.0  电冰箱  3540.0  12.0  37.0
删除包含缺失值的列：
   分店名称 产品名称
0  第1分店  电冰箱
1  第1分店  电冰箱
2  第1分店  电冰箱
3  第1分店  电冰箱
4  第1分店  电冰箱
```

```
删除少于4个非缺失值的行：
   分店名称  季度 产品名称  单价（元）  数量   库存
0  第1分店  1.0  电冰箱  3540.0  35.0  21.0
2  第1分店  3.0  电冰箱  3540.0  12.0  37.0
3  第1分店  3.0  电冰箱  3540.0  12.0  37.0
4  第1分店  4.0  电冰箱     NaN   NaN  36.0
删除"库存"属性中含缺失值的行：
   分店名称  季度 产品名称  单价（元）  数量   库存
0  第1分店  1.0  电冰箱  3540.0  35.0  21.0
2  第1分店  3.0  电冰箱  3540.0  12.0  37.0
3  第1分店  3.0  电冰箱  3540.0  12.0  37.0
4  第1分店  4.0  电冰箱     NaN   NaN  36.0
```

图 2-17 例 2-1 程序运行结果

采用删除方式处理缺失值的方法比较简单，但若被删除的元组或属性数量过多或各元组之间本身隐藏着某种规律，则容易影响数据的完整性和数据挖掘结果的准确性。

2. 填补

填补是采用一些方法将缺失的数据补上，它有助于提高数据的完整性。常用的填补方式有以下几种。

（1）固定值填补。根据实际情况选取一个固定值填补缺失值，如使用“0”填补缺失值。

Pandas 提供了 fillna()函数用于实现固定值填补，其一般使用格式如下：

```
DataFrame.fillna(value=None,axis=None,limit=None)
```

各参数的含义如下。

- value：用来填补缺失值的值，默认取值为 None。
- axis：指定填补固定值的行或列，可取值为 None、0 或 1。其中，取值为 None（默认），表示自动确认填补的行或列；取值为 0，表示按行填补固定值；取值为 1，表示按列填补固定值。
- limit：限制连续填补缺失值的次数，默认取值为 None，表示无限次填补。

（2）临近值填补。该方法选取缺失值附近的值填补缺失值，共分为以下两种情况。

使用缺失值前面距离最近的非缺失值填补可使用 ffill()函数实现，一般使用格式如下：

```
DataFrame.ffill(axis=None,limit=None)
```

使用缺失值后面距离最近的非缺失值填补可使用 bfill()函数实现，一般使用格式如下：

```
DataFrame.bfill(axis=None,limit=None)
```

（3）均值填补。用缺失值所在属性数据的平均数或众数来填补缺失值。例如，某年级学生的小部分身高数据缺失（数值型数据），可利用该年级学生的平均身高来填补；某城市一周的天气情况缺失（非数值型数据），可利用该城市一个月的天气情况中出现频率最高的值来填补。这种方法简单易行，但可能导致数据分布发生变化，尤其是当缺失值不是随机分布时。

使用平均数、中位数、众数填补同样可以使用 fillna()函数实现，只需要将固定值替换为求取的均值即可。

（4）插值填补。如果数据挖掘要求的精度较高，而上述处理缺失值的方法无法满足要求时，则可以使用插值填补。插值填补是利用已知的数据建立函数关系，构造一个插值函数 $f(x)$，利用该插值函数可以得到缺失值的近似值，然后使用该近似值填补缺失值。这种方法通常用于时间序列数据，如气温、股票价格等。

Pandas 提供了 interpolate()函数用于实现插值填补，其一般使用格式如下：

```
DataFrame.interpolate(method='linear',axis=0,limit=None)
```

各参数的含义如下。

- method：指定插值函数进行缺失值填补，可取值为“linear”（线性插值法）、“polynomial”（多项式插值法）、“spline”（样条插值法）等，默认取值为“linear”。其中，method 取值为“polynomial”时需要传入一个多项式的阶数；取值为“spline”时需要传入一个样条曲线的阶数。
- axis：指定插值的行或列，可取值为 0 或 1。其中，取值为 0（默认），表示沿着行进行插值填补；取值为 1，表示沿着列进行插值填补。
- limit：限制连续插值的次数，默认取值为 None，表示无限次填补。

【例 2-2】 填补“商品库存”数据中的缺失值。

【参考代码】

```
# 导入 Pandas
import pandas as pd
data=pd.read_excel('商品库存.xlsx')
# 输出原始数据
print('原始数据：\n',data)
# 使用固定值“2”填补“季度”属性的缺失值
data['季度']=data['季度'].fillna(value=2)
# 使用缺失值前面距离最近的非缺失值填补“单价（元）”属性的缺失值
data['单价（元）']=data['单价（元）'].ffill()
# 使用平均数填补“数量”属性的缺失值
data['数量']=data['数量'].fillna(value=int(data['数量'].mean()))
# 使用插值填补“库存”属性的缺失值
data['库存']=data['库存'].interpolate()
# 输出缺失值处理结果
print('填补数据：\n',data)
data.to_excel('商品库存_填补缺失值.xlsx',index=False)
```

高手点拨

Pandas 提供的 to_excel()函数用于导出 Excel 文件，其一般使用格式如下：

```
DataFrame.to_excel(excel_writer,sheet_name,index)
```

各参数的含义如下。

① excel_writer：指定写入的 Excel 文件的路径。这里的写入是将 DataFrame 对象的内容写入 Excel 文件。

② sheet_name：指定要写入的工作表的名称，默认为“Sheet1”。

③ index：是否将 DataFrame 的索引写入 Excel 文件，默认取值为 True，表示写入索引。

【运行结果】 运行结果如图 2-18 所示。可以看到，缺失值均根据需要完成填补。

```
原始数据：
   分店名称   季度  产品名称   单价（元）   数量    库存
0  第1分店   1.0  电冰箱   3540.0  35.0  21.0
1  第1分店   NaN  电冰箱      NaN  45.0   NaN
2  第1分店   3.0  电冰箱   3540.0  12.0  37.0
3  第1分店   3.0  电冰箱   3540.0  12.0  37.0
4  第1分店   4.0  电冰箱      NaN   NaN  36.0
填补数据：
   分店名称   季度  产品名称   单价（元）   数量    库存
0  第1分店   1.0  电冰箱   3540.0  35.0  21.0
1  第1分店   2.0  电冰箱   3540.0  45.0  29.0
2  第1分店   3.0  电冰箱   3540.0  12.0  37.0
3  第1分店   3.0  电冰箱   3540.0  12.0  37.0
4  第1分店   4.0  电冰箱   3540.0  26.0  36.0
```

图 2-18 例 2-2 程序运行结果

小 提 示

实际应用中，也可以直接在包含缺失值的数据上进行数据挖掘。这种方式需要考虑后期进行数据挖掘的算法或模型对缺失值的处理方式，若算法或模型对缺失值不敏感，则可以不处理缺失值。例如，缺失值不参与 K 近邻算法的距离计算，缺失值可作为分布的一种状态参与到决策树建模过程中等，这些情况中缺失值均不影响数据挖掘的结果，因此可以对缺失值不做任何处理。

2.2.2 异常值处理

异常值的存在通常会影响数据挖掘结果的准确性和可靠性。在实际应用中，通常可将异常值视为缺失值，处理方法可参考 2.2.1 节，可以直接删除异常值，也可以采用固定值、均值、插值等替换异常值，或根据实际情况选择不处理异常值，具体实现方法此处不再赘述。

2.2.3 重复值处理

重复值是指一组数据中的两个或多个相同的数据。例如，在一组记录学生信息的数据中，如果有两个学生的学号、姓名、年龄、性别、分数等信息完全相同，那么这两个学生的数据就是重复值。重复值的存在会导致数据挖掘建模时过度分析数据，造成数据挖掘结果的不准确。

Pandas 提供了 drop_duplicates()函数用于删除重复值，其一般使用格式如下：

```
DataFrame.drop_duplicates(subset=None,keep='first',inplace=
False,ignore_index=False)
```

subset 和 inplace 参数与 dropna()函数中的作用相同，此处不再赘述，其他参数的含义如下。

- keep：指定删除重复值的方法，可取值为“first”“last”或 False。其中，取值为“first”（默认），表示除重复值的第一行外，其他重复值均删除；取值为“last”，表示除重复值的最后一行外，其他重复值均删除；取值为 False，表示所有重复值均删除。
- ignore_index：是否忽略原行索引或标签，默认取值为 False，表示保留原行索引或标签；取值为 True，表示重新设置从 0 开始的整数索引。

【例 2-3】　删除“商品库存_填补缺失值”数据中的重复值。

【参考代码】

```
# 导入 Pandas
import pandas as pd
data=pd.read_excel('商品库存_填补缺失值.xlsx')
data=data.drop_duplicates()
print('删除重复值：\n',data)
data.to_excel('商品库存_已删除重复值.xlsx',index=False)
```

【运行结果】　运行结果如图 2-19 所示。可以看到，删除了一条重复值。

```
删除重复值：
   分店名称  季度  产品名称  单价（元）  数量  库存
0  第1分店   1   电冰箱   3540   35   21
1  第1分店   2   电冰箱   3540   45   29
2  第1分店   3   电冰箱   3540   12   37
4  第1分店   4   电冰箱   3540   26   36
```

图 2-19　例 2-3 程序运行结果

2.3 数据集成

数据集成是将不同来源、格式、特点的数据在逻辑上或物理上集成为一个统一的数据集合。在数据集成的过程中，由于不同数据源的数据表现形式可能有所差异，往往会遇到实体识别、属性冗余、元组重复、属性值冲突等问题，因此必须对数据进行适当的处理才能实现有效的集成。

2.3.1 实体识别问题处理

在实际应用中，同一个实体在不同数据源中的描述方式可能不同，这种问题就是实体识别问题。例如，数据源 A 和数据源 B 对学号的描述分别为 ID 和 number，若直接作为两个属性合并，则会导致数据集成错误。针对实体识别问题，通常借助元数据来解决。

元数据是指描述数据的数据，主要包括数据属性的信息，如属性名称、类型、含义、取值范围等，如图 2-20 所示。因此，通过元数据可以很容易观察到不同数据源中的相同属性，从而避免数据集成中产生实体识别问题。

	A	B	C
1	属性名称	属性描述	取值含义
2	id	编号	-
3	survey_type	样本类型	1 = 城市; 2 = 农村;
4	province	采访地点-省/自治区/直辖市编码	1 = 上海市; 2 = 云南省; 3 = 北京市; 4 = 吉林省; 5 = 四川省; 6 =
5	city	采访地点-地级市编码	-
6	county	采访地点-县/区编码	-
7	survey_time	问卷当前时间	-
8	gender	您的性别	1 = 男; 2 = 女;
9	birth	您的出生日期-年	-
10	nationality	您的民族	1 = 汉; 2 = 蒙; 3 = 满; 4 = 回; 5 = 藏; 6 = 壮; 7 = 维; 8 = 其他;
11	religion	您的宗教信仰-不信仰宗教	0 = 否; 1 = 是;
12	religion_freq	您参加宗教活动的频繁程度	1 = 从来没有参加过; 2 = 一年不到1次; 3 = 一年大概1到2次; 4 =
13	income	您个人去年全年的总收入	-
14	political	您目前的政治面貌	1 = 群众; 2 = 共青团员; 3 = 民主党派; 4 = 共产党员;
15	floor_area	您现在住的这座住房的套内建筑面积	-
16	property_0	您现在这座房子的产权属于-无法回答	0 = 否; 1 = 是;
17	property_1	您现在这座房子的产权属于-自己所有	0 = 否; 1 = 是;

图 2-20 元数据示例

2.3.2 属性冗余处理

如果一个属性的值可以由另一个或另一组属性推导得出，那么该属性可能是冗余的。在数据集成过程中，往往会导致属性冗余。例如，数据源 A 中记录着用户的年收入，数据源 B 中记录着用户的月平均收入，而月平均收入可以由年收入推导得出，那么集成数据源 A 和数据源 B 后，月平均收入这一属性可以认为是冗余的。

要识别属性冗余，需要对属性间的相关性进行分析，相关内容请参考 2.1.2 节，此处不再赘述。若两个属性的相关性极高，则考虑存在属性冗余，可使用 Pandas 提供的 drop_duplicates()函数删除其中一个属性。

2.3.3 元组重复处理

在数据集成过程中，除纵向检查属性间的冗余外，还需要横向检查元组间的重复。例如，两张表中都存储了学生的个人信息，则在集成这两张表的数据时就会出现同一个

学生的两条个人信息，也就是出现了元组重复。元组重复可能会增加数据挖掘模型的复杂度，降低模型的准确性。因此，数据集成时需要识别和处理这些重复的元组。在实际应用中，需要根据具体的数据选择删除重复元组或合并重复元组等。

2.3.4 属性值冲突处理

在数据集成过程中，不同的数据源中同一实体相同属性数据不同、相同属性数据的格式不同、相同属性数据的单位不同均属于属性值冲突。例如，数据源 A 中用 M 表示男性，数据源 B 中用 male 表示男性；数据源 A 中的日期格式为“年-月-日”，数据源 B 中的日期格式为“年/月/日”；数据源 A 中的质量以千克为单位，数据源 B 中的质量以克为单位；等等。

处理属性值冲突需要确定统一的取值范围、格式、单位等，以确保数据的一致性和可靠性，为后续的数据挖掘建模提供良好的数据基础。

2.3.5 数据合并

解决上述一系列问题后，就可以对不同数据源的数据进行合并处理了。

Pandas 提供了 merge()函数用于实现数据的横向合并，它可以将两个至少具有一个相同列索引的数据进行合并，其一般使用格式如下：

```
pandas.merge(left,right,how='inner',on,suffixes=('_x','_y'))
```

各参数的含义如下。

- left：指定参与合并的第一个对象。
- right：指定参与合并的第二个对象。
- how：指定合并的方式，可取值为“left”（左合并）、“right”（右合并）、“inner”（内合并）或“outer”（外合并），默认取值为“inner”。
- on：指定两个对象中相同的列索引，并将这些列作为连接列。默认以所有具有相同索引的列作为连接列。
- suffixes：指定合并后除连接列外其他相同列索引的附加后缀，默认取值为('_x','_y')，表示在相同的列索引名称后加“_x”或“_y”。

此外，Pandas 还提供了 concat()函数用于实现沿某个特定的行或列执行合并操作，其一般使用格式如下：

```
pandas.concat(objs,axis=0,join='outer')
```

各参数的含义如下。

- objs：指定参与合并的对象列表。
- axis：指定按行或按列合并。axis 取值为 0（默认）或“index”表示按行合并，取值为 1 或“columns”表示按列合并。

➢ join：指定合并的方式，可取值为“outer”（外合并）或“inner”（内合并），默认取值为“outer”。

2.4 数据变换

数据变换的目的是将原始数据转换为更适合数据挖掘的形式，帮助改善数据的可读性和可用性。通常情况下，对于数值型数据的变换方式有简单函数变换、数据规范化和数据离散化，对于非数值型数据的变换方式有数据编码。

2.4.1 简单函数变换

简单函数变换是指对原始数据进行数学变换，常用的变换方式包括平方、开方、取对数等。

（1）平方变换。平方变换是将数据中的每个值都进行平方运算。它通常用于处理左偏分布的数据。平方变换可以放大较小值对数据挖掘的影响，并有助于使数据的分布更接近正态分布。

（2）开方变换。开方变换是将数据中的每个值都进行开方运算。它通常用于处理右偏分布的数据。开方变换可以减小较大值对数据挖掘的影响，并有助于使数据的分布更接近正态分布。

高手点拨

偏态分布是相对于正态分布而言的，分为正偏态分布和负偏态分布两种，如图 2-21 所示。

正偏态分布

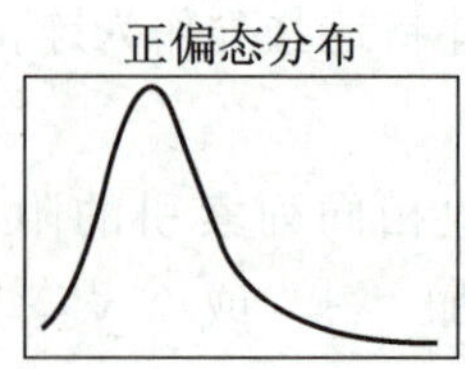

负偏态分布

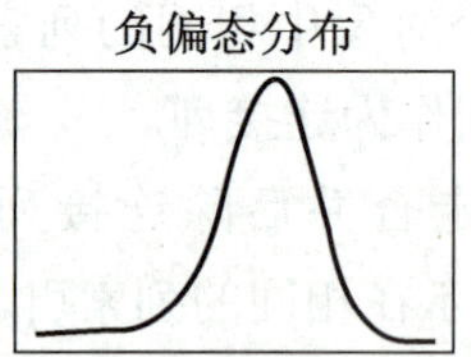

图 2-21 正偏态分布和负偏态分布示意图

① 正偏态分布也称右偏分布，它的数据特点是众数小于中位数，中位数小于平均数。在右偏分布中，数据在均值左侧的数量较多，所以存在较大的数与之平衡，也就是分布图的尾部向右侧延伸。

② 负偏态分布也称左偏分布，它的数据特点是平均数小于中位数，中位数小于众数。在左偏分布中，数据在均值右侧的数量较多，所以存在较小的数与之平衡，也就是分布图的尾部向左侧延伸。

（3）对数变换。对数变换是将数据中的每个值都进行对数运算。它通常用于处理右偏分布的数据，或具有正值并且分布范围很广的数据。对数变换可以有效减小极端值对数据挖掘的影响，并有助于使数据的分布更接近正态分布。

2.4.2 数据规范化

数据规范化又称归一化，目标是改变原始数据的数值范围，使所有数据处于同一范围，以消除不同度量单位的影响，同时简化计算，提高数据处理的效率。常见的数据规范化方法包括最小-最大规范化、Z-Score 规范化和小数定标规范化。

1. 最小-最大规范化

最小-最大规范化也称离差标准化，是对原始数据进行线性变换，将数值映射到特定区间 $[new\_x_{\min}, new\_x_{\max}]$ 上。最小-最大规范化的计算公式如下：

$$x^* = \frac{x - x_{\min}}{x_{\max} - x_{\min}}(new\_x_{\max} - new\_x_{\min}) + new\_x_{\min} \qquad (2\text{-}5)$$

其中，x^* 是最小-最大规范化后的值；x 是原始数据的值；$x_{\min}$ 是原始数据中的最小值；$x_{\max}$ 是原始数据中的最大值；$new\_x_{\min}$ 是指定规范化后数据的最小值；$new\_x_{\max}$ 是指定规范化后数据的最大值。

Scikit-Learn 的 preprocessing 模块提供了 MinMaxScaler 类用于实现最小-最大规范化，其一般使用格式如下：

```
MinMaxScaler(feature_range=(0,1),copy=True)
```

各参数的含义如下。

- feature_range：指定数据规范化后的最小值和最大值，默认将数据映射到[0,1]区间上。
- copy：是否复制数据，默认取值为 True，表示可复制数据。

MinMaxScaler 类常用的方法如下。

- fit(X)：用于训练数据 X 的最小-最大规范化。
- transform(X)：在使用 fit()方法后，将输入数据 X 进行规范化变换，并返回规范化后的数据矩阵。
- fit_transform()：MinMaxScaler 类最常用的方法，作用等同于 fit()和 transform()两个方法。

小 提 示

当数据中存在极端值或异常值时，对数据进行最小-最大规范化会导致数据失去原有的分布特性。因此，进行最小-最大规范化前，需要提前处理数据中的极端值或异常值。

2. Z-Score 规范化

Z-Score 规范化也称标准差标准化，是将原始数据变换为符合标准正态分布的数据，也就是均值为 0、标准差为 1 的数据。Z-Score 规范化的计算公式如下：

$$x^* = \frac{x - \overline{x}}{\sigma} \tag{2-6}$$

其中，x^*是 Z-Score 规范化后的值；x 是原始数据的值；$\overline{x}$ 是原始数据的均值，σ 是原始数据的标准差。

Scikit-Learn 的 preprocessing 模块提供了 StandardScaler 类用于实现 Z-Score 规范化，其一般使用格式如下：

```
StandardScaler(copy=True,with_mean=True,with_std=True)
```

各参数的含义如下。

- copy：是否复制数据，默认取值为 True，表示可复制数据。
- with_mean：是否在规范化前减去平均数，默认取值为 True。
- with_std：是否将数据规范化到单位方差，默认取值为 True，表示数据将在规范化时除以标准差。

StandardScaler 类常用的方法与 MinMaxScaler 类相同，此处不再赘述。

3. 小数定标规范化

小数定标规范化是通过移动数据的小数点位置，将数据映射到[-1,1]区间上。小数定标规范化的计算公式如下：

$$x^* = \frac{x}{10^k} \tag{2-7}$$

其中，x^*是小数定标规范化后的值；x 是原始数据的值；k 是将原始数据中绝对值最大的数据映射到[-1,1]区间上的最小整数。

小 提 示

与最小-最大规范化类似，当数据中存在极端值或异常值时，对数据进行小数定标规范化会导致数据的分布特性丢失、异常值的影响被放大，以及数据的解释性降低等问题。

【例 2-4】 规范化如表 2-3 所示的“小区房价”数据。

表 2-3 小区房价

小区名称	城 区	单价（元/平方米）	面积（平方米）
住总如院	大兴	23 750	160
星河城冬季星空	丰台	71 540	96.5
贵园北里	大兴	51 150	87
营房小区	房山	18 058	86.4
福城上城	北京周边	11 929	49.5
华业东方玫瑰	通州	47 842	87.8
纳丹堡	北京周边	14 286	91

【参考代码】

```
# 导入需要的库和类
import pandas as pd
import numpy as np
from sklearn.preprocessing import MinMaxScaler
from sklearn.preprocessing import StandardScaler
# 读取数据
df=pd.read_excel('小区房价.xlsx')
data=df[['单价（元/平方米）','面积（平方米）']]# 选取需要规范化的属性
# 最小-最大规范化
data_m=MinMaxScaler().fit_transform(data)
print('最小-最大规范化：\n',data_m)
# Z-Score 规范化
data_s=StandardScaler().fit_transform(data)
print('Z-Score 规范化：\n',data_s)
# 小数定标规范化
data_r=data/10**np.ceil(np.log10(data.abs().max()))
print('小数定标规范化：\n',data_r)
```

小提示

需要注意的是，Scikit-Learn 在导入时使用 sklearn。

代码“10**np.ceil(np.log10(data.abs().max()))”中，“**”表示乘方，“ceil()”表示向上取整，“abs()”表示取绝对值。整句代码的作用是求原始数据中绝对值最大的数据映射到[-1,1]区间的缩放因子，即公式（2-7）中的分母。

【运行结果】 运行结果如图 2-22 所示。可以看出，最小-最大规范化将两组不同数值范围的数据规范化到[0,1]区间；Z-Score 规范化将两组不同数值范围的数据规范化到相近的两个区间，且正负分布均匀；小数定标规范化将两组不同数值范围的数据规范化到[−1,1] 区间（由于原始数据无负值，规范化后的范围实为[0,1]）。其中，最小-最大规范化和 Z-Score 规范化的输出是二维数组，小数定标规范化的输出为 DataFrame 对象。

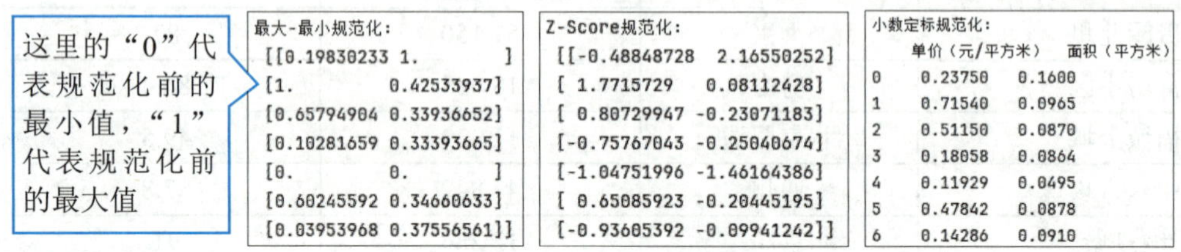

图 2-22 例 2-4 程序运行结果

2.4.3 数据离散化

在使用某些数据挖掘算法（如决策树算法）时，要求数据属性是离散属性，那么就需要将连续数据转换为离散数据。为此，可采用某种方法将连续数据的值域划分成多个小的区间，并将每个区间看作一个类别，这一过程称为数据离散化。例如，将学生成绩数据根据“[90,100]→优秀，[75,90)→良好，[60,75)→及格，[0,60)→差”规则进行变换，就是将成绩数据离散化。

常用的数据离散化方法有等宽离散化、等频离散化和聚类离散化。

1. 等宽离散化

等宽离散化将数据的值域划分为具有相同宽度的区间，区间个数由数据本身的特点决定或由用户指定。

Pandas 提供了 cut()函数用于实现连续数据的等宽离散化，其一般使用格式如下：

```
pandas.cut(x,bins,right=True,labels=None,include_lowest=False)
```

各参数的含义如下。

- x：需要离散化的一维数据。
- bins：指定离散化的边界，可以是整数或序列，默认取值为 5。如果是整数，表示将数据等分为指定数量的区间；如果是序列，表示具体的区间边界值。例如，bins = [0,5,10,15,20] 表示(0,5]、(5,10]、(10,15]、(15,20]四个分段区间。
- right：是否包含区间的右边界，默认取值为 True，表示右闭区间。
- labels：用于标记结果的区间名称，其长度必须与区间数量相同。
- include_lowest：是否包含区间的左边界，默认取值为 False，表示左开区间。

2. 等频离散化

等频离散化是根据用户自定义的区间数量划分数据值域，要求每个区间的数据数量

相同或近似相同。

Pandas 提供了 qcut()函数用于实现连续数据的等频离散化，其一般使用格式如下：

```
pandas.qcut(x,q,labels=None)
```

x 和 labels 参数与 cut()函数中的作用相同，此处不再赘述，其他参数的含义如下。

- q：指定离散化的区间数量或者分位数。如果是整数，表示将数据等分为指定数量的区间；如果是分位数的数组或列表，表示按照指定的分位数对数据进行离散化处理。

【例 2-5】 离散化“商品库存_已删除重复值”中的“数量”数据。

【参考代码】

```
import pandas as pd
data=pd.read_excel('商品库存_已删除重复值.xlsx')
print('原始数据：\n',data['数量'])
bins=[0,15,30,45]                        # 指定离散化的边界
# 输出等宽离散化后每组的数量
df=pd.cut(data['数量'],bins)
print('等宽离散化：\n',df.value_counts())
# 输出等频离散化后每组的数量
df=pd.qcut(data['数量'],2)              # q 取值为 2，表示划分为两个区间
print('等频离散化：\n',df.value_counts())
```

小 提 示

上述代码中，“value_counts()”是记录每个区间内包含原始数据的数量，然后按计数降序排列。

【运行结果】 运行结果如图 2-23 所示。可以看到，等宽离散化将“数量”数据根据规定的离散化边界数分为三组，并根据每个区间内原始数据的数量降序排列；等频离散化将“数量”数据根据规定的离散化区间数量分为两组，其离散化边界数根据数据分布自动调整。

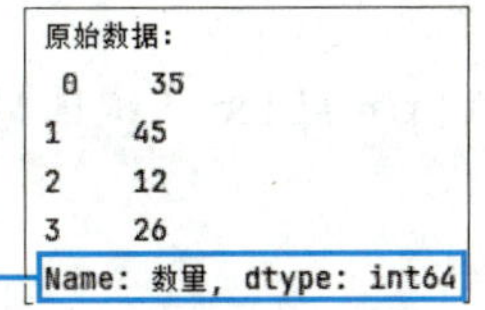

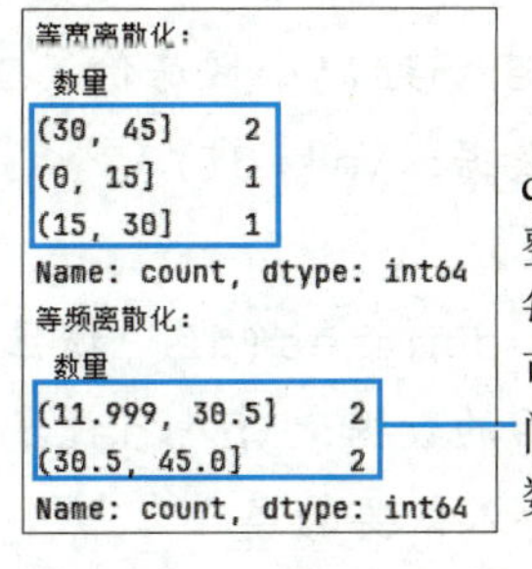

图 2-23 例 2-5 程序运行结果

3．聚类离散化

聚类离散化是指从 n 个数据中随机选择 k 个数据，这 k 个数据分别作为一个簇的中心，然后使用聚类算法得到 k 个簇，也就是划分的 k 个区间。其中，k 值由用户指定。具体实现方法详见项目 5。

2.4.4 数据编码

在大多数情况下，数据挖掘算法要求输入数据为数值型数据，那么就需要将数据中的非数值型数据（如字符型数据）转换为数值型数据，这一过程称为数据编码。

Pandas 提供了 get_dummies()函数用于实现字符型数据的编码，其一般使用格式如下：

```
pandas.get_dummies(data,prefix=None,prefix_sep='_',columns=None,
dtype=None)
```

各参数的含义如下。

- data：需要编码的数据，可以是一维数据，也可以是二维数据。
- prefix：进行编码处理后列标签的附加前缀，默认取值为 None，表示前缀为原始列标签。
- prefix_sep：前缀和原始类别名称之间的分隔符，默认取值为“_”。
- columns：指定要编码的列，输入为列表，默认取值为 None。如果指定了列名，则只对这些列进行编码，否则对所有列进行编码。
- dtype：指定生成编码的数据类型，可取值为 int、float、bool、None 等，默认取值为 None，表示自动确认生成编码的数据类型。

此外，Scikit-Learn 的 preprocessing 模块还提供了 LabelEncoder 类用于实现标签编码，其一般使用格式如下：

```
LabelEncoder()
```

LabelEncoder 类常用的方法与 MinMaxScaler 类相同，此处不再赘述。

【例 2-6】 对表 2-3 中的“城区”数据进行编码。

【参考代码】

```
import pandas as pd
df=pd.read_excel('小区房价.xlsx')
print('原始数据：\n',df)
# 数据编码
data=pd.get_dummies(df['城区'],prefix='城区',dtype=int)
print('编码后的数据：\n',data)
# 标签编码，导入需要的类
```

```
from sklearn.preprocessing import LabelEncoder
# 将“城区”进行标签编码
df['城区_编码']=LabelEncoder().fit_transform(df['城区'])
print('标签编码后的数据：\n',df)
```

【运行结果】 运行结果如图 2-24 所示。可以看到，使用 get_dummies()函数进行编码的“城区”数据由字符型数据变为了数值型数据，以 DataFrame 对象呈现；使用 LabelEncoder 类进行标签编码的“城区”数据会映射为一组整数（0 对应丰台、1 对应北京周边、2 对应大兴、3 对应房山、4 对应通州）。

原始数据：

	小区名称	城区	单价（元/平方米）	面积
0	住总如院	大兴	23750	160.0
1	星河城冬季星空	丰台	71540	96.5
2	贵园北里	大兴	51150	87.0
3	营房小区	房山	18058	86.4
4	福城上城	北京周边	11929	49.5
5	华业东方玫瑰	通州	47842	87.8
6	纳丹堡	北京周边	14286	91.0

编码后的数据：

	城区_丰台	城区_北京周边	城区_大兴	城区_房山	城区_通州
0	0	0	1	0	0
1	1	0	0	0	0
2	0	0	1	0	0
3	0	0	0	1	0
4	0	1	0	0	0
5	0	0	0	0	1
6	0	1	0	0	0

标签编码后的数据：

	小区名称	城区	单价（元/平方米）	面积（平方米）	城区_编码
0	住总如院	大兴	23750	160.0	2
1	星河城冬季星空	丰台	71540	96.5	0
2	贵园北里	大兴	51150	87.0	2
3	营房小区	房山	18058	86.4	3
4	福城上城	北京周边	11929	49.5	1
5	华业东方玫瑰	通州	47842	87.8	4
6	纳丹堡	北京周边	14286	91.0	1

图 2-24 例 2-6 程序运行结果

2.5 数据归约

数据归约旨在将大量的数据简化为具有代表性的少量数据，同时尽可能保持原有数据的完整性和信息量，以支持更高效的数据挖掘。数据归约可以由多种方法实现，包括维度归约、数量规约、数据压缩等。

2.5.1 维度归约

维度归约是指通过创建新属性来合并旧属性或删除不相关、弱相关、冗余属性的方法，减少数据的属性个数。常用的维度归约方法有特征选择、主成分分析等。

1. 特征选择

特征选择也称属性子集选择，它通过删除不相关、弱相关或冗余属性的方法，选出一个使挖掘过程效率更高且不影响挖掘结果的特征子集。常用的特征选择方法有过滤法、包装法和嵌入法。

（1）过滤法。

过滤法的主要思想是根据统计检验或相关性指标（相关系数、卡方检验等）对特征进行评估，然后选择最优的特征子集。这种方法计算效率高，不依赖于具体的挖掘模型，通常可以快速筛选出重要性较高的特征，但可能忽略特征之间的相互影响，导致选择的特征子集不够准确。

（2）包装法。

包装法将特征选择和模型训练结合起来，使用不同的特征子集来训练模型，并使用模型性能作为特征子集的评估标准。这种方法可以更准确地评估特征对模型性能的贡献，但需要多次训练模型以评估每个特征子集的性能，计算成本很高。常用的包装法包括递归特征消除和序列前向选择。

（3）嵌入法。

嵌入法将特征选择与模型训练结合起来，在模型训练的过程中自动进行特征选择。这种方法能够考虑特征之间的复杂关系，且最终选择的特征子集通常能够更好地与特定模型相匹配，但可能会因为模型选择不当而导致特征子集不具有代表性。常用的嵌入法包括基于惩罚项的方法（如 Lasso 回归）、决策树等。

2. 主成分分析

主成分分析（principal component analysis, PCA）是一种统计算法，它可以在尽可能保留数据集中重要信息的基础上，将一个具有多个相关变量的数据集转换为一个具有较少不相关变量的数据集。在数据挖掘中，PCA 可以将原始属性空间映射到一个低维的子空间，以达到维度归约的目的。而这个低维子空间中的属性就是数据的主成分。

Scikit-Learn 的 decomposition 模块提供了 PCA 类用于实现主成分分析，其一般使用格式如下：

```
PCA(n_components=None,copy=True,whiten=False)
```

各参数的含义如下。

- n_components：指定主成分的数量。
- copy：是否在运行时复制原始数据，默认取值为 True。
- whiten：是否将主成分的数据进行规范化处理，使其方差为 1，默认取值为 False。

PCA 类常用的方法与 MinMaxScaler 类相同，此处不再赘述。

PCA 类常用的属性如下。

- components_：特征空间的主轴，即主成分。
- explained_variance_ratio_：每个主成分的方差占总方差的比例，比例越大表示主成分越重要。

2.5.2 数量归约

数量归约是指用较小的数据量表示原始数据。常用的数量归约方法分为有参数方法和无参数方法。

（1）有参数方法。

有参数方法是使用模型（如回归和对数线性模型）对数据进行描述，然后通过一定的准则来估计最佳参数，参数估计完成后，就不再使用原始数据，而是使用模型和估计参数描述数据。

（2）无参数方法。

无参数方法不依赖于特定的模型，而是直接对数据进行转换，如直方图、聚类、抽样、数据立方体聚集等。

① 直方图。直方图是将数据分布到不同的区间中，并利用区间的频数或频率来表示原始数据，从而简化数据的表示。这种方法不仅减少了数据的复杂度，还在一定程度上保留了数据的主要特征，使得数据挖掘变得更为高效和直观。

② 聚类。聚类是根据数据相似性将数据聚成簇的方法。使用聚类进行数据归约，可以仅存储聚类中心、聚类半径等数据，大大减少了数据量，同时能够保持数据的主要特征。

③ 抽样。抽样是指抽取数据的一个子集来代表数据。抽样可以减少数据量，同时保持数据的代表性。简单随机抽样分为有放回的简单随机抽样和无放回的简单随机抽样，两者的区别在于从总体数据中取出一个数据后，是否将这个数据放回。最简单的抽样方法是随机抽样，即随机地从所有数据中抽取 M 个数据。

需要注意的是，在数据分布不均匀的情况下，简单随机抽样可能产生非常差的效果，这时可以使用更具适应性的分层抽样将数据分层，并根据每层的比例进行抽样。

④ 数据立方体聚集。数据立方体聚集是一种多维数据处理技术，它将数据按照多个维度（如时间、地区、产品等）进行组织，然后对不同维度的数据进行汇总和聚合，以将数据立方体中的较低层数据汇总到较高层，从而实现数量归约。数据立方体聚集不仅减少数据量，同时可以保留数据的层次结构和多维特征。

2.5.3 数据压缩

数据压缩是在不丢失有用信息的前提下，通过特定的编码和算法减少数据存储空间的技术。数据压缩包括有损压缩和无损压缩。若压缩后的数据能够完全恢复至原始状态，且没有任何信息损失，则称为无损压缩。它确保了数据的完整性和准确性，常用于对数据质量要求严格的场合。而有损压缩则会舍弃一些不重要的数据，在一定程度上允许信息丢失，恢复数据时也只能得到原始数据的近似版本。这种压缩方法虽然牺牲了数据精度，但能够实现更高的压缩比。因此，它广泛应用于音频、视频和图像等数据的压缩。

 案例实施 2 ——体测成绩数据预处理

体测成绩数据预处理

1. 数据清洗

根据案例实施 1 中对“体测成绩”数据集的数据质量分析可知，“1 000 米”“50 米”“跳远”“坐位体前屈”“引体向上”“肺活量”存在缺失值，考虑学生为缺考，故采用固定值“0”填补。而“身高”与“体重”分为两种情况，若“成绩”为 0，表示未参加体测考试，使用固定值“0”填补；若“成绩”不为 0，则考虑数据丢失，采用平均数填补。

此外，通过箱形图检测出的异常值，经过查看具体数值分析，“跳远”数据中的“17”为异常值，需要采用平均数替换，其他检测出的异常值属于合理范围，选择不处理。

步骤 1 在项目结构区中选中项目名称“数据探索与数据预处理”，然后右击，在弹出的快捷菜单中选择“新建”/“Python 文件”选项，最后在打开的对话框中新建名称为“体测成绩数据预处理”的 Python 文件。

步骤 2 导入当前案例实施所需要的 Pandas。

```
import pandas as pd                    # 导入当前案例需要的库
```

步骤 3 使用 read_excel()函数读取“体测成绩”数据集。

```
df=pd.read_excel('体测成绩.xlsx')          # 读取“体测成绩”数据集
```

步骤 4 使用 fillna()函数将“1 000 米”“50 米”“跳远”“坐位体前屈”“引体向上”“肺活量”的缺失值用固定值“0”填补。

```
columns=['1 000 米','50 米','跳远','坐位体前屈','引体向上','肺活量']
df[columns]=df[columns].fillna(0)
```

步骤 5 处理“身高”和“体重”的缺失值。首先计算“身高”和“体重”的平均数，然后将“成绩”为 0 的行用固定值“0”填补，“成绩”不为 0 的行用计算的平均数填补。

```
# 计算“身高”和“体重”的平均数
mean_height=int(df['身高'].mean())                # 保留整数
mean_weight=round(df['体重'].mean(),1)            # 保留 1 位小数
# 找到“成绩”为 0 的行，并将对应的身高和体重填充为 0
score_zero=df[df['成绩']==0].index      # 记录“成绩”为 0 的行的索引
```

```
df.loc[score_zero,['身高','体重']]=0 # 将对应的“身高”“体重”记为 0
# 用平均值填充“身高”和“体重”的缺失值
df=df.fillna({'身高':mean_height})
df=df.fillna({'体重':mean_weight})
```

高手点拨

loc 方法通过行和列来访问数据，其一般使用格式如下：

```
DataFrame.loc[row_label,column_label]
```

其中，row_label 和 column_label 用于指定要选择的行和列。

步骤 6 异常值处理。将“跳远”数据的异常值“17”替换为“跳远”数据的平均数。

```
df.loc[df['跳远']==17,'跳远']=df['跳远'].mean()
```

2. 数据变换

为了消除属性数据取值范围不相同对数据挖掘效果和效率的影响，此处将“1 000 米”“50 米”“跳远”“坐位体前屈”“引体向上”“肺活量”“身高”和“体重”数据规范化到[0,10]区间。为了实现数据挖掘过程中对“成绩”数据的高效处理和分析，将“成绩”数据根据“[90,100]→优秀，[80,90)→良好，[60,80)→及格，[0,60)→不及格”规则进行离散化，并对离散化后的等级进行编码，以适应数据挖掘的数据形式。

步骤 1 数据规范化。导入数据规范化需要的 MinMaxScaler 类，然后选取需要规范化的属性，最后使用 MinMaxScaler 类实现各个属性数据的规范化。

```
# 导入数据规范化需要的类
from sklearn.preprocessing import MinMaxScaler
# 选取需要规范化的属性
columns=['1 000 米','50 米','跳远','坐位体前屈','引体向上','肺活量',
'身高','体重']
# 使用 MinMaxScaler 类实现数据规范化。其中，映射区间为[0,10]
scaler=MinMaxScaler(feature_range=(0,10))
# 使用循环语句，使每个属性都调用 fit_transform()方法实现规范化
for column in columns:
    df[column]=scaler.fit_transform(df[[column]])
print(df.head(5))                         # 显示前 5 条数据
```

步骤 2 运行程序，结果如图 2-25 所示。可以看出，各属性数据均规范化到[0,10]区间。

	班级	姓名	1 000米	50米	...	肺活量	身高	体重	成绩
0	1	高某阳	7.550274	8.862275	...	3.546867	8.673469	6.396476	62.30
1	1	郝某杰	7.605119	7.684631	...	3.990066	8.877551	4.643172	75.60
2	1	田某聪	6.069470	7.185629	...	6.780438	9.336735	5.585903	95.00
3	1	郝某烨	7.477148	8.433134	...	4.968161	8.622449	4.096916	67.60
4	1	牛某嘉	7.531993	7.365269	...	5.632960	8.520408	4.748899	84.75

该属性数据为“成绩”数据，未进行规范化

图 2-25　规范化各属性数据

步骤 3 数据离散化。使用 cut()函数离散化“成绩”数据。

```
bins=[0,60,80,90,100]                    # 指定离散化的边界
labels=['不及格','及格','良好','优秀']  # 指定每个区间对应的名称
# 使用 cut()函数离散化“成绩”数据，并将离散化结果记录在新属性“成绩等级”中
df['成绩等级']=pd.cut(df['成绩'],bins,labels=labels)
print(df.head(5))                        # 显示前 5 条数据
```

步骤 4 运行程序，结果如图 2-26 所示。可以看出，数据集中添加了新属性“成绩等级”，其中记录着“成绩”连续数据的离散化结果。

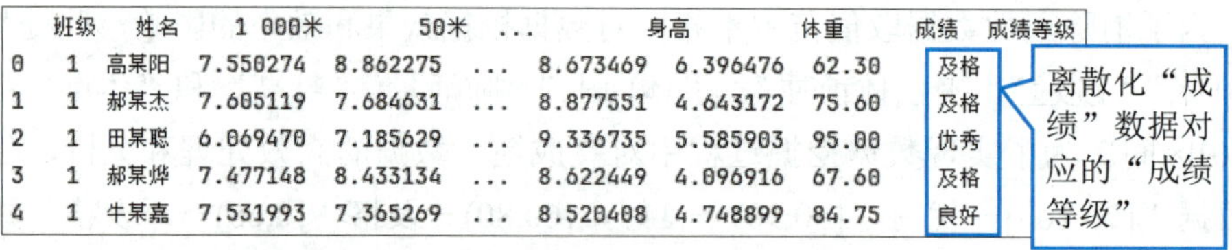

	班级	姓名	1 000米	50米	...	身高	体重	成绩	成绩等级
0	1	高某阳	7.550274	8.862275	...	8.673469	6.396476	62.30	及格
1	1	郝某杰	7.605119	7.684631	...	8.877551	4.643172	75.60	及格
2	1	田某聪	6.069470	7.185629	...	9.336735	5.585903	95.00	优秀
3	1	郝某烨	7.477148	8.433134	...	8.622449	4.096916	67.60	及格
4	1	牛某嘉	7.531993	7.365269	...	8.520408	4.748899	84.75	良好

图 2-26　离散化“成绩”数据并添加新属性“成绩等级”

步骤 5 数据编码。对“成绩等级”数据进行编码。导入数据编码需要的 LabelEncoder 类，然后使用 LabelEncoder 类将“成绩等级”进行标签编码。

```
# 导入数据编码需要的类
from sklearn.preprocessing import LabelEncoder
# 将“成绩等级”进行标签编码，并将编码结果记录在新属性“成绩等级_编码”中
df['成绩等级_编码']=LabelEncoder().fit_transform(df['成绩等级'])
print(df.head(5))                        # 显示前 5 条数据
```

步骤 6 运行程序，结果如图 2-27 所示。可以看出，“成绩等级”数据由字符型数据变换为数值型数据。

	班级	姓名	1 000米	50米	...	体重	成绩	成绩等级	成绩等级_编码
0	1	高某阳	7.550274	8.862275	...	6.396476	62.30	及格	2
1	1	郝某杰	7.605119	7.684631	...	4.643172	75.60	及格	2
2	1	田某聪	6.069470	7.185629	...	5.585903	95.00	优秀	1
3	1	郝某烨	7.477148	8.433134	...	4.096916	67.60	及格	2
4	1	牛某嘉	7.531993	7.365269	...	4.748899	84.75	良好	3

0 对应“不及格”
1 对应“优秀”
2 对应“及格”
3 对应“良好”

图 2-27　“成绩等级”标签编码并添加新属性“成绩等级_编码”

步骤7 使用 to_excel()函数输出“体测成绩_预处理.xlsx”文件，以查看数据预处理结果。

```
df.to_excel('体测成绩_预处理.xlsx')
```

德育长廊

青少年是国家的未来、民族的希望，拥有强健的体魄和积极向上的精神风貌，是其实现自我价值、践行社会责任的重要基础。体测不仅是对青少年身体素质的阶段性检测，更是引导青少年关注自身健康、自觉投入体育锻炼的重要契机。

当代青少年应主动响应“走下网络、走出宿舍、走向操场”的号召，将运动融入日常生活，用强健体魄支撑个人发展，以饱满状态迎接时代使命，让青春在为祖国、为人民的奉献中绽放最绚丽的光彩。

项目实训

1. 实训目的

（1）练习数据探索的常用方法。

（2）练习数据预处理的常见操作。

2. 实训内容

对“水质检测”数据集（见图2-28）进行数据探索与数据预处理。

	A	B	C	D	E	F	G	H	I	J	K	L	M	N	O	P
1	省份	流域	断面名称	监测时间	水温（℃）	PH值	溶解氧（mg/L）	电导率（μS/cm）	浊度（NTU）	高锰酸盐指数（mg/L）	氨氮（mg/L）	总磷（mg/L）	总氮（mg/L）	叶绿素a（mg/L）	藻密度（cells/L）	水质类别
2	湖北省	长江流域	牛山湖湖心	2021-11-16 16:00:00	16.7	8.09	9.91	155.4	11.6	2.27	0.025	0.027	1.07	0.009	4726236	Ⅲ
3	湖北省	长江流域	西梁子湖湖北	2021-11-16 16:00:00	17.4	7.23	9.39	146.7	18.6	2.79	0.025	0.025	0.86	0.004	2307275	Ⅲ
4	湖北省	长江流域	西梁子湖湖南	2021-11-16 16:00:00	17.9	7.79	8.95	147.3	24	3.14	0.025	0.031	1.63	0.005	5013347	Ⅲ
5	湖北省	长江流域	宗关	2021-11-16 16:00:00	17.2	7.84	9.46	325	31.1	3.34	0.025	0.027	2.09	0.007		
6	湖北省	长江流域	杨泗港	2021-11-16 16:00:00	19	7.78	9.15	363.1	41.3	1.99	0.025	0.069	1.53			
7	湖北省	长江流域	冯集	2021-11-16 16:00:00	16.9	8.38	11.7	237.4	11.9	3.21	0.133	0.063	1.6			Ⅱ
8	湖北省	长江流域	龙口	2021-11-16 16:00:00	18.6	8.84	11.52	259.3	31.6	4.81	0.164	0.013	0.66			Ⅲ
9	湖北省	长江流域	金水闸	2021-11-16 16:00:00	17.5	8.3	9.21	252.4	117.6	5.54	0.17	0.079	1.81			Ⅲ
10	湖北省	长江流域	郭王	2021-11-16 16:00:00	18.2	6.55	6.52	255.5	21.2	4.11	0.982	0.115	4.52			Ⅲ
11	湖北省	长江流域	滠口	2021-11-16 16:00:00	18.8	8.04	12.22	221.1	28.6	4.4	0.378	0.074	1.38			Ⅲ
12	湖北省	长江流域	港洲村	2021-11-16 12:00:00	17.9	7.8	5.34	368.5	52.3	4.52	1	0.044	3.34			Ⅲ
13	湖北省	长江流域	太平沙	2021-11-16 16:00:00	20.4	7.29	6.97	417.8	105.3	5.82	1.359	0.13	3.17			Ⅳ
14	湖北省	长江流域	富池闸	2021-11-16 16:00:00	19	7.86	8.57	241.2	52.6	1.99	0.025	0.027	1.35			
15	湖北省	长江流域	夬河口	2021-11-16 16:00:00	15	18.25	10.92	355.7	3.6	1.24	0.027	0.02	1.88			Ⅰ
16	湖北省	长江流域	天河口	2021-11-16 16:00:00	13.8	8.43	10.83	444.8	8.6	2.25	0.048	0.037	1.58			Ⅱ

图2-28 “水质检测”数据集（部分）

（1）在“数据探索与数据预处理”项目下，新建名称为“水质数据探索与数据预处理”的 Python 文件。

（2）导入所需的库和模块，然后读取本书配套素材“素材与实例”/“项目2”文件夹中的“水质检测.xlsx”文件中的数据。

（3）检测数据中的缺失值，并用 0 填补“叶绿素 a（mg/L）”和“藻密度（cells/L）”属性的缺失值；然后删除“水质类别”属性的缺失值所在的行；最后使用均值填补“电导率（μS/cm）”和“浊度（NTU）”属性的缺失值。

（4）使用箱形图分析“PH 值”中的异常值。由于 PH 值的范围为 0～14，删除“PH 值”属性中存在的异常值，即 PH<0 或 PH>14 的数据。

（5）使用直方图分析“水温（℃）”属性数据，以便更好地理解水温的分布情况。

（6）使用最小-最大规范化将“溶解氧（mg/L）”“电导率（μS/cm）”“高锰酸盐指数（mg/L）”“氨氮（mg/L）”“总磷（mg/L）”“总氮（mg/L）”“叶绿素 a（mg/L）”“藻密度（cells/L）”属性数据规范化到[0,1]区间。

（7）将“PH 值”数据根据“(0,6.5]→过酸，(6.5,8.5]→正常，(8.5,14]→过碱”规则进行离散化，并将结果存入“PH 值标签”属性中。

（8）对“水质类别”数据进行数据编码（标签编码），并将结果存放在“水质类别_编码”属性中。

（9）对“水温（℃）”“PH 值”“溶解氧（mg/L）”“电导率（μS/cm）”“浊度（NTU）”“高锰酸盐指数（mg/L）”“氨氮（mg/L）”“总磷（mg/L）”“总氮（mg/L）”“叶绿素 a（mg/L）”“藻密度（cells/L）”“水质类别_编码”属性进行相关性分析。

（10）输出“水质检测_预处理.xlsx”文件。

3. 实训小结

按要求完成实训内容，并将实训过程中遇到的问题和解决办法记录在表 2-4 中。

表 2-4　实训过程

序　号	主要问题	解决办法
1		
2		
3		
4		
5		

项目总结

完成本项目的学习与实践后，请总结应掌握的重点内容，并将图 2-29 中的空白处填写完整。

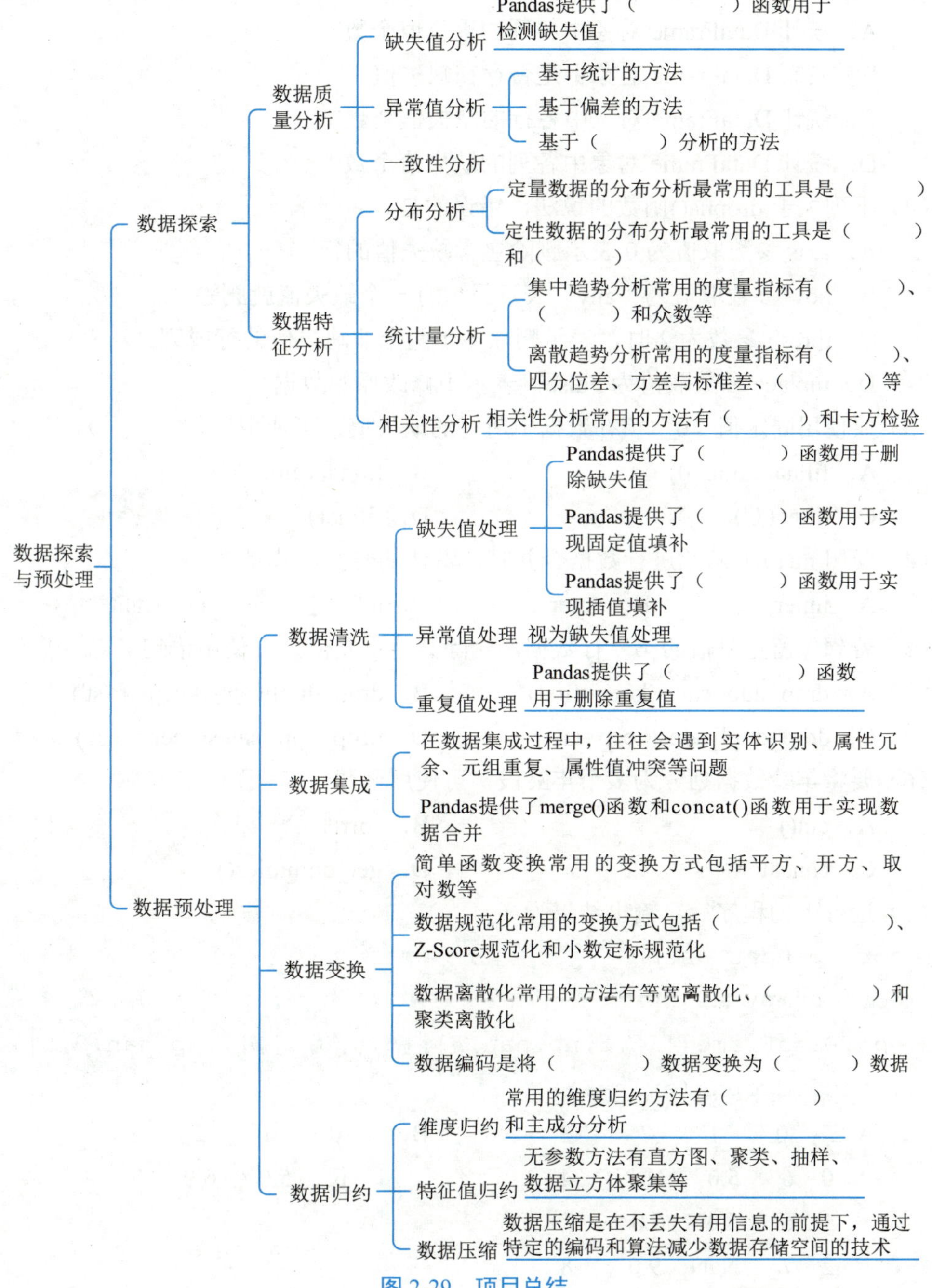

图 2-29 项目总结

项目考核

1. 选择题

（1）DataFrame.isnull().sum()语句的作用是（　　）。

A. 统计 DataFrame 对象中各列的重复值个数

B. 判断 DataFrame 对象中是否存在缺失值

C. 统计 DataFrame 对象中各行的缺失值个数

D. 统计 DataFrame 对象中各列的缺失值个数

（2）下列关于 dropna()函数的说法，错误的是（　　）。

A. axis 参数取值为 0 表示删除包含缺失值的行

B. how 参数取值为“any”表示只要有一个缺失值就删除

C. thresh 参数为 2 时，表示删除多于两个非缺失值的行或列

D. inplace 参数取值为 False，表示不修改原始数据

（3）要使用固定值“0”填补数据中所有的缺失值，可使用语句（　　）。

A. fillna(value=0)　　　　B. fillna(value='0')

C. fillna('0')　　　　D. fillna()

（4）使用 merge()函数进行数据合并时，默认的合并方式是（　　）。

A. inner　　B. outer　　C. left　　D. right

（5）若想保留重复值的第一行数据，删除其他重复值，可使用语句（　　）。

A. drop_duplicates(keep=first)　　　　B. drop_duplicates(keep='first')

C. drop_duplicates(keep=last)　　　　D. drop_duplicates(keep='last')

（6）要将年龄数据划分为多个年龄段，可使用函数（　　）。

A. cut()　　　　B. corr()

C. concat()　　　　D. get_dummies()

（7）运行下列程序后，输出结果为（　　）。

```
import pandas as pd
import numpy as np
df=pd.DataFrame([[6,5,np.nan,4],[6,5,6,7],[7,np.nan,9,8]])
print(df.dropna(axis=1))
```

A.

	0	1	2	3
0	6	5.0	NaN	4
1	6	5.0	6.0	7
2	7	NaN	9.0	8

B.

	0	1	2	3
1	6	5.0	6.0	7

C.

	0	3
0	6	4
1	6	7
2	7	8

D.

	0	3
1	6	7

2. 判断题

（1）当 isnull()函数返回值为 True 时，表示存在非缺失值。（　　）

（2）通常情况下，当数据与均值的偏差超过三倍标准差时，会被认定为异常值。（　　）

（3）离散趋势分析常采用的度量指标有平均数、中位数、极差、方差与标准差、离散系数等。（　　）

（4）数据源 A 中的“ID”描述的是学生编号，数据源 B 中的“ID”描述的是课程编号，在集成两个数据源的数据时，可以直接合并。（　　）

（5）MinMaxScaler(feature_range=(0,1))语句的作用是将数据规范化到[0,1]区间。（　　）

3. 简答题

（1）简述异常值分析的几种方法。

（2）简述统计量分析的几种方法。

（3）简述在数据集成过程中可能遇到的问题及解决办法。

（4）简述数据离散化的常用方法及特点。

项目评价

请同学们结合本项目的学习情况，对学习成果进行自评和互评（组内成员相互评分），然后请指导教师进行师评和总评，并将评价结果填入表 2-5 中。

表 2-5　项目评价

评价项目	评价内容	分值	评价分数		
			自评	互评	师评
项目完成度（20%）	项目准备阶段，回答问题清晰准确，紧扣主题，没有明显错误	5 分			
	项目实施阶段，根据操作步骤完成本项目	5 分			
	项目实训阶段，出色地完成实训内容	5 分			
	项目总结阶段，正确地将项目总结的空白信息补充完整	2 分			
	项目考核阶段，正确地完成考核题目	3 分			
知识（30%）	掌握数据质量分析与数据特征分析的常用方法	5 分			
	掌握缺失值、重复值和异常值的常用处理方法	8 分			
	掌握数据集成过程中常见问题的处理方法及数据合并的常用方法	5 分			
	掌握简单函数变换、数据规范化、数据离散化及数据编码的常用方法	7 分			
	掌握维度归约、数量归约、数据压缩的常用方法	5 分			
技能（30%）	能够对数据进行质量分析和特征分析	10 分			
	能够根据分析结果对数据进行数据清洗、数据集成、数据变换和数据归约操作	20 分			
素养（20%）	具有自主学习意识，做好课前准备	5 分			
	文明礼貌，遵守课堂纪律	5 分			
	善于思考，积极参与，勇于提出问题	5 分			
	具有团队合作精神，出色完成小组任务	5 分			
总评	综合分数______自评（25%）+互评（25%）+师评（50%）	100 分			
	综合等级______	指导教师签字__________			
总结提高	最突出的表现（创新或进步）： 还需改进的地方（不足或缺点）：				

说明：综合等级可以“优”（综合得分≥90 分）、“良”（80 分≤综合得分<90 分）、“中”（60 分≤综合得分<80 分）、“差”（综合得分<60 分）为标准进行评价。

项目3 分类

项目导读

在现实生活中，分类是人们通过观察和经验积累对事物或现象进行分组的过程。例如，根据气象数据和观测结果，可以将天气分为晴天、阴天或雨天等。对应到数据挖掘中，分类就是通过构建分类模型对未知类别的数据进行分组的过程。本项目学习分类的相关知识，以及构建分类模型的常用方法。

项目目标

知识目标

- 了解分类的概念、过程和分类模型的评价指标。
- 了解过拟合与欠拟合的相关知识。
- 理解 K 近邻分类原理并掌握其算法实现方法。
- 理解决策树分类原理并掌握其算法实现方法。
- 理解贝叶斯分类原理并掌握其算法实现方法。
- 理解支持向量机分类原理并掌握其算法实现方法。

技能目标

- 能够使用合适的分类算法对目标数据进行分类。
- 能够利用不同指标评价分类模型的性能。

素养目标

- 锻炼具体问题具体分析的思维方式，增强积极主动寻求解决方法的意识。
- 培养精益求精、严谨认真的工作态度。

项目分析

本项目使用的数据集是 Scikit-Learn 库提供的 Iris（鸢尾花）数据集。该数据集包含了 150 个样本，每个样本代表一朵鸢尾花。这些样本分为 3 个类别，每个类别 50 个样本，分别对应着鸢尾花的三个种类：setosa（山鸢尾，类别编号为 0）、versicolor（杂色鸢尾，类别编号为 1）和 virginica（维吉尼亚鸢尾，类别编号为 2）。数据集中每个样本有 4 个特征，分别为 sepal length（花萼长度）、sepal width（花萼宽度）、petal length（花瓣长度）和 petal width（花瓣宽度），这些特征都是以厘米为单位的数值型数据。

本项目使用分类模型对鸢尾花进行分类，过程可分为以下四个步骤。

步骤 1：新建项目并安装 Python 库。新建“分类”项目，并提前安装本项目用到的 Python 库，包括 Scikit-Learn 和 Matplotlib。

步骤 2：获取数据。从 Scikit-Learn 中导入 Iris 数据集，同时考虑到可视化的实现效果，本项目仅选择 sepal length（花萼长度）和 petal length（花瓣长度）两个特征，并将所选数据划分为训练数据集（简称训练集）和测试数据集（简称测试集）。

步骤 3：构建模型并评价。首先根据案例需求选择对应的算法（包括 K 近邻算法、CART 算法、朴素贝叶斯和线性支持向量机）构建分类模型，然后使用精确率、召回率、F1 值和准确率对模型进行评价。

步骤 4：知识表示。根据使用的算法和分类结果选择合适的图形将数据挖掘结果可视化。

项目准备

全班学生以 3～5 人为一组进行分组，各组选出组长。组长组织组员扫码观看“分类的应用”视频，讨论并回答下列问题。

问题 1：列举日常生活中属于分类的场景。

分类的应用

问题2：常用的分类算法有哪些？

3.1 分类概述

3.1.1 分类的概念及过程

1. 分类的概念

数据挖掘中的分类是指通过算法学习数据的特征并形成一个分类模型，利用该模型能够预测数据所属的类别。需要注意的是，这里的特征就是描述数据的各种属性，类别数据必须是离散数据。

2. 分类的过程

分类的过程主要包括四个步骤，如图3-1所示。

（1）将数据集划分为两部分：训练集和测试集。

（2）选择合适的分类算法，对训练集进行学习，以训练分类模型。

（3）利用分类模型对测试集进行分类，以评价分类模型的性能，并根据评价结果进行参数调整，以优化模型。

（4）应用最终的分类模型对未知类别的样本进行预测，得到样本所属类别。

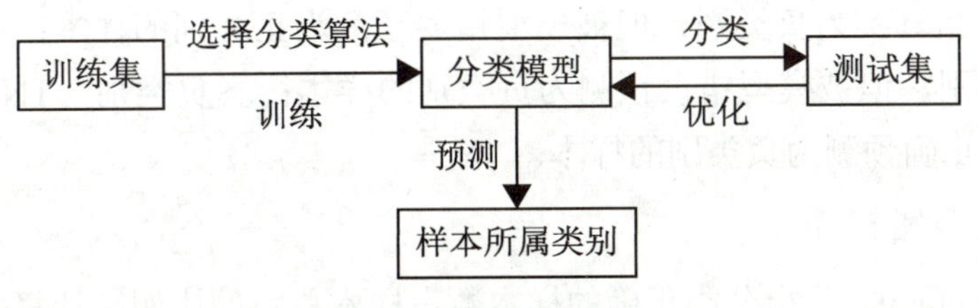

图3-1 分类的过程

小提示

分类模型预测的样本所属类别是数据集中已经存在的类别，而不是新类别。通常将记录类别的属性称为标签，对有标签的数据集进行学习并构建模型的过程称为有监督学习。因此，分类属于有监督学习。

与有监督学习相对应的是无监督学习，即对无标签的数据集进行学习并构建模型的过程，如聚类、关联规则挖掘等。

3.1.2 分类模型的评价指标

完成分类模型的训练后，需要对模型性能进行评价，这就需要用到评价指标。常用的分类模型评价指标有混淆矩阵、准确率和错误率、精确率和召回率、F1 值、ROC 曲线和 AUC 值等。下面以二分类问题为例，对这些评价指标进行介绍。

高手点拨

二分类问题的目标是将数据划分为两类。例如，根据电子邮件的内容将电子邮件归类为垃圾邮件或非垃圾邮件，根据患者的临床数据将患者分为患有某种疾病患者或未患有某种疾病患者，等等。

1. 混淆矩阵

混淆矩阵将分类结果以矩阵形式展示，可直观地展示分类模型的性能。以二分类问题为例，混淆矩阵的基本结构如表 3-1 所示。

表 3-1 混淆矩阵

真实情况	预测情况	
	正类别	负类别
正类别	真正类别（TP）	假负类别（FN）
负类别	假正类别（FP）	真负类别（TN）

其中，真正类别（TP）是指真实为正类别，并被模型正确预测为正类别的样本；假正类别（FP）是指真实为负类别，但被模型错误预测为正类别的样本；假负类别（FN）是指真实为正类别，但被模型错误预测为负类别的样本；真负类别（TN）是指真实为负类别，并被模型正确预测为负类别的样本。

2. 准确率和错误率

准确率（accuracy）是指分类正确的样本数占样本总数的比例，计算公式如下：

$$Accuracy = \frac{TP + TN}{TP + FP + TN + FN} \tag{3-1}$$

错误率（error rate）是指分类错误的样本数占样本总数的比例，计算公式如下：

$$Error\ rate = \frac{FP + FN}{TP + FP + TN + FN} \tag{3-2}$$

这两类评价指标适用于类别平衡的分类问题。准确率越高（错误率越低），表示分类模型的性能越好。

3. 精确率和召回率

精确率（precision）又称查准率，是指预测为正类别的样本中真实为正类别的比例，计算公式如下：

$$Precision = \frac{TP}{TP + FP} \tag{3-3}$$

精确率越高，表示分类模型预测的正类别样本准确率越高。精确率适用于关注假阳性的情况。例如，在垃圾邮件识别上，高精确率意味着能尽可能地避免将正常邮件错误地标记为垃圾邮件，从而降低误判。

召回率（recall）又称查全率，是指真实为正类别的样本中预测为正类别的比例，计算公式如下：

$$Recall = \frac{TP}{TP + FN} \tag{3-4}$$

召回率越高，表示分类模型对正类别样本的识别能力越强。召回率适用于关注假阴性的情况。例如，在癌症检测上，高召回率意味着能尽可能地识别出所有实际患有癌症的个体，确保尽可能少地漏诊。

4. F1 值

F1 值是基于精确率和召回率的一种综合评价指标，用于评价分类模型在各类别样本上的表现是否均衡，计算公式如下：

$$F = \frac{2 \times Precision \times Recall}{Precision + Recall} \tag{3-5}$$

F1 值的取值范围是 0～1，值越接近 1 表示分类模型的性能越好。

5. ROC 曲线和 AUC 值

ROC 曲线是接受者操作特征（receiver operating characteristic, ROC）曲线，该曲线通过展示假正样本率（FPR）和真正样本率（TPR）的关系来评价二分类模型的性能，也就是以 FPR 为横轴、TPR 为纵轴，如图 3-2 所示。其中，TPR 是指真实为正类别的样本中预测为正类别的比例，计算公式同召回率；FPR 是指真实为负类别的样本中预测为正类别的比例，计算公式如下：

$$FPR = \frac{FP}{FP + TN} \tag{3-6}$$

AUC（area under curve）值是 ROC 曲线与坐标轴围成的面积，用于评价分类模型的性能。AUC 值越大，表示分类模型的性能越好。

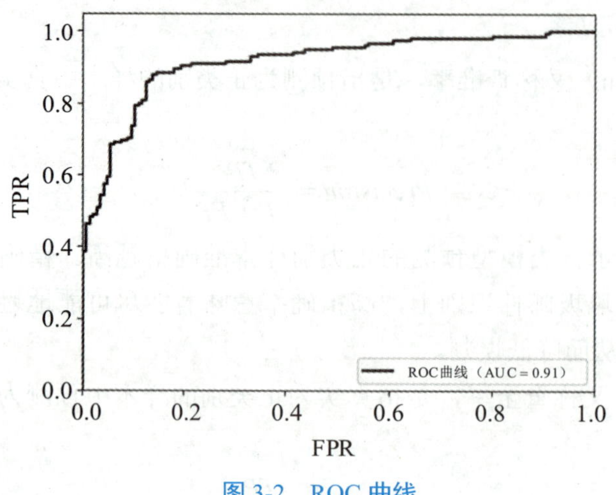

图 3-2　ROC 曲线

3.1.3 过拟合与欠拟合

模型在训练集和测试集上的表现可以通过训练误差和泛化误差进行评价。训练集上的误差称为“训练误差”，训练误差越小，说明某模型在训练集上表现越好；测试集上的误差称为“泛化误差”，泛化误差越小，说明某模型在测试集上表现越好。在分类模型中通常使用准确率来衡量误差，准确率越高，误差越小，反之误差越大。

对于分类模型，要实现的就是通过学习训练集，尽可能找到各特征值与目标值（类别）之间的潜在联系，以使测试集上的预测值与真实值尽可能保持一致。若某模型在训练集和测试集上的表现均良好，则称该模型具有较好的拟合能力；若某模型在训练集上表现良好，但在测试集上表现不好，则称这种现象为“过拟合”；若某模型在训练集和测试集上的表现均不好，则称这种现象为“欠拟合”。

德育长廊

过拟合和欠拟合是机器学习领域普遍存在的问题，它们并不特定于某一类挖掘模型，而是几乎所有类型的机器学习模型都可能面临的问题。

这种现象也启示我们在追求知识和真理的过程中，要避免片面和极端，既要广泛学习，不局限于特定的知识，又要深入钻研，不能浅尝辄止、一知半解。

过拟合通常发生在模型过于复杂或训练数据不足时，此时模型容易捕捉到训练集中的偶然特征，而这些特征并不通用。因此，在实践中，如果发现模型过拟合，可以考虑简化模型结构、增加训练数据等。而欠拟合则是因为模型太简单，无法充分学习训练集中的基本模式和关系，容易遗漏一些对分类或预测很关键的信息，进而导致无法在训练集和测试集上进行精准的分类。因此，在实践中，如果发现模型欠拟合，可以尝试增加模型复杂度、引入更多特征来提高其学习能力。

3.2 K近邻分类

3.2.1 K近邻算法原理

K近邻（K-Nearest neighbor, KNN）算法是非常经典的分类算法，也是最简单的机器学习算法之一。该算法的思路比较简单：在训练数据中寻找与新样本“距离最近”的 k 个数据，如果这 k 个数据大多数属于某个类别，那么新样本也属于这个类别。

下面通过一个简单的例子来了解K近邻算法是如何判断新样本类别的。以图3-3为例，现有正方形和五角星两种类别的数据，它们分布在二维特征空间中，此时有一个新样本（圆点），需要判断其所属类别。若选取三个数据（即 $k=3$），可看到距离新样本最近的三个数据中，五角星的比例为2/3，属于大多数，则认为新样本属于五角星类别。同理，若选取七个数据（即 $k=7$），则认为新样本属于正方形类别。

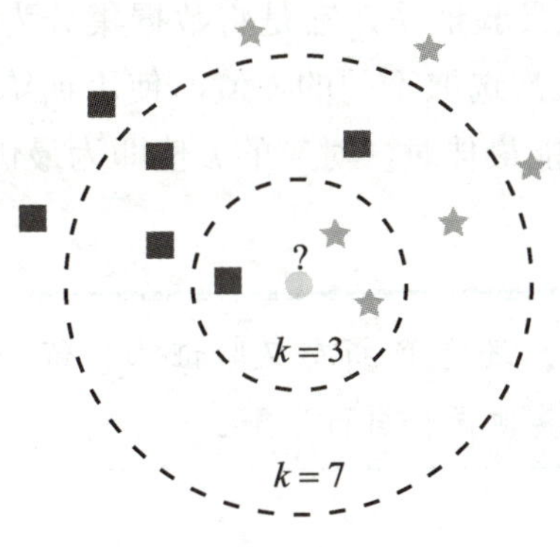

图3-3 K近邻算法示例

通过上述例子可以看出，影响K近邻算法分类结果的两个重要因素分别是数据间的距离和 k 值的选择。

（1）数据间的距离。

K近邻算法采用数据间的距离衡量数据的相似性。因此，采用不同的距离公式，分类的结果可能不同。K近邻算法默认采用的是欧几里得距离，也称欧氏距离。欧氏距离的计算原理基于几何中的勾股定理，即在二维平面上，两个数据间的直线距离可以通过计算其横纵坐标差的平方和的平方根得到。扩展到 n 维空间，这一概念依旧适用，只不过需要对更多的坐标轴进行相同的操作。若数据 X 的坐标为 $(x_1,x_2,\cdots,x_n)$，数据 Y 的坐标为 $(y_1,y_2,\cdots,y_n)$，那么 X 和 Y 的欧氏距离的计算公式如下：

$$D(X,Y)=\sqrt{(x_1-y_1)^2+(x_2-y_2)^2+\cdots+(x_n-y_n)^2}=\sqrt{\sum_{i=1}^{n}(x_i-y_i)^2} \tag{3-7}$$

（2）k 值的选择。

K 近邻算法中 k 值的选择对分类的结果影响很大。

① 当 k 选取较小值时，新样本只能利用周围较少的训练数据判断其类别，此时只有新样本与训练数据相似性较高时才能使用模型准确判断其类别。若训练数据中存在噪声，那么模型对新样本的分类就很容易出错。

② 当 k 选取较大值时，新样本会利用较多的训练数据判断其类别，分类时不易受噪声的影响，那么模型对新样本的分类误差会相对较小。但是，当 k 值过大时，可能会导致模型欠拟合或分类边界模糊等问题。

③ 若 $k=N$（N 是训练数据总量），此时无论输入什么样的新样本，其分类结果都是训练数据中占比最大的类别。因此，k 的取值范围是 $1\sim N-1$。

k 的最优取值会随数据集的变化而变化。在实际应用中，通常采用交叉验证法来选择最优的 k 值。这里介绍简单交叉验证法，它是将数据集分为训练集和测试集，其中训练集占总数据的 70%到 80%。依次选取不同的 k 值，使用训练集训练模型，然后使用测试集来评价模型的性能。模型性能最佳时，对应的 k 值即为最优 k 值。

小 提 示

除简单交叉验证法之外，还有 K 折交叉验证法、留一交叉验证法等，本书不做介绍，感兴趣的读者可参考其他资料自行了解。

3.2.2 K 近邻算法实现

Scikit-Learn 的 neighbors 模块提供了 KNeighborsClassifier 类用于实现 K 近邻算法，其一般使用格式如下：

```
KNeighborsClassifier(n_neighbors=5,weights='uniform',algorithm
='auto',p=2)
```

各参数的含义如下。

- n_neighbors：指定 k 值大小，默认取值为 5。
- weights：指定分类时 k 个数据的权重，可取值为“uniform”“distance”，也可以是用户自定义的函数。其中，取值为“uniform”（默认），表示所有数据的权重相等；取值为“distance”，表示权重与距离成反比，也就是距离近的数据比距离远的数据影响大；用户自定义的函数是接收一个包含距离的数组，并返回一个与距离数组维度相同的权重数组。

- algorithm：指定用来搜索最近邻数据的算法，可取值为“auto”“ball_tree”“kd_tree”或“brute”。其中，取值为“auto”（默认），表示自动选择算法；取值为“ball_tree”和“kd_tree”，表示利用树形结构搜索最近邻数据的算法；取值为“brute”，表示暴力搜索算法。
- p：指定距离度量公式中的参数，默认取值为2，表示欧氏距离。

小提示

需要注意的是，本书介绍的函数或类的一般使用格式中，仅列举其主要参数，想要深入学习其他参数的读者可参考其他资料自行了解。

KNeighborsClassifier类常用的方法如下。

- fit(X,y)：用于训练模型。其中，X是训练数据；y是对应的真实标签。
- predict(X)：用于对新样本进行分类。其中，X是需要分类的新样本。
- score(X,y)：计算数据分类正确的比例，即准确率，用于评价模型的性能。其中，X是测试数据；y是对应的真实标签。

案例实施1——使用K近邻算法对鸢尾花进行分类

1. 新建项目并安装Python库

使用K近邻算法对鸢尾花进行分类

步骤1 启动PyCharm，单击工作界面上方的“主菜单”按钮▤，在展开的下拉列表中选择“新建项目”选项，在打开的“新建项目”界面中新建名称为“分类”、Python版本为“Python 3.12.2”的项目。

步骤2 单击PyCharm工作界面左侧边栏中的“Python软件包”按钮，在打开的“Python软件包”面板中分别搜索并安装Scikit-Learn和Matplotlib。

2. 获取数据

步骤1 在“分类”项目结构区选中“分类”，然后右击，在弹出的快捷菜单中选择“新建”/“Python文件”选项，在打开的对话框中新建名称为“使用K近邻算法对鸢尾花进行分类”的Python文件。

步骤2 导入当前案例实施所需要的datasets模块、KNeighborsClassifier类和train_test_split()函数。

```
# 导入当前案例实施所需要的模块、类和函数
from sklearn import datasets
```

```
from sklearn.neighbors import KNeighborsClassifier
from sklearn.model_selection import train_test_split
```

步骤 3 从 datasets 模块中导入 Iris 数据集，选取数据集中的 sepal length（花萼长度）和 petal length（花瓣长度）作为分类特征存储在 X 中；获取数据集的真实标签存储在 y 中；划分训练集和测试集，将训练集的特征值和真实值分别存储在 X_train 和 y_train 中，将测试集的特征值和真实值分别存储在 X_test 和 y_test 中。

```
# 导入 Iris 数据集
iris=datasets.load_iris()
X=iris.data[:,[0,2]]                    # 选取第一个和第三个特征作为分类特征
y=iris.target                           # 获取 Iris 数据集的真实标签
# 划分训练集和测试集，测试集占总数据集的 20%
X_train,X_test,y_train,y_test=train_test_split(X,y,test_size
=0.2,random_state=42)
```

高手点拨

将数据集划分为训练集和测试集是借助 Scikit-Learn 中 model_selection 模块提供的 train_test_split()函数实现的。train_test_split()函数的一般使用格式如下：

```
train_test_split(train_data,train_target,test_size=0.25,
random_state=None)
```

各参数的含义如下。

① train_data：待划分的数据集。

② train_target：与 train_data 对应的真实标签。

③ test_size：指定测试集在待划分数据集中所占的比例，默认取值为 0.25。通常将其设置为小于 1 的浮点数，如 0.2，表示测试集占总数据集的 20%。

④ random_state：设置随机数生成器的种子。指定相同的 random_state 值可以确保每次运行代码时得到相同的拆分结果，这对后续的模型调试和结果复现至关重要。

3．构建模型并评价

步骤 1 使用简单交叉验证法获取合适的 *k* 值。其中，模型性能评价指标采用准确率。

```
# 初始化一个空列表用于存储不同 k 值的模型准确率
accuracy_list=[]
# 尝试不同的 k 值
for k in range(1,120):
    # 创建 K 近邻分类模型
```

```
    knn=KNeighborsClassifier(n_neighbors=k)
    # 使用训练集训练模型
    knn.fit(X_train,y_train)
    # 计算准确率并添加到列表中
    accuracy=knn.score(X_test,y_test)
    accuracy_list.append(accuracy)
# 找到准确率最高时对应的 k 值
best_k=accuracy_list.index(max(accuracy_list))+1
print('最佳 k 值为',best_k)
```

小提示

需要注意的是，在使用简单交叉验证法获取最佳 *k* 值时，*k* 值的取值范围不可超过训练集的数据量。

步骤 2 运行程序，结果如图 3-4 所示。可以看出，使用简单交叉验证法选取的最佳 *k* 值为 9。

```
最佳k值为 9
```

图 3-4 简单交叉验证法选取最佳 *k* 值运行结果

步骤 3 使用 KNeighborsClassifier 类的 fit()方法训练模型，并对测试集进行分类。其中，KNeighborsClassifier 类的参数 n_neighbors 取值为 9。

```
# 使用 K 近邻算法训练数据挖掘模型
knn=KNeighborsClassifier(n_neighbors=9)
knn.fit(X_train,y_train)
y_pred=knn.predict(X_test)
```

步骤 4 使用 classification_report()函数计算测试集分类结果的精确率、召回率、F1 值和准确率。

```
# 导入需要的函数
from sklearn.metrics import classification_report
# 输出测试集分类结果的精确率、召回率、F1 值和准确率
classification_rep=classification_report(y_test,y_pred)
print('K 近邻分类模型性能(测试集): \n',classification_rep)
```

高手点拨

Scikit-Learn 中 metrics 模块提供的 classification_report()函数用于显示分类报告，其中通过多个指标针对分类结果进行详细评价，其一般使用格式如下：

```
classification_report(y_true,y_pred)
```

其中，y_true 表示真实标签，y_pred 表示分类模型返回的预测值。

classification_report()函数输出结果包括以下几个部分。

① 每个类别的精确率（precision）、召回率（recall）、F1 值（f1-score）和样本数量（support）。

② 整体模型的准确率（accuracy）。

③ 宏平均（macro avg）的精确率、召回率和 F1 值，即所有类别相应评价指标的平均值。

④ 加权平均（weighted avg）的精确率、召回率和 F1 值，即所有类别相应评价指标的加权平均值。其中，每个类别的权重为该类别样本数量占总样本数量的比例。

步骤 5 运行程序，结果如图 3-5 所示。可以看出，$k=9$ 时，使用 K 近邻算法的分类模型的精确率、召回率、F1 值和准确率都较高，说明该模型可以精准预测鸢尾花的类别。

```
K近邻分类模型性能(测试集):
              precision    recall  f1-score   support

           0       1.00      1.00      1.00        10
           1       1.00      1.00      1.00         9
           2       1.00      1.00      1.00        11

    accuracy                           1.00        30
   macro avg       1.00      1.00      1.00        30
weighted avg       1.00      1.00      1.00        30
```

图 3-5　K 近邻分类模型性能（测试集）

4. 知识表示

步骤 1 导入所需要的 pyplot 模块，然后使用 scatter()函数绘制测试集真实值和预测值的散点图。其中，横坐标和纵坐标分别为测试集 X_test 的第一个特征（花萼长度）和第二个特征（花瓣长度），并使用“o”表示真实值，用“x”表示预测值，同时添加对应的标签名称。

```
import matplotlib.pyplot as plt  # 导入pyplot模块
plt.rcParams['font.sans-serif']='SimSun'# 设置可视化字体为“宋体”
plt.scatter(X_test[:,0],X_test[:,1],c=y_test,marker='o',label
='test')                         # 绘制测试集真实值的散点图
plt.scatter(X_test[:,0],X_test[:,1],c=y_pred,marker='x',label
='predict')                      # 绘制测试集预测值的散点图
plt.xlabel('Sepal length')       # 横坐标名称
```

```
plt.ylabel('petal length')              # 纵坐标名称
plt.title('K近邻')                      # 标题名称
plt.legend()                            # 显示图例
plt.show()                              # 显示图形
```

高手点拨

绘制散点图可借助 Matplotlib 中 pyplot 模块提供的 scatter()函数实现。scatter()函数的一般使用格式如下：

```
scatter(x,y,s=None,c=None,marker=None)
```

其中，x 和 y 表示 x 轴和 y 轴的数据；s 表示点的大小；c 表示点的颜色；marker 表示点的标记。

需要注意的是，虽然在官方文档中列出的 scatter()函数并没有直接包含 label 参数，但是在实际使用中，还可以向该函数传递一个 label 参数。这是因为 Matplotlib 的设计具有一定的灵活性，它允许用户在绘图时使用一些额外的、非官方文档明确列出的参数来增强图表的功能和可读性。

步骤 2 运行程序，结果如图 3-6 所示。可以看出，鸢尾花数据集被分为三种类别（以不同颜色区分），且预测值和真实值完全重合，说明该分类模型可以精准预测鸢尾花的类别。

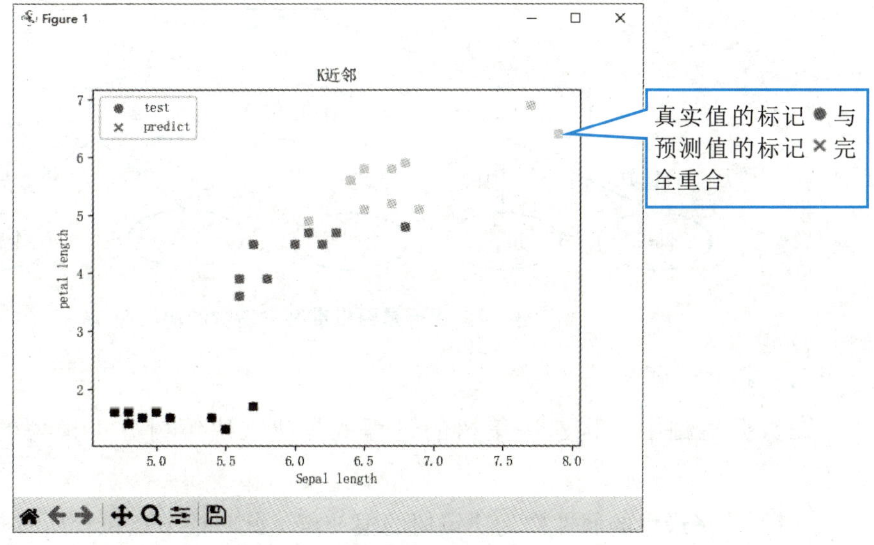

图 3-6 可视化预测值和真实值

3.3 决策树分类

3.3.1 决策树的工作原理

1. 认识决策树

决策树是一种带有判断规则的树形结构。一棵决策树拥有一个根节点和若干内部节点、分支和叶子节点。其中，决策树的根节点和每个内部节点对应一个决策属性，在该属性上的不同取值对应不同的分支，一个叶子节点表示一个决策结果。

决策树可以用来对未知样本进行分类，过程如下：从决策树的根节点开始，自上而下沿着某个分支向下搜索，直到叶子节点，最后以叶子节点的类别作为该未知样本所属的类别。

下面以一棵判断银行是否批准客户贷款的决策树为例（见图 3-7），认识决策树。其中，用矩形表示根节点和内部节点，椭圆形表示叶子节点。若要判断是否批准客户贷款，需要将顾客的属性值从决策树的根节点开始，首先判断顾客的收入情况，然后根据收入情况选择对应的分支，直至叶子节点得到分类的结果。例如，若有一名客户收入高、信用评分中等、就业情况为全职，则预测银行会批准这名客户的贷款申请。

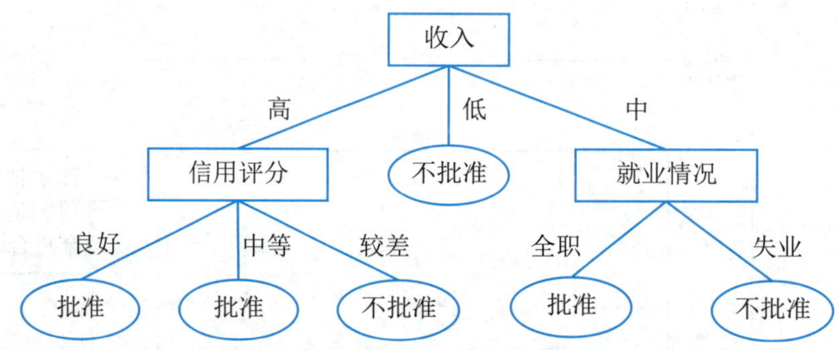

图 3-7 银行是否批准客户贷款的决策树

2. 建树过程

在数据挖掘中，构建决策树的过程就是建立决策树分类模型的过程，具体步骤如下。

（1）选择最优的属性作为决策树的根节点，此时根节点包含所有数据。

（2）为属性的每个可能取值生成一个分支。

（3）根据属性的每个可能取值将数据划分到对应分支产生的内部节点中。

（4）对每个内部节点重复上述步骤，直至产生的新节点都是叶子节点。

基于上述步骤可以看出，构建决策树的核心问题是如何选择最优的属性。常用的属性度量标准有信息增益、信息增益率和基尼指数，对应的经典算法分别为 ID3 算法、C4.5 算法和 CART 算法，它们所构建的决策树分别是 ID3 决策树、C4.5 决策树和 CART 决策树。

3. 剪枝处理

剪枝的基本思想是将决策树的某些内部节点下的节点删除，使这些内部节点变为叶子节点。这样做可以降低决策树的复杂度和过拟合风险，提高决策树对新样本的适应能力。剪枝通常有预剪枝和后剪枝两种策略。

（1）预剪枝。在构建决策树的过程中提前停止决策树的生长。这可以通过设置一些停止条件来实现，如规定节点的样本数量小于某个阈值时停止决策树的生长。

（2）后剪枝。先构建完整的决策树，然后从叶子节点开始，自底向上剪枝，移除那些对最终预测结果影响不大的子树。后剪枝通常需要一个独立的验证集来评价剪枝的效果。

3.3.2 ID3 决策树

ID3 算法在构建决策树时，采用信息增益作为选择最优属性的标准。

信息增益是基于信息熵的概念，它代表了在一定条件下，信息不确定性减少的程度。信息熵是度量信息不确定性的指标。当数据集 D 中第 i 类数据所占比例为 $p_i(i=1,2,\cdots,n)$ 时，数据集 D 的信息熵为

$$\mathrm{Info}(D)=-\sum_{i=1}^{n}p_i\log_2 p_i \tag{3-8}$$

此时引入离散型属性 A，其有 v 个可取值，可以将数据集 D 划分为 v 个子集 $\{D_1,D_2,\cdots,D_v\}$，也就是该属性会生成 v 个分支。那么，在属性 A 下，数据集 D 的不确定性（条件熵）为

$$\mathrm{Info}_A(D)=\sum_{i=1}^{v}\frac{|D_i|}{|D|}\times\mathrm{Info}(D_i) \tag{3-9}$$

在属性 A 上的信息增益为信息熵与条件熵的差值，即

$$\mathrm{Gain}(A)=\mathrm{Info}(D)-\mathrm{Info}_A(D) \tag{3-10}$$

信息增益越大，使用该属性 A 进行数据划分得到的分类样本的纯度就越高。

【例 3-1】 根据表 3-2 中的数据，利用 ID3 算法构建“是否外出就餐”决策树。

表 3-2 关于是否外出就餐的数据

序 号	预 算	天气情况	健康状况	是否外出就餐
1	充足	晴天	良好	是
2	一般	阴天	一般	否
3	紧张	下雨	良好	否
4	充足	晴天	不佳	否
5	充足	阴天	良好	是
6	一般	晴天	一般	是
7	紧张	下雨	一般	否
8	充足	阴天	一般	是
9	一般	下雨	良好	是
10	紧张	阴天	不佳	否

根据表 3-2 中的数据，利用 ID3 算法构建决策树的过程如下。

（1）计算“是否外出就餐”数据集（D）的信息熵。数据集 D 中共 10 个样本，其中“是”类别的样本有 5 个，“否”类别的样本有 5 个。那么，利用公式（3-8）计算数据集 D 的信息熵为

$$\text{Info}(D)=-\left(\frac{5}{10}\log_2\frac{5}{10}+\frac{5}{10}\log_2\frac{5}{10}\right)=1$$

（2）计算在“预算”属性下，数据集 D 的条件熵。按“预算”划分数据得到三个子集，其中“充足”子集中共 4 个样本，“是”类别的样本有 3 个，“否”类别的样本有 1 个。那么，利用公式（3-8）计算“充足”子集的信息熵为

$$\text{Info}(D_{充足})=-\left(\frac{3}{4}\log_2\frac{3}{4}+\frac{1}{4}\log_2\frac{1}{4}\right)\approx 0.811$$

同理，计算其余两个子集的信息熵分别为

$$\text{Info}(D_{一般})=-\left(\frac{2}{3}\log_2\frac{2}{3}+\frac{1}{3}\log_2\frac{1}{3}\right)\approx 0.918$$

$$\text{Info}(D_{紧张})=-\left(\frac{3}{3}\log_2\frac{3}{3}\right)=0$$

那么，利用公式（3-9）计算在“预算”属性下，数据集 D 的条件熵为

$$\text{Info}_{预算}(D)=\frac{4}{10}\text{Info}(D_{充足})+\frac{3}{10}\text{Info}(D_{一般})+\frac{3}{10}\text{Info}(D_{紧张})\approx 0.600$$

（3）利用公式（3-10）计算在“预算”属性上的信息增益为

$$\text{Gain(预算)} = \text{Info}(D) - \text{Info}_{\text{预算}}(D) = 0.400$$

（4）根据上述步骤计算在其他属性上的信息增益为

$$\text{Gain(天气情况)} = \text{Info}(D) - \text{Info}_{\text{天气情况}}(D) = 0.049$$

$$\text{Gain(健康状况)} = \text{Info}(D) - \text{Info}_{\text{健康状况}}(D) = 0.276$$

（5）选取信息增益最大的属性（“预算”）作为根节点，为该属性的每个可能取值生成分支，并将数据划分到对应分支产生的内部节点中。

（6）将每个子集视为数据集 D，重复（1）～（5），若信息增益为 0，则记为叶子节点（如“预算”为“紧张”划分的子集），直至所有新增节点都为叶子节点结束操作。构建的 ID3 决策树如图 3-8 所示。

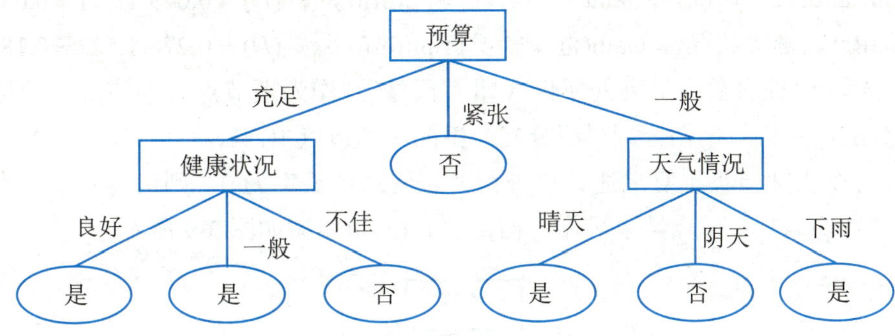

图 3-8 构建的 ID3 决策树

3.3.3 C4.5 决策树

C4.5 算法是 ID3 算法的一个扩展，它与 ID3 算法的最大不同之处是采用信息增益率作为选择最优属性的标准。除此之外，ID3 算法只能处理离散数据，而 C4.5 算法还可以处理连续数据。

信息增益率是在信息增益的基础上改进的一个指标，它通过引入分裂信息熵来调整信息增益，以避免在选择属性时偏向于取值较多的属性。信息增益率的计算公式如下：

$$\text{GainRatio}(A) = \frac{\text{Gain}(A)}{\text{SplitInfo}_A(D)} \tag{3-11}$$

其中，$\text{SplitInfo}_A(D)$ 是引入的分裂信息熵，表示通过属性 A 将数据集 D 划分为 v 个子集所产生的信息量。$\text{SplitInfo}_A(D)$ 的计算公式如下：

$$\text{SplitInfo}_A(D) = -\sum_{i=1}^{v} \frac{|D_i|}{|D|} \times \log_2\left(\frac{|D_i|}{|D|}\right) \tag{3-12}$$

显然，对于取值较多的属性，其信息增益较大，但其分裂信息熵也较大，计算出来的信息增益率不一定高。因此，C4.5 算法可以弥补 ID3 算法的不足。

【例 3-2】 根据表 3-2 中的数据，利用 C4.5 算法构建“是否外出就餐”决策树。

根据表 3-2 中的数据，利用 C4.5 算法构建决策树的过程如下。

（1）利用公式（3-12）计算“预算”属性的分裂信息熵为

$$\text{SplitInfo}_{\text{预算}}(D)=-\left(\frac{4}{10}\log_2\frac{4}{10}+\frac{3}{10}\log_2\frac{3}{10}+\frac{3}{10}\log_2\frac{3}{10}\right)=1.571$$

（2）结合例 3-1 计算的在“预算”属性上的信息增益，并利用公式（3-11）计算在“预算”属性上的信息增益率为

$$\text{GainRatio(预算)}=\text{Gain(预算)}/\text{SplitInfo}_{\text{预算}}(D)=0.400/1.571\approx 0.255$$

同理，计算在其他属性上的信息增益率为

$$\text{GainRatio(天气情况)}=\text{Gain(天气情况)}/\text{SplitInfo}_{\text{天气情况}}(D)=0.049/1.571\approx 0.031$$

$$\text{GainRatio(健康状况)}=\text{Gain(健康状况)}/\text{SplitInfo}_{\text{健康状况}}(D)=0.276/1.522\approx 0.181$$

（3）选取信息增益率最高的属性（即“预算”）作为根节点，为该属性的每个可能取值生成分支，并将数据划分到对应分支产生的内部节点中。

（4）每个内部节点重复上述计算过程，若信息增益率为 0，则记为叶子节点，直至所有新增节点均为叶子节点结束操作。构建的 C4.5 决策树如图 3-9 所示。

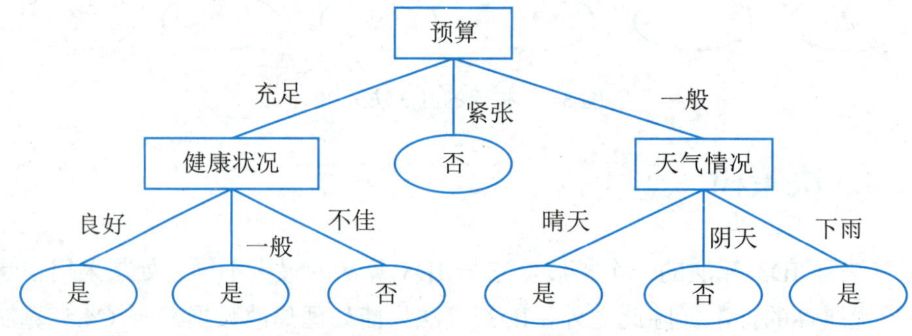

图 3-9 构建的 C4.5 决策树

3.3.4 CART 决策树

CART（classification and regression tree，分类回归树）算法也是构建决策树的经典算法之一，目前广泛应用于统计和数据挖掘领域。该算法采用基尼指数作为选择最优属性的标准，它产生的是一棵二叉树，即每个非叶子节点只有两个分支。

基尼指数是衡量数据集纯度的指标，它表示随机取样的两个样本不一致的概率。假设数据集 D 中共有 m 个类别，样本属于第 i 个类别的概率为 p_i，那么数据集 D 的基尼指数计算公式如下：

$$\mathrm{Gini}(D)=1-\sum_{i=1}^{m}p_i^2 \tag{3-13}$$

此时引入属性 A，将数据集 D 分为两个子集 D_1 和 D_2，那么属性 A 的基尼指数为

$$\mathrm{Gini}(D,A)=\frac{|D_1|}{|D|}\mathrm{Gini}(D_1)+\frac{|D_2|}{|D|}\mathrm{Gini}(D_2) \tag{3-14}$$

基尼指数的变化范围为 0～1，0 表示所有数据属于同一类别；1 表示所有数据属于不同类别。基尼指数越小，表示数据的纯度越高，即大多数数据属于同一个类别。

高手点拨

CART 算法不仅可以用于构建分类模型，也可以用于构建回归模型，预测连续数据。CART 算法建立的回归树的叶子节点通常包含一个数值（平均值或中位数），这个数值是该叶子节点对应的预测值。

【例 3-3】 根据表 3-2 中的数据，利用 CART 算法构建“是否外出就餐”决策树。

根据表 3-2 中的数据，利用 CART 算法构建决策树的过程如下。

（1）利用公式（3-13）计算“是否外出就餐”数据集（D）的基尼指数为

$$\mathrm{Gini}(D)=1-\left[\left(\frac{5}{10}\right)^2+\left(\frac{5}{10}\right)^2\right]=0.5$$

（2）计算“预算”属性不同划分方法的基尼指数。

按“预算”属性划分，可分为{充足}和{一般,紧张}、{一般}和{充足,紧张}、{紧张}和{充足,一般}三种二分类情况，分别计算每种划分方法下的基尼指数。

当分组为{充足}和{一般,紧张}时，“充足”子集和“一般,紧张”子集的基尼指数分别为

$$\mathrm{Gini}(D_{\text{充足}})=1-\left[\left(\frac{3}{4}\right)^2+\left(\frac{1}{4}\right)^2\right]=0.375$$

$$\mathrm{Gini}(D_{\text{一般,紧张}})=1-\left[\left(\frac{2}{6}\right)^2+\left(\frac{4}{6}\right)^2\right]\approx 0.444$$

利用公式（3-14）计算“预算”属性下的基尼指数为

$$\mathrm{Gini}(D,\text{预算})=\frac{4}{10}\times 0.375+\frac{6}{10}\times 0.444\approx 0.416$$

那么，当分组为{一般}和{充足,紧张}时，“预算”属性的基尼指数为

$$\mathrm{Gini}(D,\text{预算})\approx 0.476$$

当分组为{紧张}和{充足,一般}时，“预算”属性的基尼指数为

$$\mathrm{Gini}(D,\text{预算}) \approx 0.286$$

（3）同理，计算其他属性的基尼指数。选取基尼指数最小的属性（“预算”）作为根节点。同时，选择不同划分方法下基尼指数最小的作为划分的分支，如“预算”属性以{紧张}和{充足,一般}划分数据。

（4）重复上述计算过程，若基尼指数为 0，则记为叶子节点，直至所有新增节点均为叶子节点结束操作。构建的 CART 决策树如图 3-10 所示。

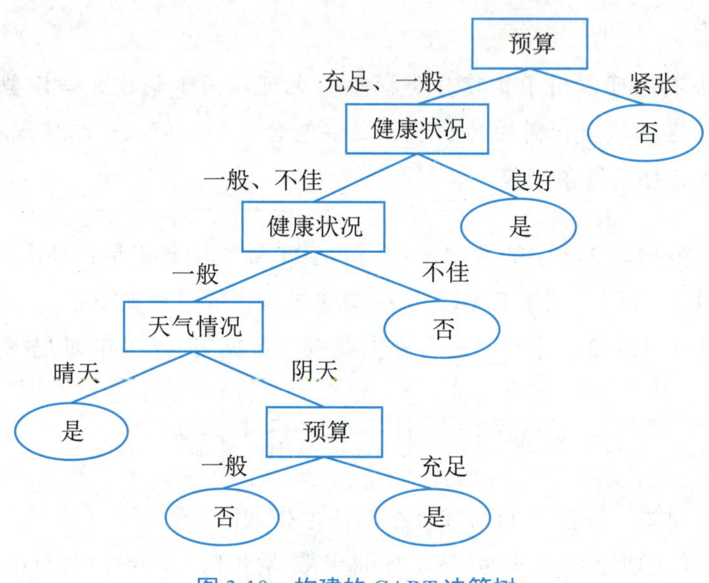

图 3-10　构建的 CART 决策树

3.3.5　决策树算法实现

Scikit-Learn 的 tree 模块提供了 DecisionTreeClassifier 类用于实现决策树，其一般使用格式如下：

```
DecisionTreeClassifier(criterion='gini',splitter='best',max_depth=None,min_samples_split=2,min_samples_leaf=1,max_leaf_nodes=None,class_weight=None)
```

各参数的含义如下。

- criterion：指定划分属性的标准，可取值为“gini”（基尼系数）和“entropy”（信息增益），默认取值为“gini”。
- splitter：指定划分策略，可取值为“best”（表示寻找最优的属性划分）和“random”（表示随机选择属性划分），默认取值为“best”。
- max_depth：指定决策树的最大深度，默认取值为 None。深度越大，分类模型越

容易过拟合。因此，对于特征较多的数据集，可根据数据分布设置该值。

- min_samples_split：指定节点的最小样本数量，要求生成的决策树中不得存在样本数量小于该值的根节点和内部节点。
- min_samples_leaf：指定叶子节点的最小样本数量，要求生成的决策树中不得存在样本数量小于该值的叶子节点。
- max_leaf_nodes：指定决策树中叶子节点的最大数量，默认不限制。
- class_weight：指定类别权重，当数据类别不均衡时，可考虑设置该值。

DecisionTreeClassifier 类的常用方法与 KNeighborsClassifier 类相同，此处不再赘述。

案例实施 2 ——使用 CART 决策树对鸢尾花进行分类

1. 获取数据

使用 CART 决策树对鸢尾花进行分类

步骤 1 新建名称为“使用 CART 决策树对鸢尾花进行分类”的 Python 文件。

步骤 2 导入当前案例实施所需要的 datasets 模块、DecisionTreeClassifier 类、plot_tree()函数（用于绘制决策树）和 train_test_split()函数。

```
# 导入当前案例实施所需要的模块、类和函数
from sklearn import datasets
from sklearn.tree import DecisionTreeClassifier,plot_tree
from sklearn.model_selection import train_test_split
```

步骤 3 从 datasets 模块中导入 Iris 数据集，选取数据集中的 sepal length（花萼长度）和 petal length（花瓣长度）作为分类特征存储在 X 中；获取数据集的真实标签存储在 y 中；划分训练集和测试集，将训练集的特征值和真实值分别存储在 X_train 和 y_train 中，将测试集的特征值和真实值分别存储在 X_test 和 y_test 中。

```
# 导入 Iris 数据集
iris=datasets.load_iris()
X=iris.data[:,[0,2]]                # 选取第一个和第三个特征作为分类特征
y=iris.target                       # 获取 Iris 数据集的真实标签
# 划分训练集和测试集，测试集占总数据集的 20%
X_train,X_test,y_train,y_test=train_test_split(X,y,test_size
=0.2,random_state=42)
```

2. 构建模型并评价

步骤 1 使用 DecisionTreeClassifier 类的 fit()方法训练模型，并规定决策树的最大深度为 5，然后使用训练好的分类模型对测试集进行分类。

```
# 使用 CART 决策树训练数据挖掘模型
clf=DecisionTreeClassifier(max_depth=5)
clf.fit(X_train,y_train)                          # 训练模型
y_pred=clf.predict(X_test)                        # 分类测试集
```

步骤 2 使用 classification_report()函数计算测试集分类结果的精确率、召回率、F1 值和准确率。

```
# 导入需要的函数
from sklearn.metrics import classification_report
# 输出测试集分类结果的精确率、召回率、F1 值和准确率
classification_rep=classification_report(y_test,y_pred)
print('CART 决策树分类模型性能(测试集): \n',classification_rep)
```

步骤 3 运行程序，结果如图 3-11 所示。可以看出，使用 CART 决策树建立的分类模型的精确率、召回率、F1 值和准确率都较高，说明该模型可以精准预测鸢尾花的类别。

```
CART决策树分类模型性能(测试集):
              precision    recall  f1-score   support

           0       1.00      1.00      1.00        10
           1       1.00      1.00      1.00         9
           2       1.00      1.00      1.00        11

    accuracy                           1.00        30
   macro avg       1.00      1.00      1.00        30
weighted avg       1.00      1.00      1.00        30
```

图 3-11 CART 决策树分类模型性能（测试集）

3. 知识表示

步骤 1 导入所需要的 pyplot 模块，用于实现决策树可视化。首先使用 figure()函数设置可视化图形的尺寸，然后使用 plot_tree()函数绘制决策树，最后将决策树显示出来。

```
import matplotlib.pyplot as plt          # 导入 pyplot 模块
plt.figure(figsize=(15,10))              # 设置图形的尺寸
# 输入训练的 clf 模型，并将特征名称和类别名称显示在节点中，填充节点的颜色
plot_tree(clf,feature_names=iris.feature_names,class_names=
iris.target_names,filled=True)
plt.show()                               # 显示图形
```

高手点拨

Scikit-Learn 的 tree 模块提供了 plot_tree()函数用于绘制决策树，其一般使用格式如下：

```
plot_tree(decision_tree,feature_names=None,class_names=None,
filled=False,fontsize=None)
```

其中，decision_tree 指定要绘制决策树的模型；feature_names 指定特征名称；class_names 指定类别标签名称；filled 根据分类结果为节点填充颜色；fontsize 指定节点中字体的大小。

步骤 2 运行程序，结果如图 3-12 所示。可以看出，最后一层的叶子节点中，左侧两个叶子节点内样本属于同一类别，右侧两个叶子节点内 versicolor 类别所占比例较小，它们对最终分类结果影响均不大，可对其进行剪枝操作。

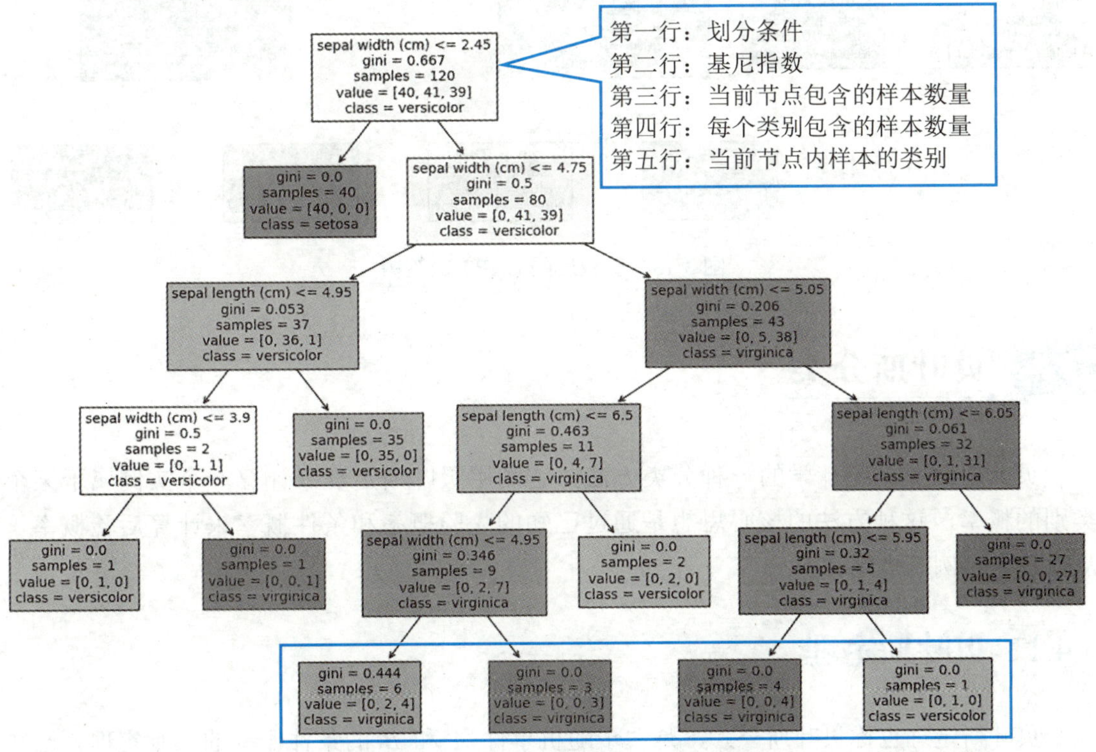

图 3-12 构建的 CART 决策树

步骤 3 调整 DecisionTreeClassifier 类的 min_samples_leaf 参数为 4，对叶子节点进行剪枝操作。

```
clf=DecisionTreeClassifier(max_depth=5,min_samples_leaf=4)
```

步骤 4 运行程序，结果如图 3-13 所示。可以看出，通过调整叶子节点最小样本数量（min_samples_leaf）可以简化决策树。同时，通过性能评价指标的输出结果可以看出，决策树的分类结果未受影响。

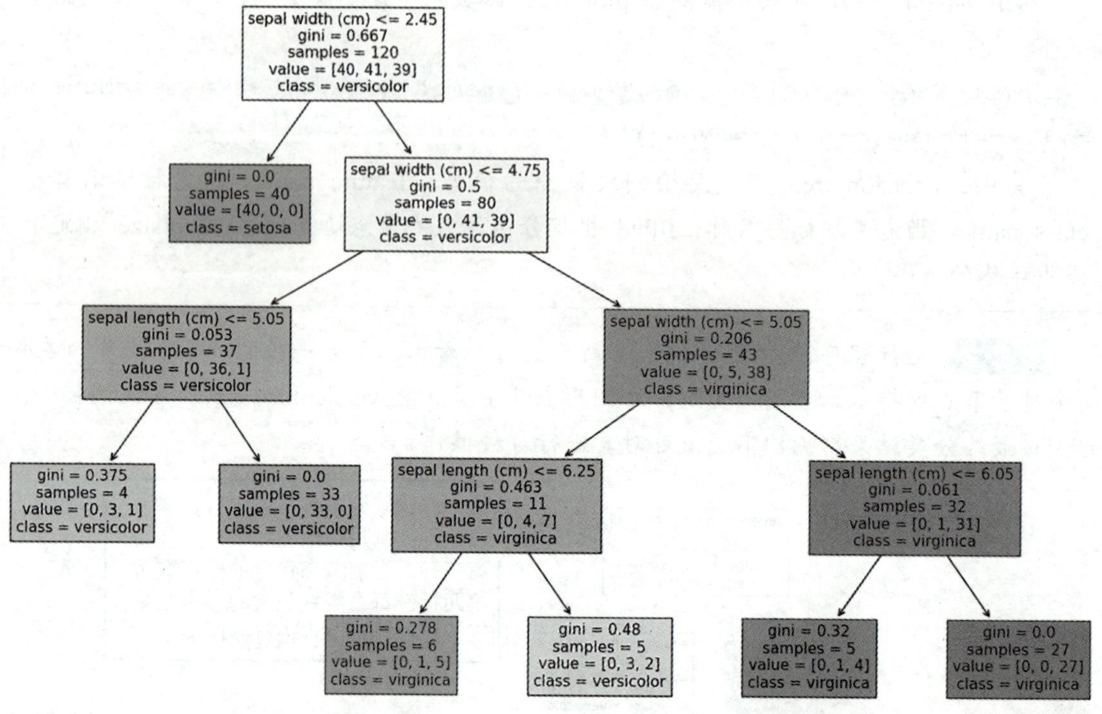

图 3-13　剪枝后的 CART 决策树

3.4 贝叶斯分类

贝叶斯分类是统计学的一种分类方法，它利用贝叶斯定理来计算一个实例属于某个类别的概率。这种方法的核心思想是通过已知的先验概率和条件概率来计算后验概率，从而确定实例的类别。

3.4.1 贝叶斯定理

贝叶斯定理也称贝叶斯公式，是关于随机事件 A 和 B 的条件概率的一则定理。已知随机事件 A 的先验概率是 $P(A)$，随机事件 B 的先验概率是 $P(B)$，随机事件 A 发生后随机事件 B 发生的条件概率是 $P(B|A)$，那么，随机事件 B 发生后随机事件 A 发生的后验概率计算公式如下：

$$P(A|B)=\frac{P(A)P(B|A)}{P(B)} \tag{3-15}$$

公式（3-15）即为贝叶斯定理。在数据挖掘领域，A 表示某种假设（如 A 属于类别 X），B 表示未知类别的样本，那么在给定样本 B 后假设 A 成立的概率 $P(A|B)$ 即为贝叶斯分类的主要依据。

高手点拨

先验概率是指事件发生前的预判概率。先验概率可以是基于历史数据的统计值，也可以由背景常识或主观观点得出。它一般是单独事件概率，如随机事件 A 的概率 $P(A)$。

条件概率是指一个事件发生后另一个事件发生的概率，如随机事件 A 发生后随机事件 B 发生的概率 $P(B|A)$。

后验概率是指基于先验概率和条件概率求得的反向条件概率。后验概率一般是需要求解的目标，其形式与条件概率相同，如随机事件 B 发生后随机事件 A 发生的概率 $P(A|B)$。

3.4.2 朴素贝叶斯

朴素贝叶斯是贝叶斯分类算法中非常简单但十分有效的一种算法。该算法的主要思想是在新样本出现的条件下，计算各个类别出现的概率，其中出现概率最高的类别即为新样本的类别。该算法在贝叶斯定理的基础上引入了一个条件独立性假设：特征之间相互独立。这个假设简化了概率计算，朴素贝叶斯因此得名“朴素”。

假设特征之间相互独立，那么在样本 B 有 $b_1,b_2,\cdots,b_m$ 特征，且类别的集合为 $C=\{a_1,a_2,\cdots,a_j,\cdots,a_n\}$ 时，条件概率可推导为

$$P(B|a_j)=P(b_1,b_2,\cdots,b_i|a_j)=P(b_1|a_j)P(b_2|a_j)\cdots P(b_m|a_j)=\prod_{i=1}^{m}P(b_i|a_j) \quad (3\text{-}16)$$

结合全概率公式，贝叶斯定理可推导为

$$P(a_j|B)=\frac{P(a_j)P(B|a_j)}{P(B)}=\frac{P(a_j)\prod\limits_{i=1}^{m}P(b_i|a_j)}{\sum\limits_{j=1}^{n}P(a_j)P(B|a_j)}=\frac{P(a_j)\prod\limits_{i=1}^{m}P(b_i|a_j)}{\sum\limits_{j=1}^{n}P(a_j)\prod\limits_{i=1}^{m}P(b_i|a_j)} \quad (3\text{-}17)$$

高手点拨

设 $a_1,a_2,\cdots,a_j,\cdots,a_n$ 是一个完备事件组（两两互斥且并集为全集），那么对任一事件 B 有

$$P(B)=P(a_1)P(B|a_1)+P(a_2)P(B|a_2)+\cdots+P(a_n)P(B|a_n)=\sum_{j=1}^{n}P(a_j)P(B|a_j) \quad (3\text{-}18)$$

公式（3-18）称为全概率公式。全概率公式用于将一个复杂事件的概率求解问题分解为若干个简单事件的概率求解问题。

由于对于所有类别来说，公式（3-17）中的分母为常数，那么求得分子的最大化，即 $P(a_j)\prod_{i=1}^{m}P(b_i\mid a_j)$ 最大化，可推断出新样本的类别为 a_j。

Scikit-Learn 的 naive_bayes 模块提供了 GaussianNB 类用于实现朴素贝叶斯算法，其一般使用格式如下：

```
GaussianNB(priors=None)
```

其中，priors 用于指定类别的先验概率，默认取值为 None，表示不用事先给定，算法会根据数据集中的数据自动计算。

GaussianNB 类的常用方法与 KNeighborsClassifier 类相同，此处不再赘述。

小 提 示

使用 GaussianNB 类实现朴素贝叶斯算法的前提条件是数据需要符合高斯分布（正态分布），且数据是连续数据。

除此之外，还可以使用 BernoulliNB 类、MultinomialNB 类等实现朴素贝叶斯。其中，BernoulliNB 类适用于数据是二元离散数据的情况；MultinomialNB 类适用于数据是多元离散数据的情况。

案例实施 3——使用朴素贝叶斯对鸢尾花进行分类

1. 获取数据

使用朴素贝叶斯对鸢尾花进行分类

步骤 1 新建名称为“使用朴素贝叶斯对鸢尾花进行分类”的 Python 文件。

步骤 2 导入当前案例实施所需要的 datasets 模块、GaussianNB 类和 train_test_split()函数。

```
# 导入当前案例实施所需要的模块、类和函数
from sklearn import datasets
from sklearn.naive_bayes import GaussianNB
from sklearn.model_selection import train_test_split
```

步骤 3 从 datasets 模块中导入 Iris 数据集，选取数据集中的 sepal length（花萼长度）和 petal length（花瓣长度）作为分类特征存储在 X 中；获取数据集的真实标签存储在 y 中；划分训练集和测试集，将训练集的特征值和真实值分别存储在 X_train 和 y_train

中，将测试集的特征值和真实值分别存储在 X_test 和 y_test 中。

```
# 导入Iris数据集
iris=datasets.load_iris()
X=iris.data[:,[0,2]]                    # 选取第一个和第三个特征作为分类特征
y=iris.target                           # 获取Iris数据集的真实标签
# 划分训练集和测试集，测试集占总数据集的20%
X_train,X_test,y_train,y_test=train_test_split(X,y,test_size
=0.2,random_state=42)
```

2. 构建模型并评价

步骤1 使用 GaussianNB 类的 fit()方法训练模型，并对测试集进行分类。

```
# 使用朴素贝叶斯训练数据挖掘模型
gnb=GaussianNB()
gnb.fit(X_train,y_train)                           # 训练模型
y_pred=gnb.predict(X_test)                         # 分类测试集
```

步骤2 使用 classification_report()函数计算测试集分类结果的精确率、召回率、F1值和准确率。

```
# 导入需要的函数
from sklearn.metrics import classification_report
# 输出测试集分类结果的精确率、召回率、F1值和准确率
classification_rep=classification_report(y_test,y_pred)
print('朴素贝叶斯分类模型性能(测试集)：\n',classification_rep)
```

步骤3 运行程序，结果如图3-14所示。可以看出，使用朴素贝叶斯的分类模型对类别编号为0的鸢尾花分类效果较优，但对类别编号为1和2的鸢尾花分类效果存在误差，但从整体上看，模型的准确率、宏平均和加权平均的评价指标都比较高。因此，此时分类模型的性能是比较好的。

```
朴素贝叶斯分类模型性能(测试集)：
              precision    recall  f1-score   support

           0       1.00      1.00      1.00        10
           1       0.89      0.89      0.89         9
           2       0.91      0.91      0.91        11

    accuracy                           0.93        30
   macro avg       0.93      0.93      0.93        30
weighted avg       0.93      0.93      0.93        30
```

图3-14 朴素贝叶斯分类模型性能（测试集）

3. 知识表示

步骤 1 导入所需要的 pyplot 模块，然后使用 scatter()函数绘制测试集真实值和预测值的散点图。其中，横坐标和纵坐标分别为测试集 X_test 的第一个特征（花萼长度）和第三个特征（花瓣长度），并使用“o”表示真实值，用“x”表示预测值，同时添加对应的标签名称。

```
    import matplotlib.pyplot as plt    # 导入 pyplot 模块
    plt.rcParams['font.sans-serif']='SimSun'# 设置可视化字体为“宋体”
    plt.scatter(X_test[:,0],X_test[:,1],c=y_test,marker='o',label
='test')                                    # 绘制测试集真实值的散点图
    plt.scatter(X_test[:,0],X_test[:,1],c=y_pred,marker='x',label
='predict')                                 # 绘制测试集预测值的散点图
    plt.xlabel('Sepal length')              # 横坐标名称
    plt.ylabel('petal length')              # 纵坐标名称
    plt.title('朴素贝叶斯')                  # 标题名称
    plt.legend()                            # 显示图例
    plt.show()                              # 显示图形
```

步骤 2 运行程序，结果如图 3-15 所示。可以看出，鸢尾花数据集被分为三种类别（以不同颜色区分），且预测值和真实值几乎重合，但也存在个别预测错误的值。

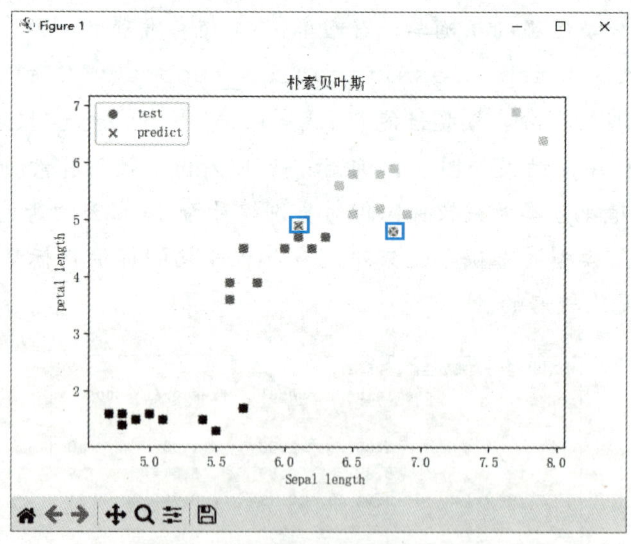

图 3-15　可视化预测值和真实值

3.5 支持向量机分类

3.5.1 支持向量机概述

支持向量机（support vector machines, SVM）是一个强大的机器学习模型，在文本分类、图像识别、人脸识别、金融预测等领域有着广泛应用。它的主要目标是找到最大边缘超平面，以便尽可能多地将两类样本正确分类到该超平面的两侧，且使两侧距离超平面最近的样本点到超平面的距离和最大。

以二维空间为例，图 3-16 中包含两类样本，分别用正方形和圆形表示。此时可以找到无数个超平面（如 H_1、H_2、H_3），使得正方形在超平面的一侧，圆形在超平面的另一侧。虽然这无数个超平面都可以使训练集上的分类效果达到最优，但无法确保出现新样本时，分类效果同样好。因此，需要在无数个超平面中选择一个较好的超平面作为最大边缘超平面（即决策边界）。

为了更好地理解不同超平面对泛化误差的影响，考虑两个超平面 H_1 和 H_2，它们都处于两个类别的中间，且都有平行于本身的两个超平面（如 h_{11} 和 h_{12}、h_{21} 和 h_{22}），这两个平行的超平面分别接触两个类别距离最近的数据点（支持向量，以实心标识）。这两个平行的超平面的距离称为“边缘”（间隔），边缘越大说明训练的支持向量机越能准确地区分两个类别。显然，与 H_2 相比，H_1 的边缘更大，可以对不同类别的数据进行更好的分类。因此，在图 3-17 的例子中，可以将 H_1 作为最大边缘超平面。

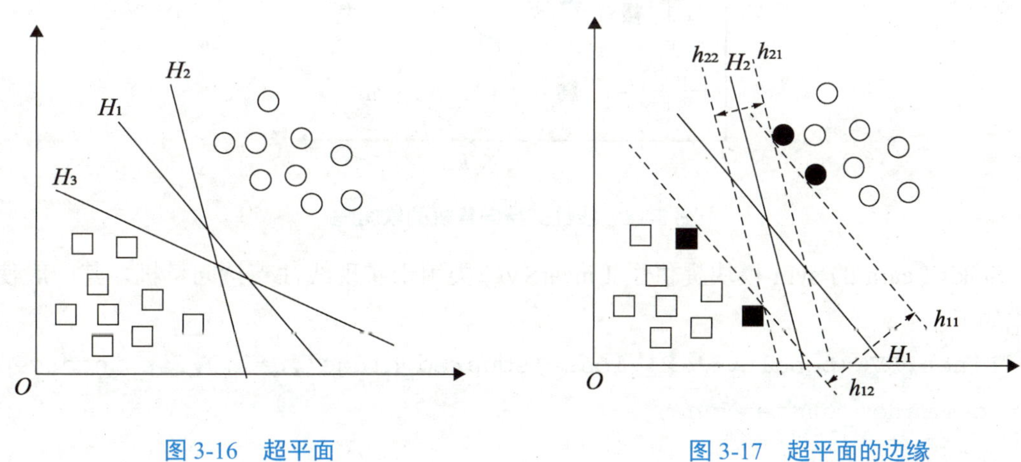

图 3-16　超平面　　　　图 3-17　超平面的边缘

3.5.2 线性支持向量机

线性支持向量机主要处理的是线性可分的数据。数据线性可分是指存在一个线性超平面能够将不同类别的数据完全分开，而且没有数据点被错误分类。在这种情况下，线性支持向量机可以精确地找到这个最优的超平面。

假设训练集 D 的每个训练数据用二元组 $(X_i,Y_i)(i=1,2,\cdots,N)$ 表示。其中，$X_i=(x_{i1},x_{i2},\cdots,x_{im})$ 表示第 i 个数据的各个属性，m 表示数据的属性个数；$Y_i=1$ 表示正类别，$Y_i=-1$ 表示负类别。那么，一个线性支持向量机的最大边缘超平面公式如下：

$$\boldsymbol{W}\boldsymbol{X}^{\mathrm{T}}+b=0 \tag{3-19}$$

其中，$\boldsymbol{W}=(w_1,w_2,\cdots,w_n)$ 是权重向量（法向量），决定了超平面的方向；b 为标量，也称截距，决定了超平面与原点的距离。当 $\boldsymbol{W}\boldsymbol{X}^{\mathrm{T}}+b>0$ 时，表示样本为正类别；当 $\boldsymbol{W}\boldsymbol{X}^{\mathrm{T}}+b<0$ 时，表示样本为负类别。

当数据中存在少量噪声数据，使得无法利用最大边缘超平面完全准确分类时，线性支持向量机使用软间隔来容忍一些分类错误，如图 3-18 所示。它引入了惩罚项来平衡间隔的最大化和分类误差的最小化，这个惩罚项由惩罚参数 C 控制。若 C 变大，则表示模型对于分类误差的容忍度减小，这意味着模型更倾向于正确分类每个训练样本，可能会导致模型泛化能力降低。相反，若 C 变小，则表示模型对于分类误差的容忍度增大，这意味着模型更倾向于寻找一个较大间隔，适用于噪声数据较多的情况。

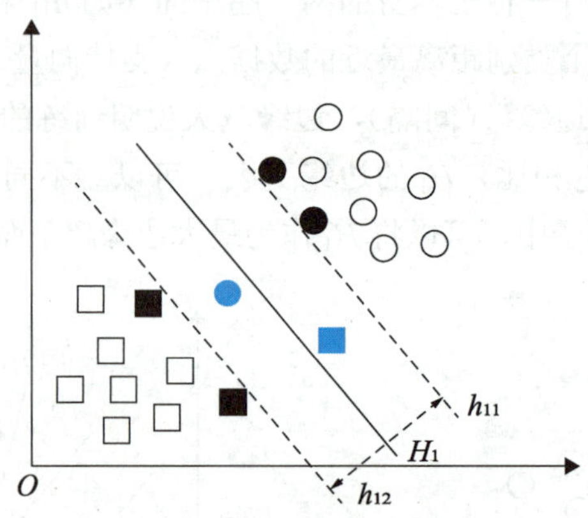

图 3-18　线性支持向量机的软间隔

Scikit-Learn 的 svm 模块提供了 LinearSVC 类用于实现线性支持向量机，其一般使用格式如下：

```
LinearSVC(penalty='l2',loss='squared_hinge',C=1.0,fit_intercept
=True,random_state=None)
```

各参数的含义如下。

- penalty：指定正则化的类型，可取值为“l1”（L1 正则化）、“l2”（L2 正则化）或 None（没有正则化），默认取值为“l2”。
- loss：指定损失函数，可取值为“hinge”（合页损失）或“squared_hinge”（平方合页损失），默认取值为“squared_hinge”。hinge 和 squared_hinge 均为损失函

数，用于衡量模型的预测值与真实值之间的差异。只有 squared_hinge 函数于 LinearSVC 类有效。

- C：控制错误分类的惩罚项，默认取值为 1.0。
- fit_intercept：指定是否拟合截距项，默认取值为 True。
- random_state：控制随机性的种子，以便结果可重复。

LinearSVC 类的常用方法与 KNeighborsClassifier 类相同，此处不再赘述。

LinearSVC 类常用的属性如下。

- coef_：每个特征的权重，即超平面的系数。
- intercept_：决策函数中的常数，即超平面的标量。

高手点拨

正则化的主要目的是控制模型的复杂度，防止模型在训练集上过拟合。L1 正则化通过向损失函数添加与模型参数的绝对值之和成正比的项来实现，这可能导致某些参数变为零，从而达到特征选择的效果。而 L2 正则化则是向损失函数添加与模型参数的平方和成正比的项，它不会导致参数为零，而是倾向于分散权重，使模型更稳定。

3.5.3 非线性支持向量机

当使用线性支持向量机的软间隔也无法解决分类问题时，就需要使用非线性支持向量机。以二维空间为例，图 3-19 包含两类数据，分别用正方形和圆形表示。可以看出，此时无法用线性超平面将两个类别正确分开，但是可以通过椭圆曲线（非线性模型）将它们正确分开。

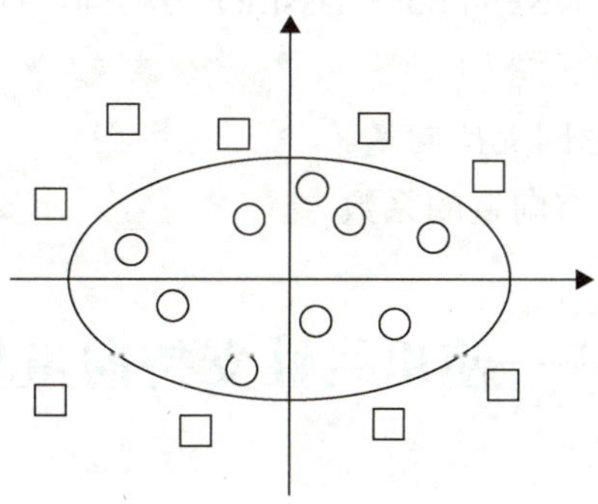

图 3-19 非线性二分类问题

非线性问题往往不好求解，所以可以采用线性问题的分类方法来解决非线性问题，主要包括以下几个步骤。

（1）数据转换。使用核函数将原始数据从低维空间映射到高维空间。这个过程称为

“核技巧”，它使得原本线性不可分的数据在高维空间中变得线性可分。

（2）寻找最大边缘超平面。在高维空间中，寻找一个能够最大化类别间间隔的超平面，使得两个类别的数据点尽可能远离超平面。

（3）模型训练。根据训练数据找到最大边缘超平面，并确定支持向量，即离最大边缘超平面最近的那些数据点。这些支持向量是构建模型的关键数据点，它们对模型的预测性能具有重要影响。

（4）预测。通过计算新样本与支持向量之间的距离和角度，可以确定其在高维空间中的位置，并据此进行分类。

Scikit-Learn 的 svm 模块提供了 NuSVC 类用于实现非线性支持向量机，其一般使用格式如下：

```
NuSVC(nu=0.5,kernel='rbf',gamma='scale',class_weight=None,
random_state=None)
```

各参数的含义如下。

- nu：指定训练误差上限和支持向量下限，用于控制模型的复杂度和泛化能力，其取值范围是(0,1]，默认取值为 0.5。
- kernel：指定核函数类型，可取值为“linear”（线性核函数）、“poly”（多项式核函数）、“rbf”（高斯核函数）、“sigmoid”（S 型核函数）或“precomputed”（已经计算好的核矩阵），默认取值为“rbf”。
- gamma：指定核函数的系数，仅当核函数为“poly”“rbf”“sigmoid”时有效。gamma 的值较大时，会导致模型更关注单个数据点，从而导致模型过拟合。
- class_weight：指定不同类别的权重，用于平衡类别分布。
- random_state：控制随机性的种子，以便结果可重复。

NuSVC 类的常用方法与 KNeighborsClassifier 类相同，此处不再赘述。

NuSVC 类常用的属性如下。

- support_vectors_：返回支持向量。
- dual_coef_：返回支持向量的系数。

案例实施 4——使用线性支持向量机对鸢尾花进行分类

由于线性支持向量机通常用于线性二分类，本案例实施仅选取 setosa（山鸢尾）和 versicolor（杂色鸢尾）两种类别的鸢尾花作为训练分类模型的数据。同时，考虑到可视化的实现效果，本案例实施同样选取 sepal length（花萼长度）和 petal length（花瓣长度）两个特征。

使用线性支持向量机对鸢尾花进行分类

1. 获取数据

步骤1 新建名称为“使用线性支持向量机对鸢尾花进行分类”的 Python 文件。

步骤2 导入当前案例实施所需要的 datasets 模块、LinearSVC 类和 train_test_split()函数。

```
# 导入当前案例实施所需要的模块、类和函数
from sklearn import datasets
from sklearn.svm import LinearSVC
from sklearn.model_selection import train_test_split
```

步骤3 从 datasets 模块中导入 Iris 数据集，选取数据集中 setosa（山鸢尾）和 versicolor（杂色鸢尾）两种类别的鸢尾花的 sepal length（花萼长度）和 petal length（花瓣长度）作为分类特征存储在 X 中；获取数据集中 setosa（山鸢尾）和 versicolor（杂色鸢尾）两种类别的鸢尾花的真实标签存储在 y 中；划分训练集和测试集，将训练集的特征值和真实值分别存储在 X_train 和 y_train 中，将测试集的特征值和真实值分别存储在 X_test 和 y_test 中。

```
# 导入 Iris 数据集
iris=datasets.load_iris()
# 选取前一百条数据，以及第一个和第三个特征作为分类特征
X=iris.data[0:100,[0,2]]
y=iris.target[0:100]                          # 获取前一百条数据的真实标签
# 划分训练集和测试集，测试集占总数据集的 20%
X_train,X_test,y_train,y_test=train_test_split(X,y,test_size
=0.2,random_state=42)
```

小提示

在 Iris 数据集中，前 50 条数据为 setosa（山鸢尾），51 至 100 条数据为 versicolor（杂色鸢尾），后 50 条数据为 virginica（维吉尼亚鸢尾）。此处选取前 100 条数据，即为选取 setosa 和 versicolor 两种类别的鸢尾花。

2. 构建模型并评价

步骤1 使用 LinearSVC 类的 fit()方法训练模型，并对测试集进行分类。

```
# 使用线性支持向量机训练数据挖掘模型
svm=LinearSVC()
svm.fit(X_train,y_train)                      # 训练模型
y_pred=svm.predict(X_test)                    # 分类测试集
```

步骤 2 使用 classification_report()函数计算测试集分类结果的精确率、召回率、F1 值和准确率。

```
# 导入需要的函数
from sklearn.metrics import classification_report
# 输出测试集分类结果的精确率、召回率、F1 值和准确率
classification_rep=classification_report(y_test,y_pred)
print('线性支持向量机分类模型性能(测试集): \n',classification_rep)
```

步骤 3 运行程序，结果如图 3-20 所示。可以看出，使用线性支持向量机的分类模型的精确率、召回率、F1 值和准确率都较高，说明该模型可以精准预测鸢尾花的类别。

线性支持向量机分类模型性能(测试集):

	precision	recall	f1-score	support
0	1.00	1.00	1.00	12
1	1.00	1.00	1.00	8
accuracy			1.00	20
macro avg	1.00	1.00	1.00	20
weighted avg	1.00	1.00	1.00	20

图 3-20 线性支持向量机分类模型性能（测试集）

3. 知识表示

步骤 1 导入所需要的 pyplot 模块，然后使用 scatter()函数绘制测试集真实值和预测值的散点图。其中，横坐标和纵坐标分别为测试集 X_test 的第一个特征（花萼长度）和第二个特征（花瓣长度），并使用“o”表示真实值，用“x”表示预测值，同时添加对应的标签名称。

```
import matplotlib.pyplot as plt  # 导入 pyplot 模块
plt.rcParams['font.sans-serif']='SimSun'# 设置可视化字体为“宋体”
plt.scatter(X_test[:,0],X_test[:,1],c=y_test,marker='o',label
='test')                          # 绘制测试集真实值的散点图
plt.scatter(X_test[:,0],X_test[:,1],c=y_pred,marker='x',label
='predict')                       # 绘制测试集预测值的散点图
plt.xlabel('Sepal length')        # 横坐标名称
plt.ylabel('petal length')        # 纵坐标名称
plt.title('线性支持向量机')         # 标题名称
plt.legend()                      # 显示图例
plt.show()                        # 显示图形
```

步骤 2 运行程序，结果如图 3-21 所示。可以看出，鸢尾花数据集被分为两种类别

（以不同颜色区分），且预测值和真实值完全重合，说明该分类模型可以精准预测鸢尾花的类别。

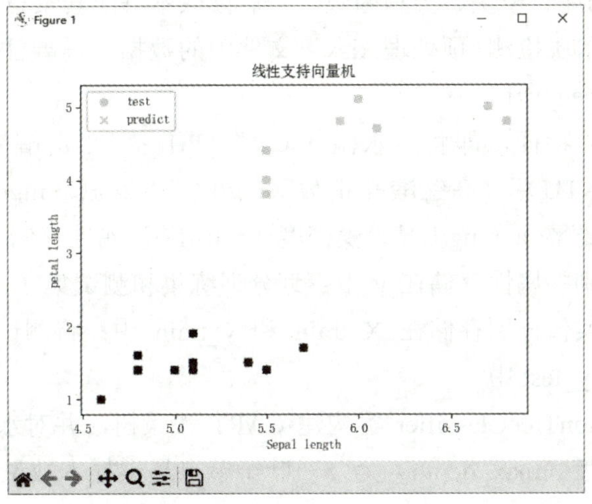

图 3-21　可视化预测值和真实值

小 提 示

通过案例实施 1～案例实施 4 使用不同分类算法对鸢尾花进行分类的效果，可以发现，选择花萼长度和花瓣长度两个特征就可以将三种类别的鸢尾花准确的分类。读者可以尝试选择其他特征，观察每个分类模型的性能。

项目实训

1. 实训目的

练习使用合适的分类算法对目标数据进行分类。

2. 实训内容

本实训基于“水质检测_预处理”数据集（见图 3-22），使用 CART 决策树对水质进行分类。

	A	B	C	D	E	F	G	H	I	J	K	L	M	N	O	P	Q	R	S
1		省份	流域	断面名称	监测时间	水温（℃）	PH值	溶解氧（mg/L）	电导率（μS/cm）	浊度（NTU）	高锰酸盐指数（mg/L）	氨氮（mg/L）	总磷（mg/L）	总氮（mg/L）	叶绿素a（mg/L）	藻密度（cells/L）	水质类别	PH值标签	水质类别_编码
2	0	湖北省	长江流域	牛山湖湖心	2021-11-16 16:00:00	16.7	8.09	0.332841691	0.003745156	11.6	0.213983051	0	0.03672788	0.034159411	0.046875	0.090364346	Ⅲ	正常	2
3	1	湖北省	长江流域	西梁子湖湖	2021-11-16 16:00:00	17.4	7.23	0.307276303	0.003535079	18.6	0.269067797	0	0.033388982	0.027126591	0.020833333	0.04411447	Ⅲ	正常	2
4	2	湖北省	长江流域	西梁子湖湖	2021-11-16 16:00:00	17.9	7.79	0.285644051	0.003549567	24	0.306144068	0	0.043405676	0.052913597	0.026041667	0.09585383	Ⅲ	正常	2
5	5	湖北省	长江流域	冯集	2021-11-16 16:00:00	16.9	8.38	0.420845624	0.005725186	11.9	0.313559322	0.054135338	0.096828047	0.051908908	0	0	Ⅱ	正常	1
6	6	湖北省	长江流域	龙口	2021-11-16 16:00:00	18.6	8.84	0.411996067	0.006253999	31.6	0.483050847	0.069674185	0.013355593	0.020428667	0	0	Ⅲ	过碱	2
7	7	湖北省	长江流域	金水闸	2021-11-16 16:00:00	17.5	8.3	0.298426745	0.006087387	117.6	0.560381356	0.072681704	0.123539232	0.058941728	0	0	Ⅲ	正常	2
8	8	湖北省	长江流域	郭王	2021-11-16 16:00:00	18.2	6.55	0.166175025	0.006162242	21.2	0.408898305	0.479699248	0.183639399	0.149698593	0	0	Ⅲ	正常	2
9	9	湖北省	长江流域	滠口	2021-11-16 16:00:00	18.8	8.04	0.446411013	0.005331595	28.6	0.439618644	0.176942356	0.115191987	0.044541192	0	0	Ⅲ	正常	2
10	10	湖北省	长江流域	港洲村	2021-11-16 12:00:00	17.9	7.8	0.108161259	0.008890821	52.3	0.452330508	0.488721805	0.065108514	0.110180844	0	0	Ⅲ	正常	2
11	11	湖北省	长江流域	太平沙	2021-11-16 16:00:00	20.4	7.29	0.188298918	0.010081254	105.3	0.590042373	0.668671679	0.208681135	0.104487609	0	0	Ⅳ	正常	3
12	14	湖北省	长江流域	天河口	2021-11-16 16:00:00	13.8	8.43	0.378072763	0.010733215	8.6	0.211864407	0.011528822	0.053422371	0.051239116	0	0	Ⅱ	正常	1
13	15	湖北省	长江流域	孙家湾	2021-11-16 16:00:00	17	7.82	0.30186824	0.005976312	2.8	0.259533898	0.030576441	0.07345576	0.054588078	0	0	Ⅱ	正常	1
14	16	湖北省	长江流域	浪河口	2021-11-16 16:00:00	16.7	7.79	0.338741396	0.004969394	6.5	0.300847458	0.033082707	0.020033389	0.050569324	0	0	Ⅱ	正常	1
15	17	湖北省	长江流域	坝上中(胡	2021-11-16 16:00:00	18.1	7.98	0.25712881	0.005993215	7.7	0.224576271	0.016541353	0.045075125	0.048894843	0.057291667	0.218767925	Ⅲ	正常	2
16	18	湖北省	长江流域	陈家坡	2021-11-16 16:00:00	15.3	7.73	0.310717797	0.006637932	13.8	0.161016949	0.02406015	0.050083472	0.048559946	0	0	Ⅱ	正常	1

图 3-22　“水质_预处理”数据集（部分）

（1）在“分类”项目下，新建名称为“使用 CART 决策树对水质进行分类”的 Python 文件。

（2）导入所需的库、模块、类和函数，然后读取本书配套素材“素材与实例”/“项目 3”文件夹中的“水质检测_预处理.xlsx”文件中的数据。需要注意的是，读取文件前需要安装 Pandas 和 openpyxl。

（3）获取分类的特征，即将“水温（℃）”“PH 值”“溶解氧（mg/L）”“电导率（μS/cm）”“浊度（NTU）”“高锰酸盐指数（mg/L）”“氨氮（mg/L）”“总磷（mg/L）”“总氮（mg/L）”“叶绿素 a（mg/L）”“藻密度（cells/L）”属性存储在 X 中；获取分类的标签，即将“水质类别”属性存储在 y 中；划分训练集和测试集（占数据集的 20%），将训练集的特征值和真实值分别存储在 X_train 和 y_train 中；将测试集的特征值和真实值分别存储在 X_test 和 y_test 中。

（4）使用 DecisionTreeClassifier 类构建 CART 决策树，并对水质进行分类。其中，规定决策树的最大深度（max_depth）为 5，叶子节点最小样本数量（min_samples_leaf）为 6。

（5）使用 classification_report()函数计算测试集分类结果的精确率、召回率、F1 值和准确率。

（6）使用 plot_tree()函数绘制决策树。其中，特征名称使用“X.columns”获取；类别名称使用“y.unique()”获取。

3. 实训小结

按要求完成实训内容，并将实训过程中遇到的问题和解决办法记录在表 3-3 中。

表 3-3　实训过程

序　号	主要问题	解决办法
1		
2		
3		
4		
5		

项目总结

完成本项目的学习与实践后，请总结应掌握的重点内容，并将图 3-23 中的空白处填写完整。

- 分类
  - 分类概述
    - 概念：分类是指通过算法学习数据的特征并形成一个（　　　　），利用该模型能够预测数据所属的类别
    - 过程：分类使用训练集训练模型，使用测试集评价模型性能
    - 评价指标：常用的分类模型评价指标有混淆矩阵、（　　　）与错误率、精确率与（　　　）、F1值、（　　）曲线与AUC值
    - 过拟合与欠拟合
      - 过拟合的模型在训练集上的表现（　），在测试集上表现（　）
      - 欠拟合的模型在训练集上的表现（　），在测试集上表现（　）
  - K近邻分类
    - 在已有数据中寻找与新样本（　　　　）的k个数据，如果这k个数据大多数属于某个类别，那么新样本也属于这个类别
    - KneighborsClassifier类中（　　　　　）参数用于指定k值
  - 决策树分类
    - 工作原理
      - 决策树是一种带有（　　　　）的树形结构
      - 构建决策树的核心问题是如何选择最优属性
      - 剪枝可以降低决策树的复杂度，使其更能应用在新样本上
    - ID3算法构建决策树时，采用（　　　　）作为选择最优属性的标准
    - C4.5算法构建决策树时，采用（　　　　）作为选择最优属性的标准
    - CART算法构建决策树时，采用（　　　　）作为选择最优属性的标准
  - 贝叶斯分类
    - 贝叶斯分类是利用（　　　　　）来计算一个实例属于某个类别的概率
    - 朴素贝叶斯算法可以使用GaussianNB类实现
  - 支持向量机分类
    - 支持向量机的主要目标是找到（　　　　　　），以便尽可能多地将两类样本正确分类
    - 线性支持向量机主要处理的是线性可分的数据
    - 非线性支持向量机需要使用（　　　）将原始数据从低维空间映射到高维空间

图 3-23　项目总结

项目考核

1. 选择题

（1）下列关于分类模型评价指标的说法，正确的是（　　）。

A. 准确率是指预测为正类别的样本与真正为正类别样本的比例

B. 错误率是指预测为负类别的样本与真正为负类别样本的比例

C. F1 值的取值范围是 0～1，值越接近 1 表示分类模型的性能越好

D. ROC 曲线通过展示假负样本率和真正样本率的关系来评价分类模型的性能

（2）下列关于过拟合和欠拟合的说法，错误的是（　　）。

A. 若分类模型在训练集上表现良好，但在测试集上的分类效果不好，则该模型过拟合

B. 若分类模型在训练集和测试集上的分类效果均不好，则该模型欠拟合

C. 过拟合的模型可以采用简化模型结构、增加数据量等方法来改善

D. 欠拟合可能是因为训练数据不足，使得模型捕捉到了训练集中的偶然特征而产生的

（3）影响 K 近邻分类效果的因素不包括（　　）。

A. 数据集的存储方式　　B. k 值的选择

C. 距离度量方法的选择　　D. 数据集的总样本量

（4）下列选项中，采用基尼指数作为选择最优属标准性来构建决策树是（　　）算法。

A. ID3　　B. CART　　C. C4.5　　D. K 近邻

（5）若使用大型数据集训练 CART 决策树，（　　）可以防止分类模型过拟合。

A. 增加树的深度　　B. 增加特征数

C. 减小树的深度　　D. 减少树的数量

（6）下列关于朴素贝叶斯算法的说法，错误的是（　　）。

A. 朴素贝叶斯算法是贝叶斯分类算法中简单但有效的一种算法

B. 朴素贝叶斯算法假设特征之间相互独立

C. 朴素贝叶斯算法选择概率最小的类别作为最终预测类别

D. 朴素贝叶斯算法使用后验概率作为分类的依据

（7）下列关于支持向量机的说法，错误的是（　　）。

A. 支持向量机的主要目标是找到最大边缘超平面

B. 支持向量机只能处理线性可分的数据

C. 非线性支持向量机可以将原始数据从低维空间映射到高维空间

D. 线性支持向量机可以使用软间隔来容忍一些分类错误

2. 判断题

（1）根据空气湿度、气温、气压、风向和风速等因素预测未来天气情况属于分类任务。（ ）

（2）分类模型在训练集上的分类效果好就能说明该模型的性能很好。（ ）

（3）使用 K 近邻算法构建分类模型时，k 值越大越好。（ ）

（4）C4.5 决策树采用信息增益作为选择最优属性的标准。（ ）

（5）非线性支持向量机可以通过核函数将输入空间映射到低维特征空间来处理非线性可分的数据。（ ）

3. 简答题

（1）分类模型的评价指标有哪些？

（2）简述 K 近邻算法的工作原理。

（3）ID3、C4.5 和 CART 三种算法的异同点是什么？

（4）简述朴素贝叶斯算法的工作原理。

（5）简述支持向量机的工作原理。

项目评价

请同学们结合本项目的学习情况，对学习成果进行自评和互评（组内成员相互评分），然后请指导教师进行师评和总评，并将评价结果填入表 3-4 中。

表 3-4 项目评价

评价项目	评价内容	分值	评价分数		
			自评	互评	师评
项目完成度（20%）	项目准备阶段，回答问题清晰准确，紧扣主题，没有明显错误	5 分			
	项目实施阶段，根据操作步骤完成本项目	5 分			
	项目实训阶段，出色地完成实训内容	5 分			
	项目总结阶段，正确地将项目总结的空白信息补充完整	2 分			
	项目考核阶段，正确地完成考核题目	3 分			
知识（30%）	了解分类的概念、过程和分类模型的评价指标	5 分			
	了解过拟合与欠拟合的相关知识	5 分			
	理解 K 近邻分类原理并掌握其算法实现方法	5 分			
	理解决策树分类原理并掌握其算法实现方法	5 分			
	理解贝叶斯分类原理并掌握其算法实现方法	5 分			
	理解支持向量机分类原理并掌握其算法实现方法	5 分			
技能（30%）	能够利用不同指标评价分类模型的性能	10 分			
	能够使用合适的分类算法对目标数据进行分类或预测	20 分			
素养（20%）	具有自主学习意识，做好课前准备	5 分			
	文明礼貌，遵守课堂纪律	5 分			
	善于思考，积极参与，勇于提出问题	5 分			
	具有团队合作精神，出色完成小组任务	5 分			
总评	综合分数______自评（25%）+互评（25%）+师评（50%）	100 分			
	综合等级______	指导教师签字__________			
总结提高	最突出的表现（创新或进步）： 还需改进的地方（不足或缺点）：				

说明：综合等级可以“优”（综合得分≥90 分）、“良”（80 分≤综合得分<90 分）、“中”（60 分≤综合得分<80 分）、“差”（综合得分<60 分）为标准进行评价。

项目4 回归分析

项目导读

回归分析是数据挖掘的主要任务之一，它能够从数据中提取有价值的信息，为决策者提供科学的决策依据。在实际应用中，无论是预测经济走势、评估医疗效果，还是研究环境变化对生态的影响等，回归分析都能发挥关键作用。本项目学习回归分析的相关知识，以及构建回归模型的常用方法。

项目目标

知识目标

- 熟悉回归分析的概念、过程和分类，以及回归模型的评价指标。
- 理解一元线性回归模型原理并掌握其实现方法。
- 理解多元线性回归模型原理并掌握其实现方法。
- 理解逻辑回归模型原理并掌握其实现方法。

技能目标

- 能够使用合适的回归模型对目标数据进行预测。

素养目标

- 培养探究事物联系与发展规律的意识。
- 提高选择合适方法解决不同问题的能力。

项目分析

本项目使用的数据集为“员工薪资”“体测成绩_预处理”和“肿瘤预测”数据集。

（1）“员工薪资”数据集中包含某公司 373 位员工的薪资信息，每条信息包括员工的性别（Gender）、受教育程度（Education Level）、职位名称（Job Title）、经验年限（Years of Experience）和具体薪资（Salary）。

（2）“体测成绩_预处理”数据集是项目 2 案例实施中数据预处理后导出的数据集，这里不再展开介绍。

（3）“肿瘤预测”数据集中包含 683 条数据，每条数据包括编号、9 个与肿瘤相关的医学特征、1 个标识肿瘤类型的数值。其中，表示肿瘤医学特征的数值均规范化为 1～10 的数字，肿瘤的类型由数字 2 和数字 4 分别指代良性肿瘤与恶性肿瘤。

本项目使用回归模型对员工薪资、体测成绩和肿瘤类型进行预测，过程可分为以下四个步骤。

步骤 1：新建项目并安装 Python 库。新建“回归分析”项目，并提前安装本项目用到的 Python 库，包括 Pandas、openpyxl、Scikit-Learn 和 Matplotlib。

步骤 2：获取数据。读取相应的数据集，根据需求获取自变量和因变量，并划分训练集和测试集。

步骤 3：构建模型并评价。首先分析数据集特点及预测值类型，选择合适的回归分析方法（包括一元线性回归、多元线性回归和逻辑回归）构建回归模型，然后使用决定系数对模型进行评价。

步骤 4：知识表示。根据使用的回归模型选择合适的图形将数据可视化。

项目准备

全班学生以 3～5 人为一组进行分组，各组选出组长。组长组织组员扫码观看“回归分析的应用”视频，讨论并回答下列问题。

问题 1：总结回归分析的作用。

回归分析的应用

问题 2：列举几个日常生活中应用回归分析的场景。

4.1 回归分析概述

4.1.1 回归分析的概念及过程

1. 回归分析的概念

回归分析是基于数据统计原理的分析方法，它通过确定自变量与因变量之间的关系，构建一个有效的数学模型（回归方程），用于预测因变量的变化。因此，回归分析是一种预测性的建模技术。

回归分析与分类均可用于完成数据挖掘的预测性任务，这两者的不同点在于，分类输出的是离散数据，而回归分析输出的是连续数据。

2. 回归分析的过程

一般来说，回归分析的主要过程如下。

（1）确定要预测的因变量和可能影响因变量的自变量。

（2）根据因变量与自变量之间的关系构建恰当的回归方程，即构建回归模型。

（3）对构建的回归模型进行评价，并根据评价结果对回归模型进行优化，如添加或删除自变量等。

（4）利用最终建立的回归模型对新样本进行预测。

4.1.2 回归分析的分类

回归分析有多种分类方式，下面介绍最常见的两种。

（1）按照涉及变量的数量可将回归分析分为一元回归分析和多元回归分析。

① 一元回归分析：研究一个自变量和一个因变量之间的关系。

② 多元回归分析：研究多个自变量和一个因变量之间的关系。

小提示

在实际应用中，如果有多个因变量，通常会针对每个因变量分别进行回归分析，或者使用一些专门处理多因变量情况的方法。想要深入了解多因变量的情况，可参考其他资料自行了解。

（2）按照自变量和因变量之间的关系类型可将回归分析分为线性回归分析和非线性回归分析。

① 线性回归分析：自变量和因变量之间的关系是线性的。线性回归分析是回归分析中最常用、最基本的形式。

② 非线性回归分析：自变量和因变量之间的关系是非线性的。

在实际应用中，常用的回归分析有一元线性回归分析、多元线性回归分析等。除此之外，逻辑回归分析也是经常使用的一种回归分析，它适用于处理因变量是分类变量的情况。

4.1.3 回归模型的评价指标

常用的回归模型评价指标有均方误差、均方根误差、平均绝对误差、决定系数等。假设每个数据的真实值为 y_i，预测值为 $\hat{y}_i$，那么各评价指标的含义及计算公式如下。

（1）均方误差（mean squared error, MSE）。均方误差是真实值与预测值之间差异的平方的平均数，其计算公式如下：

$$\text{MSE}(y,\hat{y})=\frac{1}{n}\sum_{i=1}^{n}(y_i-\hat{y}_i)^2 \tag{4-1}$$

MSE 越小，表示模型的预测能力越强。

（2）均方根误差（root mean square error, RMSE）。均方根误差是均方误差的平方根，用于衡量预测值与真实值之间的平均差异，其计算公式如下：

$$\text{RMSE}(y,\hat{y})=\sqrt{\frac{1}{n}\sum_{i=1}^{n}(y_i-\hat{y}_i)^2} \tag{4-2}$$

RMSE 越小，表示模型的预测能力越强。

（3）平均绝对误差（mean absolute error, MAE）。平均绝对误差是真实值与预测值之间绝对差异的平均数，其计算公式如下：

$$\text{MAE}(y,\hat{y})=\frac{1}{n}\sum_{i=1}^{n}|y_i-\hat{y}_i| \tag{4-3}$$

MAE 越小，表示模型的预测能力越强。与 MSE 不同的是，MAE 更关注预测值与真实值的绝对差异。

（4）决定系数。决定系数（R^2）表示回归模型对原始数据的拟合程度，计算公式如下：

$$R^2=1-\frac{\sum_{i=1}^{n}(y_i-\hat{y}_i)^2}{\sum_{i=1}^{n}(y_i-\overline{y})^2}=1-\frac{\frac{1}{n}\sum_{i=1}^{n}(y_i-\hat{y}_i)^2}{\frac{1}{n}\sum_{i=1}^{n}(y_i-\overline{y})^2}=1-\frac{\text{MSE}(y,\hat{y})}{\sigma^2} \tag{4-4}$$

其中，$\overline{y}$ 是真实值的平均数，σ^2 是方差。R^2 的取值范围是 0～1，越接近 1，说明模型的拟合效果越好；越接近 0，说明模型的拟合效果越差。

小提示

需要注意的是，随着模型中自变量数量的增加，R^2 也会增大。因此，R^2 不能作为评价模型性能的唯一指标。

4.2 一元线性回归

4.2.1 一元线性回归模型

一元线性回归是根据一个自变量与一个因变量之间的线性关系，构建一元线性回归模型预测新样本目标值的分析方法。在实际应用中，因变量通常受多种因素的影响。因此，需要先对多种因素进行相关性分析，确定其中存在一个对因变量的影响明显高于其他因素的因素（自变量），才可应用一元线性回归模型进行预测。

假设 x 为自变量，y 为因变量，那么一元线性回归模型可表示为

$$y = \beta_0 + \beta_1 x + \varepsilon \tag{4-5}$$

其中，β_0 和 β_1 是回归系数，β_0 是常数项，也称截距，β_1 是斜率。ε 是随机变量，也称误差项，是反映除 x 和 y 之间线性关系之外的随机因素对 y 的影响，其满足期望 $E(\varepsilon)=0$，方差 $D(\varepsilon)=\sigma^2$，即满足标准正态分布。

由于模型中的参数是未知的，因此需要对参数进行估计，常采用的方法有最小二乘法、矩方法和极大似然法。这里仅介绍最小二乘法。

最小二乘法是要找到一条直线，使得这条直线与所有数据点的残差平方和（误差平方和）最小。假设自变量 x_i 对应的预测值为 $\hat{y}_i = \hat{\beta}_0 + \hat{\beta}_1 x_i$（$i=1,2,\cdots,n$），那么真实值与预测值之间的残差平方和计算公式如下：

$$Q = \sum_{i=1}^{n}(y_i - \hat{y}_i)^2 = \sum_{i=1}^{n}(y_i - \hat{\beta}_0 - \hat{\beta}_1 x_i)^2 \tag{4-6}$$

根据微积分的极值定理，对 Q 分别求对应于 $\hat{\beta}_0$ 和 $\hat{\beta}_1$ 的偏导，并令其等于 0，可求得参数值为

$$\begin{cases} \hat{\beta}_0 = \overline{y} - \hat{\beta}_1 \overline{x} \\ \hat{\beta}_1 = \dfrac{n\sum\limits_{i=1}^{n} x_i y_i - \sum\limits_{i=1}^{n} x_i \sum\limits_{i=1}^{n} y_i}{n\sum\limits_{i=1}^{n} x_i^2 - \left(\sum\limits_{i=1}^{n} x_i\right)^2} \end{cases} \tag{4-7}$$

将求得的 $\hat{\beta}_0$ 和 $\hat{\beta}_1$ 代入公式（4-5），即可得到最佳一元线性回归方程。

小提示

对于一元线性回归模型中参数的求解过程，本书不做详细讲解，感兴趣的读者可参考其他资料自行学习。

4.2.2 一元线性回归模型实现

Scikit-Learn 的 linear_model 模块提供了 LinearRegression 类用于实现线性回归模型，其一般使用格式如下：

```
LinearRegression(fit_intercept=True,copy_X=True,positive=False)
```

各参数的含义如下。

- fit_intercept：指定是否计算截距，默认取值为 True，表示模型会在训练过程中学习到一个截距；取值为 False，表示模型不会学习到截距，预测结果将通过原点。
- copy_X：指定是否复制输入数据，默认取值为 True，表示构建模型前，会复制输入数据，否则直接在原始数据上进行操作。
- positive：指定是否强制系数为正数，默认取值为 False。这个参数仅在 fit_intercept 取值为 True 时有效。若确定因变量与自变量是非负线性关系，则 positive 参数应取值为 True。

LinearRegression 类常用的方法如下。

- fit(X,y,sample_weight)：用于训练线性回归模型。其中，X 是训练数据；y 是对应的真实值；sample_weight 是可选参数，表示每个数据的权重。
- predict(X)：使用训练好的模型对新样本进行预测。其中，X 是需要预测的新样本。
- score(X,y,sample_weight)：计算模型的拟合程度，即决定系数（R^2），用于评价模型的性能。其中，X 是测试数据；y 是对应的真实值；sample_weight 是可选参数，表示每个数据的权重。

LinearRegression 类常用的属性如下。

- coef_：返回线性回归模型的斜率（一元线性回归模型）或偏回归系数（多元线性回归模型，具体参见 4.3 节）。
- intercept_：返回线性回归模型的常数项。

案例实施1 ——使用一元线性回归模型预测员工薪资

使用一元线性回归模型预测员工薪资

1. 新建项目并安装 Python 库

步骤 1 启动 PyCharm，新建名称为“回归分析”、Python 版本为“Python 3.12.2”的项目。

步骤 2 安装 Pandas、openpyxl、Scikit-Learn 和 Matplotlib。

2. 获取数据

步骤 1 新建名称为“使用一元线性回归模型预测员工薪资”的 Python 文件。

步骤 2 导入当前案例实施所需要的 Pandas、LinearRegression 类和 train_test_split() 函数。

```
# 导入当前项目所需要的库、类和函数
import pandas as pd
from sklearn.linear_model import LinearRegression
from sklearn.model_selection import train_test_split
```

步骤 3 读取“员工薪资”数据集，使用 corr()函数计算各属性之间的相关系数，并将各属性与“Salary”（具体薪资）的相关系数降序排列。

```
# 读取“员工薪资”数据集
df=pd.read_csv('员工薪资.csv')
# sort_values()函数用于将相关系数降序排列
data=df.corr().sort_values(by=['Salary'],ascending=False)
pd.set_option('display.max_columns',None)  # 将列信息显示完全
pd.set_option('display.width',None)       # 使列信息在同一行显示
print('相关性分析：\n',data)
```

步骤 4 运行程序，结果如图 4-1 所示。可以看出，经验年限（Years of Experience）与具体薪资（Salary）的相关性最高，且明显高于其他属性。因此，可选取“Years of Experience”作为自变量，“Salary”作为因变量，建立一元线性回归模型。

相关性分析：

	Gender	Education Level	Job Title	Years of Experience	Salary
Salary	0.071106	0.670371	0.136206	0.930338	1.000000
Years of Experience	0.002884	0.590863	0.100162	1.000000	0.930338
Education Level	-0.044717	1.000000	0.099934	0.590863	0.670371
Job Title	0.014307	0.099934	1.000000	0.100162	0.136206
Gender	1.000000	-0.044717	0.014307	0.002884	0.071106

图 4-1 相关性分析

步骤 5 选取“Years of Experience”属性作为自变量存储在 X 中；选取“Salary”属性作为因变量存储在 y 中；划分训练集和测试集，将训练集的自变量和因变量分别存储在 X_train 和 y_train 中，将测试集的自变量和因变量分别存储在 X_test 和 y_test 中。

```
# 划分数据集为训练集和测试集
X=df['Years of Experience'].values.reshape(-1,1)   # 获取自变量
y=df['Salary']                                      # 获取因变量
# 划分训练集和测试集，测试集占总数据集的 20%
X_train,X_test,y_train,y_test=train_test_split(X,y,test_size
=0.2,random_state=42)
```

小 提 示

代码“X=df['Years of Experience'].values.reshape(-1,1)”的作用是将“Years of Experience”属性的数据提取出来，并将其转换为一个二维数组。这样做的目的是将输入数据转换为回归模型可以接受的格式。

3. 构建模型并评价

步骤 1 使用 LinearRegression 类的 fit()方法训练模型，并对测试集进行预测。

```
# 创建并训练一元线性回归模型
linr=LinearRegression()
linr.fit(X_train,y_train)              # 训练模型
y_pred=linr.predict(X_test)            # 在测试集上进行预测
```

步骤 2 使用 LinearRegression 类的 score()函数分别计算测试集和训练集预测结果的决定系数。

```
# 计算并输出决定系数
R_2=linr.score(X_test,y_test)                # 计算测试集决定系数
R_2_train=linr.score(X_train,y_train)        # 计算训练集决定系数
print("测试集决定系数：",R_2)
print("训练集决定系数：",R_2_train)
```

步骤 3 运行程序，结果如图 4-2 所示。可以看出，此时在测试集和训练集上的决定系数都接近 1，说明该模型的性能较优。

```
测试集决定系数： 0.8991338517367767
训练集决定系数： 0.8564271861248008
```

图 4-2 决定系数输出结果

4. 知识表示

步骤1 使用 LinearRegression 类的 coef_属性和 intercept_属性，输出一元线性回归模型的参数。

```
# 输出一元线性回归模型的参数
print('一元线性回归模型的斜率：',linr.coef_)
print('一元线性回归模型的截距：',linr.intercept_)
```

步骤2 运行程序，结果如图 4-3 所示。因此，当前一元线性回归模型的方程为 $y = 6822.59017499x + 31521.077620206008$。

```
一元线性回归模型的斜率： [6822.59017499]
一元线性回归模型的截距： 31521.077620206008
```

图 4-3 一元线性回归模型的斜率与截距

步骤3 导入所需的 pyplot 模块，然后使用 scatter()函数绘制训练数据与测试数据的散点图。其中，横坐标是经验年限，纵坐标是具体薪资。最后使用 plot()函数绘制回归线。

```
import matplotlib.pyplot as plt       # 导入 pyplot 模块
plt.rcParams['font.sans-serif']='SimSun'# 设置可视化字体为“宋体”
# 训练数据散点图
plt.scatter(X_train,y_train,label='训练数据')
# 测试数据散点图
plt.scatter(X_test,y_test,c='black',label='测试数据')
plt.plot(X_test,y_pred,c='blue',label='回归线')    # 回归线
plt.xlabel('经验年限（年）')                      # 横坐标名称
plt.ylabel('具体薪资（元）')                      # 纵坐标名称
plt.title('薪资预测')                             # 标题名称
plt.legend()                                      # 显示图例
plt.show()                                        # 显示图形
```

高手点拨

Matplotlib 的 pyplot 模块提供了 plot()函数用于绘制折线图，其一般使用格式如下：

```
pyplot.plot(scalex,scaley)
```

其中，scalex 和 scaley 表示 x 轴和 y 轴的数据。除此之外，还可以向该函数传递格式字符串，规定折线的颜色、样式和标记等，如“black”表示设置为黑色折线，“--”表示折线为虚线。

步骤 4 运行程序，结果如图 4-4 所示。可以看出，训练数据和测试数据都在回归线的周围。

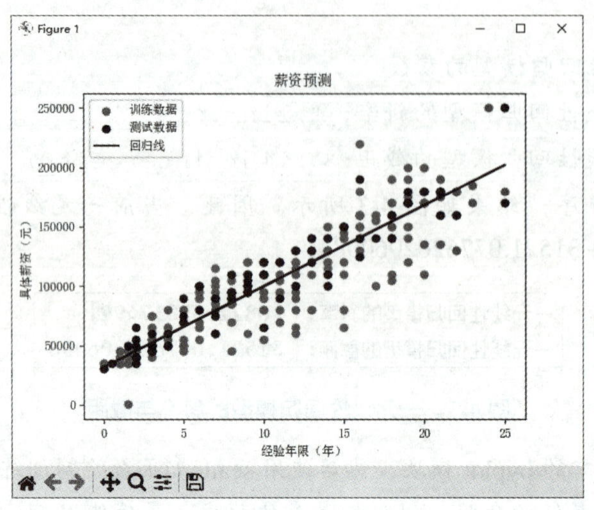

图 4-4 可视化运行结果

步骤 5 预测经验年限为 6 年的员工的期望薪资。

```
new_data=[[6]]                                # 准备预测的新样本
# 使用训练好的回归模型对新样本进行预测
predicted=linr.predict(new_data)
print('预测期望薪资：',predicted)             # 输出预测结果
```

步骤 6 运行程序，结果如图 4-5 所示。可以看出，经验年限为 6 年的员工期望的薪资是 72 456.62 元（保留两位小数）。

```
预测期望薪资： [72456.61867014]
```

图 4-5 预测新样本的值

4.3 多元线性回归

4.3.1 多元线性回归模型

多元线性回归是根据两个或两个以上的自变量与一个因变量之间的线性关联，建立多元线性回归模型来预测新样本的目标值的分析方法。在实际应用中，当多个因素对因变量的影响程度相当，无法区分主次，或有些因素相关性较弱但不可忽略时，一元线性回归模型就不适用了，而应采用多元线性回归模型进行预测。

小 提 示

需要注意的是，在多元线性回归中，选取的每个自变量都需要与因变量具有线性关系。要判断两个变量是否为线性关系，可通过绘制自变量与因变量的散点图进行观察，或通过计算自变量与因变量的相关系数进行判断。

假设 y 为因变量，$\{x_1,x_2,\cdots,x_k\}$ 是 k 个自变量，那么多元线性回归模型可表示为

$$y=\beta_0+\beta_1x_1+\beta_2x_2+\cdots+\beta_kx_k+\mu \quad (4\text{-}8)$$

其中，$\beta_i(i=1,2,\cdots,k)$ 是 k 个回归系数，称为偏回归系数；β_0 是常数项；μ 是误差项。

与一元线性回归模型类似，多元线性回归模型中的参数同样是未知的，需要利用最小二乘法对参数进行估计。

对于 n 个预测值的多元线性回归方程组，利用矩阵可将其简化为

$$\boldsymbol{y}=\boldsymbol{X\beta}+\boldsymbol{\mu} \quad (4\text{-}9)$$

其中，$\boldsymbol{y}=[y_1,y_2,\cdots,y_n]^{\mathrm{T}}$；$\boldsymbol{\beta}=[\beta_0,\beta_1,\beta_2,\cdots,\beta_k]^{\mathrm{T}}$；$\boldsymbol{X}$ 的形式如下：

$$\boldsymbol{X}=\begin{pmatrix}1 & x_{11} & x_{12} & \cdots & x_{1k}\\ 1 & x_{21} & x_{22} & \cdots & x_{2k}\\ \vdots & \vdots & \vdots & \ddots & \vdots\\ 1 & x_{n1} & x_{n2} & \cdots & x_{nk}\end{pmatrix}$$

利用最小二乘法对参数进行估计，可求得参数矩阵为

$$\hat{\boldsymbol{\beta}}=(\boldsymbol{X}^{\mathrm{T}}\boldsymbol{X})^{-1}\boldsymbol{X}^{\mathrm{T}}\boldsymbol{y} \quad (4\text{-}10)$$

将求得的参数矩阵 $\hat{\boldsymbol{\beta}}$ 代入多元线性回归方程组，即可得到预测的多元线性回归方程。

小 提 示

利用最小二乘法求解多元回归模型中参数的过程，本书不做详细讲解，感兴趣的读者可参考其他资料自行学习。

4.3.2 多元线性回归模型实现

在 Scikit-Learn 库中，linear_model 模块提供的 LinearRegression 类既可以用于实现一元线性回归模型，也可以用于实现多元线性回归模型。两者的实现方法基本相同，主要区别在于自变量数量的不同。

（1）一元线性回归模型关注的是一个自变量和一个因变量之间的关系。因此，在获取数据阶段，只需要一个自变量的数据即可。这种模型相对简单，且易于理解和操作。

（2）多元线性回归模型涉及多个自变量和一个因变量。因此，在获取数据阶段，需要有一个包含多个自变量的数据矩阵。这种模型的复杂性更高，且需要考虑多个因素对结果的影响。

在使用 LinearRegression 类实现线性回归模型时，多元线性回归模型同样是通过调用 fit()方法来训练回归模型；不同的是，fit()方法的输入的数据为获取的多个自变量的数据矩阵。

案例实施 2 ——使用多元线性回归模型预测体测成绩

使用多元线性回归模型预测体测成绩

1. 获取数据

步骤 1 新建名称为“使用多元线性回归模型预测体测成绩”的 Python 文件。

步骤 2 导入当前案例实施所需要的 Pandas、LinearRegression 类和 train_test_split()函数。

```
# 导入所需要的库、类和函数
import pandas as pd
from sklearn.linear_model import LinearRegression
from sklearn.model_selection import train_test_split
```

步骤 3 读取“体测成绩_预处理”数据集。

```
# 读取“体测成绩_预处理”数据集
df=pd.read_excel('体测成绩_预处理.xlsx')
```

步骤 4 选取“1 000 米”“50 米”“跳远”“坐位体前屈”“引体向上”“肺活量”“身高”“体重”属性作为自变量存储在 X 中；选取“成绩”属性作为因变量存储在 y 中；划分训练集和测试集，将训练集的自变量和因变量分别存储在 X_train 和 y_train 中，将测试集的自变量和因变量分别存储在 X_test 和 y_test 中。

```
X=df[['1 000 米','50 米','跳远','坐位体前屈','引体向上','肺活量',
'身高','体重']]                                          # 获取自变量
y=df['成绩']                                             # 获取因变量
# 划分训练集和测试集，测试集占总数据集的 20%
X_train,X_test,y_train,y_test=train_test_split(X,y,test_size
=0.2,random_state=42)
```

2. 构建模型并评价

步骤 1 使用 LinearRegression 类的 fit()方法训练模型，并对测试集进行预测。

```
# 创建并训练多元线性回归模型
linr=LinearRegression()
linr.fit(X_train,y_train)                    # 训练模型
y_pred=linr.predict(X_test)                  # 在测试集上进行预测
```

步骤2 使用 LinearRegression 类的 score()函数分别计算测试集和训练集预测结果的决定系数。

```
# 计算并输出决定系数
accuracy=linr.score(X_test,y_test)           # 计算测试集决定系数
accuracy_train=linr.score(X_train,y_train)   # 计算训练集决定系数
print("测试集决定系数：",accuracy)
print("训练集决定系数：",accuracy_train)
```

步骤3 运行程序，结果如图 4-6 所示。可以看出，此时在测试集和训练集上的决定系数都较高，说明该模型的性能较优。

```
测试集决定系数： 0.8998035746915463
训练集决定系数： 0.892356932488435
```

图 4-6　多元线性回归模型预测体测成绩的决定系数

3. 知识表示

步骤1 使用 LinearRegression 类的 coef_属性和 intercept_属性，输出多元线性回归模型的参数。

```
# 输出多元线性回归模型的参数
print('偏回归系数：',linr.coef_)
print('常数项：',linr.intercept_)
```

步骤2 运行程序，结果如图 4-7 所示。此时，可以看到多元线性回归模型的各参数。

```
偏回归系数： [ 0.06296204 -0.23585599  3.75795497  0.54120024  1.8840461   1.69983565
  4.82263541 -2.48449097]
常数项： 0.8818061795297893
```

图 4-7　多元线性回归模型的各参数

步骤3 导入所需的 pyplot 模块，然后使用 plot()函数绘制测试数据的真实值与预测值对比折线图。其中，使用 range()函数将真实值与预测值的每个数据生成一个对应的索引序列作为折线图的横坐标，真实值与预测值作为纵坐标。

```
import matplotlib.pyplot as plt              # 导入pyplot模块
plt.rcParams['font.sans-serif']='SimSun'# 设置可视化字体为“宋体”
# 绘制真实值和预测值的折线图
plt.figure(figsize=(12,5))                   # 设置图形的尺寸
```

```
# 真实值折线图
plt.plot(range(len(y_test)),y_test,'-*',label='真实值')
# 预测值折线图
plt.plot(range(len(y_pred)),y_pred,'--.',label='预测值')
plt.xlabel('测试数据序号')                    # 横坐标名称
plt.ylabel('成绩')                            # 纵坐标名称
plt.title('体测成绩预测')                     # 标题名称
plt.legend()                                  # 显示图例
plt.show()                                    # 显示图形
```

步骤 4 运行程序，结果如图 4-8 所示。可以看出，体测成绩的预测值与真实值稍有偏差，但整体趋势基本一致，可以通过该模型粗略预测学生的体测成绩。

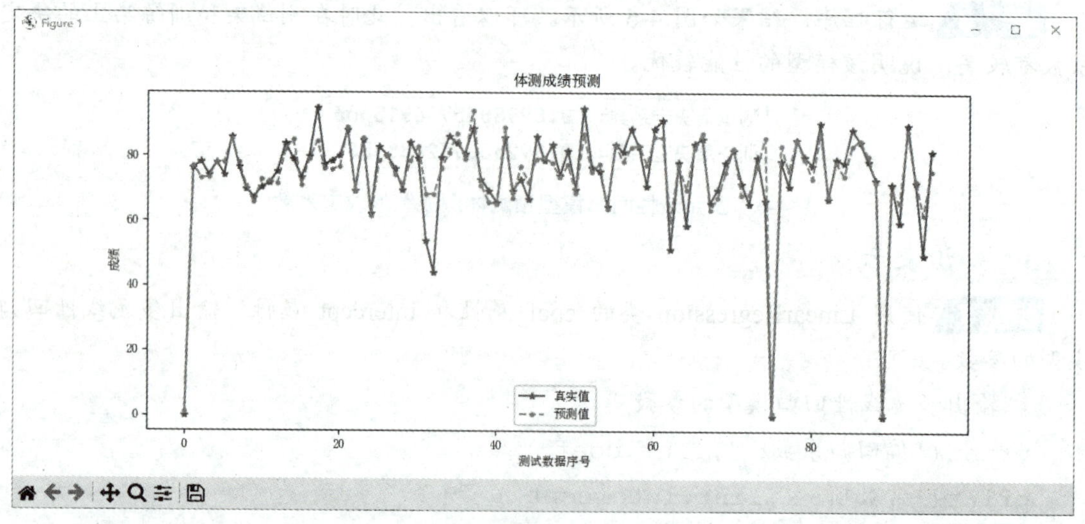

图 4-8　体测成绩真实值和预测值对比折线图

步骤 5 预测一名学生的体测成绩。其中，各属性数据已完成规范化。

```
new_data=pd.DataFrame({'1 000米':[7.4],'50米':[7.6],'跳远':[8.9],
'坐位体前屈':[1.6],'引体向上':[5.2],'肺活量':[5.4],'身高':[8.5],'体
重':[5.9]})                                  # 准备预测的新样本
# 使用训练好的回归模型对新样本进行预测
predicted=linr.predict(new_data)
print('体测成绩：',predicted)                 # 输出预测结果
```

步骤 6 运行程序，结果如图 4-9 所示。可以看出，这名学生的体测成绩为 79.18 分（保留两位小数）。

```
体测成绩： [79.17699587]
```

图 4-9　预测新样本的值

4.4 逻辑回归

4.4.1 逻辑回归模型

逻辑回归是一种用于解决分类问题的统计学习方法。它实际上是一种分类方法，预测的是目标属于某个类别的概率。逻辑回归的基本原理是将线性回归模型的输出通过 Sigmoid 函数进行转换，以将连续的预测值映射到[0,1]区间，从而表示概率。若概率大于或等于 0.5，则表示分类为正类，否则分类为负类。

Sigmoid 函数表达式为

$$\text{Sigmoid}(z)=\frac{1}{1+\mathrm{e}^{-z}} \tag{4-11}$$

其函数图形如图 4-10 所示。

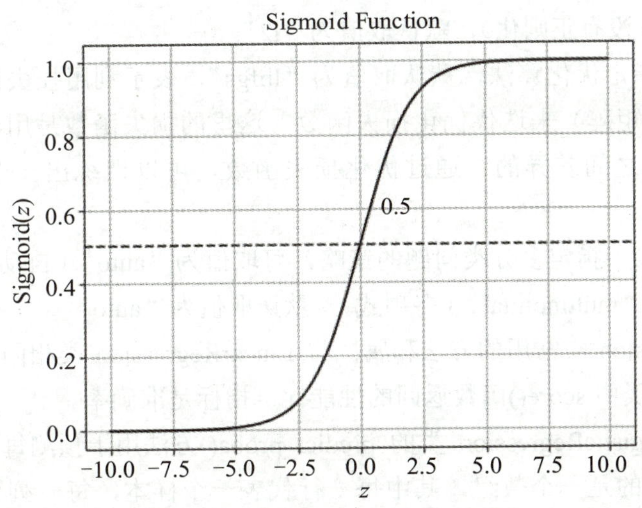

图 4-10 Sigmoid 函数图形

将线性回归函数与 Sigmoid 函数结合，可得到逻辑回归的表达式，即

$$y=\frac{1}{1+\mathrm{e}^{-X\beta}} \tag{4-12}$$

其中，$\boldsymbol{X}=[1,x_1,x_2,\cdots,x_k]$，$\boldsymbol{\beta}=[\beta_0,\beta_1,\beta_2,\cdots,\beta_k]^{\mathrm{T}}$，即

$$z=\beta_0+\beta_1x_1+\beta_2x_2+\cdots+\beta_kx_k \tag{4-13}$$

这样即可参考多元线性回归模型，求解未知参数 $\beta_i(i=0,1,2,\cdots,k)$，进而得到预测的逻辑回归模型。

小 提 示

逻辑回归适用于自变量与因变量之间存在较为简单的线性关系的情况。若数据中存在自变量与因变量是非线性关系，那么使用逻辑回归可能效果不佳，此时可以考虑使用决策树等分类算法。

4.4.2 逻辑回归模型实现

Scikit-Learn 的 linear_model 模块提供了 LogisticRegression 类用于实现逻辑回归模型，其一般使用格式如下：

```
LogisticRegression(penalty='l2',solver='lbfgs',multi_class=
'auto')
```

各参数的含义如下。

- penalty：指定正则化的类型，可取值为“l1”（L1 正则化）、“l2”（L2 正则化）或 None（没有正则化），默认取值为“l2”。
- solver：指定优化算法，默认取值为“lbfgs”，表示利用损失函数二阶导数矩阵（即海森矩阵）来迭代优化损失函数。这里的损失函数是用于衡量模型预测值与真实值之间差异的。通过优化损失函数，可以训练出一个性能更优的回归模型。
- multi_class：指定多分类问题的策略，可取值为“auto”（自动选择）、“ovr”（一对多）或“multinomial”（多项式），默认取值为“auto”。

LogisticRegression 类常用的方法和属性与 LinearRegression 类相同。其中，不同的是 LogisticRegression 类中 score()函数返回的性能评价指标是准确率。

除此之外，LogisticRegression 类的 predict_proba()方法用于预测每个样本属于各个类别的概率。它返回的是一个数组，其中每一行代表一个样本，每一列代表一个类别，数组中的值表示该样本属于对应类别的概率。

案例实施 3——使用逻辑回归模型预测肿瘤类型

1. 获取数据

步骤 1 新建名称为“使用逻辑回归模型预测肿瘤类型”的 Python 文件。

步骤 2 导入当前案例实施所需要的 Pandas、LogisticRegression 类和 train_test_split()函数。

使用逻辑回归模型预测肿瘤类型

```
# 导入当前案例实施所需要的库、类和函数
import pandas as pd
from sklearn.linear_model import LogisticRegression
from sklearn.model_selection import train_test_split
```

步骤 3 读取“肿瘤预测”数据集，选取数据集中除“编号”“类别”之外的属性作为自变量存储在 X 中；选取“类别”属性作为因变量存储在 y 中；划分训练集和测试集，将训练集的自变量和因变量分别存储在 X_train 和 y_train 中，将测试集的自变量和因变量分别存储在 X_test 和 y_test 中。

```
# 读取“肿瘤预测”数据集
df=pd.read_excel('肿瘤预测.xlsx')
X=df.drop(['编号','类别'],axis=1)  # 获取除“编号”和“类别”的属性
y=df['类别']                        # 获取“类别”属性
# 划分训练集和测试集，测试集占总数据集的 20%
X_train,X_test,y_train,y_test=train_test_split(X,y,test_size
=0.2,random_state=42)
```

2. 构建模型并评价

步骤 1 使用 LogisticRegression 类的 fit()方法训练模型，并对测试集进行预测。

```
# 创建并训练逻辑回归模型
log=LogisticRegression()
log.fit(X_train,y_train)            # 训练模型
y_pred=log.predict(X_test)          # 在测试集上进行预测
```

步骤 2 使用 classification_report()函数计算测试集预测结果的精确率、召回率、F1 值和准确率。

```
# 导入需要的函数
from sklearn.metrics import classification_report
# 输出测试集分类结果的精确率、召回率、F1 值和准确率
classification_rep=classification_report(y_test,y_pred)
print('逻辑回归模型性能：\n',classification_rep)
```

步骤 3 运行程序，结果如图 4-11 所示。可以看出，逻辑回归模型预测肿瘤类型的精确率、召回率、F1 值和准确率均较高，说明该模型性能较优。

逻辑回归模型性能：

	precision	recall	f1-score	support
2	0.94	0.99	0.96	79
4	0.98	0.91	0.95	58
accuracy			0.96	137
macro avg	0.96	0.95	0.95	137
weighted avg	0.96	0.96	0.96	137

图 4-11 逻辑回归模型性能评价指标运行结果

3. 知识表示

步骤 1 调用 LogisticRegression 类的 coef_ 属性和 intercept_ 属性，输出逻辑回归模型的参数。

```
# 输出逻辑回归模型各参数
print('系数：',log.coef_)
print('常数项：',log.intercept_)
```

步骤 2 运行程序，结果如图 4-12 所示。此时，可以看到逻辑回归模型的各参数。

```
系数：  [[ 0.45203879 -0.05009447  0.36311286  0.28872323  0.06245766  0.36174899
   0.51035305  0.19432124  0.38187192]]
常数项：  [-9.64541759]
```

图 4-12　逻辑回归模型的各参数

步骤 3 导入所需要的 pyplot 模块，然后使用 LogisticRegression 类的 predict_proba() 方法获取预测为恶性肿瘤的概率。

```
import matplotlib.pyplot as plt           # 导入pyplot模块
plt.rcParams['font.sans-serif']='SimSun'# 设置可视化字体为“宋体”
# 获取测试集预测肿瘤类型的概率
probas=log.predict_proba(X_test)
prob_malignant=probas[:,1]                # 获取预测为恶性肿瘤的概率
```

步骤 4 使用 scatter()函数绘制恶性肿瘤的预测概率散点图。其中，使用 range()函数将预测值的每个数据生成一个对应的索引序列作为散点图的横坐标，预测的概率作为散点图的纵坐标，数据点的颜色以真实值的类别编号规定。

```
# 绘制恶性肿瘤预测概率散点图
plt.scatter(range(len(y_pred)),prob_malignant,c=y_test)
plt.xlabel('测试数据序号')                  # 横坐标名称
plt.ylabel('恶性肿瘤预测概率')              # 纵坐标名称
plt.title('恶性肿瘤预测概率分布')           # 标题名称
```

步骤 5 使用 axhline()函数绘制一条概率为 0.5 的红色分界线（虚线），以便更清晰的观察概率分布情况。

```
plt.axhline(y=0.5,color='red',linestyle='--')
plt.show()                                    # 显示图形
```

步骤 6 运行程序，结果如图 4-13 所示。在图中可以看到每条数据预测为恶性肿瘤的概率分布情况，同时可以看出存在个别预测概率与真实类别不匹配的数据点。但从总体上来说，逻辑回归模型的预测效果还是不错的。

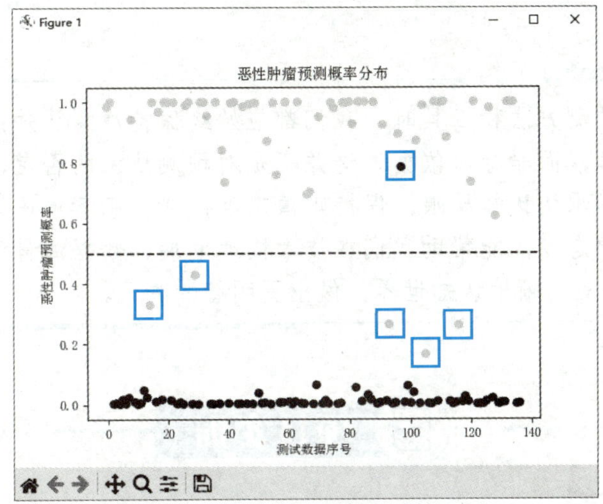

图 4-13 恶性肿瘤的预测概率散点图

小提示

需要注意的是，这里使用恶性肿瘤的预测概率来观察预测效果。其中，概率大于等于 0.5 则预测为恶性肿瘤，概率小于 0.5 则预测为良性肿瘤。此外，也可以使用良性肿瘤的预测概率来观察预测效果，即概率大于等于 0.5 则预测为良性肿瘤，概率小于 0.5 则预测为恶性肿瘤。

步骤 7 预测一个细胞厚度为 4、细胞大小为 1、细胞形状的均匀性为 3、边缘的粘连为 8、单层上皮细胞的大小为 8、裸核为 7、温和的染色质为 10、正常的核仁为 2、有丝分裂为 6 的肿瘤为良性还是恶性。

```
new_data=pd.DataFrame({'细胞厚度':[4],'细胞大小':[1],'细胞形状的均匀性':[3],'边缘的粘连':[8],'单层上皮细胞的大小':[8],'裸核':[7],'温和的染色质':[10],'正常的核仁':[2],'有丝分裂':[6]})    # 准备预测的新样本
# 使用训练好的回归模型对新样本进行预测
predicted=log.predict(new_data)
print('预测肿瘤类型：',predicted)          # 输出预测结果
```

步骤 8 运行程序，结果如图 4-14 所示。可以看出，此时预测的肿瘤类型为恶性肿瘤。

```
预测肿瘤类型： [4]
```

图 4-14 预测新数据的类别

德育长廊

在运用任何预测方法和工具时，我们都应始终保持清醒认知：预测结果仅能作为决策的辅助参考，而非绝对依据。这并不是对预测技术的否定，而是对科学精神的更深层理解，即承认认知局限，保持审慎态度，在复杂情境中坚持独立思考。培养这种严谨的科学态度，能帮助我们在技术快速发展、数据海量涌现的背景下保持清醒与理性，从而更清晰地认知世界，做出更明智的决策。

项目实训

1. 实训目的

练习使用多元线性回归模型实现数据预测。

2. 实训内容

本实训基于“二手手机价格预测”数据集（见图 4-15），使用多元线性回归模型预测二手手机价格（已进行数据预处理）。

	A	B	C	D	E	F	G	H	I	J	K	L	M	N	O
1	device_brand	os	screen_size	4g	5g	rear_camera_mp	front_camera_mp	internal_memory	ram	battery	weight	release_year	days_used	used_price	new_price
2	10	0	14.5	1	0	13	5	64	3	3020	146	2020	127	7.303843225	7.711101252
3	10	0	17.3	1	1	13	16	128	8	4300	213	2020	325	8.157943507	8.514790307
4	10	0	16.69	1	1	13	8	128	8	4200	213	2020	162	8.107117471	8.880307359
5	10	0	15.32	1	0	13	8	64	3	5000	185	2020	293	7.386470849	7.943782692
6	10	0	16.23	1	0	13	8	64	4	4000	176	2020	223	7.410347098	8.056743775
7	10	0	13.84	1	0	8	5	32	2	3020	144	2020	234	6.875232087	7.515344571
8	10	0	15.77	1	0	13	8	64	4	3400	164	2020	219	7.725330038	8.184513753
9	10	0	15.32	1	0	13	16	128	6	4000	165	2020	161	7.881937489	8.295798111
10	10	0	16.23	1	0	13	8	128	6	4000	176	2020	327	7.76937861	8.069655307
11	10	0	15.47	1	0	13	8	64	3	3020	150	2020	268	7.263329617	7.709756864
12	10	0	15.32	1	0	13	8	64	4	5000	185	2020	344	7.65349491	7.766416898
13	10	0	16.69	1	1	13	16	128	8	4100	206	2019	537	8.379079889	9.209640127
14	10	0	15.32	1	0	13	16	64	4	4000	171.5	2019	336	7.613818685	8.394573478
15	10	0	14.5	1	0	13	5	32	2	3020	146	2019	230	7.107425474	7.483806688
16	10	0	16.23	1	0	13	8	64	4	4000	176	2019	248	7.40731771	7.862112212

图 4-15　“二手手机价格预测”数据集（部分）

（1）在“回归分析”项目下，新建名称为“使用多元线性回归模型预测二手手机价格”的 Python 文件。

（2）导入所需的库、模块和函数，然后读取本书配套素材“素材与实例”/“项目 4”文件夹中的“二手手机价格预测.csv”文件中的数据。

（3）计算各个属性间的相关系数，选取与二手手机价格（used_price）相关系数大于 0.5 的属性作为自变量存储在 X 中；二手手机价格预测作为因变量存储在 y 中；划分训练集和测试集（占数据集的 20%），将训练集的自变量和因变量分别存储在 X_train 和 y_train 中，将测试集的自变量和因变量分别存储在 x_test 和 y_test 中。

（4）使用 LinearRegression 类构建多元线性回归模型，并预测二手手机价格。

（5）使用 LinearRegression 类的 coef_属性和 intercept_属性，输出多元线性回归模型参数。

（6）使用 plot()函数绘制测试数据（选取 50 条数据）的真实值与预测值对比折线图。

3. 实训小结

按要求完成实训内容，并将实训过程中遇到的问题和解决办法记录在表 4-1 中。

表 4-1 实训过程

序　号	主要问题	解决办法
1		
2		
3		
4		
5		

项目总结

完成本项目的学习与实践后，请总结应掌握的重点内容，并将图 4-16 中的空白处填写完整。

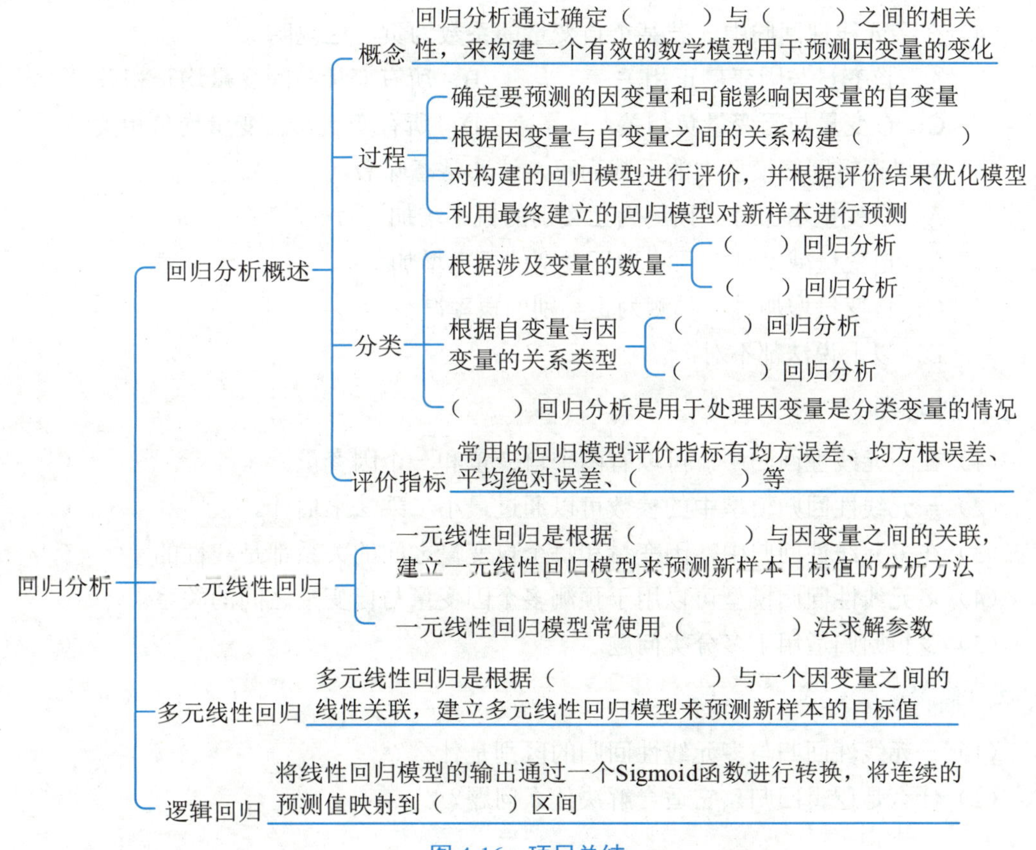

图 4-16 项目总结

项目考核

1．选择题

（1）根据涉及变量的数量可将回归分析分为（　　）。

A．一元回归分析和多元回归分析

B．一元回归分析和线性回归分析

C．线性回归分析和非线性回归分析

D．一元回归分析、线性回归分析和逻辑回归分析

（2）若给定的数据集中有多个属性值对目标值有影响，且各属性值与目标值呈线性关系，那么适合使用（　　）回归模型进行预测。

A．一元线性　　B．多元线性

C．逻辑　　D．多元非线性

（3）评价回归模型的常用指标是（　　）。

A．标准差　　B．方差　　C．均值　　D．决定系数

（4）在多元线性回归中，若某个自变量的系数为负，这说明（　　）。

A．该变量与因变量正相关　　B．所有变量与因变量均正相关

C．该变量与因变量负相关　　D．所有变量与因变量均负相关

（5）如果逻辑回归模型中的系数为正，这通常意味着（　　）。

A．自变量增加时，预测为正类别的概率增加

B．自变量减少时，预测为正类别的概率增加

C．自变量增加时，预测为正类别的概率减少

D．以上说法都不对

2．判断题

（1）在一元线性回归中，可以有两个自变量和一个因变量。（　　）

（2）一元线性回归模型中的参数可以通过最小二乘法来估计。（　　）

（3）在多元线性回归中，因变量和每个自变量之间的关系都是线性的。（　　）

（4）多元线性回归模型可以用于预测多个因变量与自变量之间的关系。（　　）

（5）逻辑回归适用于多分类问题。（　　）

3．简答题

（1）一元线性回归与多元线性回归的区别是什么？

（2）什么是逻辑回归，它适合解决什么问题？

项目评价

请同学们结合本项目的学习情况，对学习成果进行自评和互评（组内成员相互评分），然后请指导教师进行师评和总评，并将评价结果填入表 4-2 中。

表 4-2　项目评价

评价项目	评价内容	分值	评价分数		
			自评	互评	师评
项目完成度（20%）	项目准备阶段，回答问题清晰准确，紧扣主题，没有明显错误	5 分			
	项目实施阶段，根据操作步骤完成本项目	5 分			
	项目实训阶段，出色地完成实训内容	5 分			
	项目总结阶段，正确地将项目总结的空白信息补充完整	2 分			
	项目考核阶段，正确地完成考核题目	3 分			
知识（30%）	熟悉回归分析的概念、过程和分类，以及回归模型的评价指标	6 分			
	理解一元线性回归模型原理并掌握其实现方法	8 分			
	理解多元线性回归模型原理并掌握其实现方法	8 分			
	理解逻辑回归模型原理并掌握其实现方法	8 分			
技能（30%）	能够使用合适的回归模型对目标数据进行预测	30 分			
素养（20%）	具有自主学习意识，做好课前准备	5 分			
	文明礼貌，遵守课堂纪律	5 分			
	善于思考，积极参与，勇于提出问题	5 分			
	具有团队合作精神，出色完成小组任务	5 分			
总评	综合分数______自评（25%）+互评（25%）+师评（50%）	100 分			
	综合等级______	指导教师签字__________			
总结提高	最突出的表现（创新或进步）： 还需改进的地方（不足或缺点）：				

说明：综合等级可以“优”（综合得分≥90 分）、“良”（80 分≤综合得分<90 分）、“中”（60 分≤综合得分<80 分）、“差”（综合得分<60 分）为标准进行评价。

项目5 聚类

项目导读

俗话说："物以类聚，人以群分。"在数据挖掘领域，聚类就是将具有相似特征的数据分组在一起。作为无监督学习的一种核心方法，聚类能够帮助人们洞察数据的内在结构，发现隐藏在海量数据中的相似性和差异性。本项目学习聚类的相关知识，以及聚类分析的常用方法。

项目目标

知识目标

- 熟悉聚类的概念、分类，以及聚类效果的评价指标。
- 理解划分聚类的原理，并掌握 K-Means 算法原理及其实现方法。
- 理解层次聚类的原理，并掌握 AGNES 算法原理及其实现方法。
- 理解密度聚类的相关概念，并掌握 DBSCAN 算法原理及其实现方法。

技能目标

- 能够使用合适的聚类算法对目标数据进行聚类。
- 能够利用不同指标评价聚类效果。

素养目标

- 培养抽象思维，提高发现与归纳规律的能力。
- 培养严谨细致、精益求精的工匠精神。

项目分析

本项目使用的数据集是“银行用户消费统计”数据集，该数据集中包含某银行4 038条用户消费统计信息，每条信息包括用户ID及其日常消费习惯（使用信用卡一次性消费、使用信用卡分期消费、使用现金消费）的相应金额。

本项目使用聚类模型对用户进行细分，以便银行对用户进行个性化推荐，具体过程可分为以下四个步骤。

步骤1：新建项目并安装Python库。新建“聚类”项目，并提前安装本项目用到的Python库，包括Pandas、openpyxl、Scikit-Learn和Matplotlib。

步骤2：获取数据。读取“银行用户消费统计”数据集，并根据需求获取数据。由于数据均为正值且分布范围很广，需要进行相应的对数变换，以提供优质的聚类数据。

步骤3：构建模型并评价。根据需求选择合适的聚类算法（包括K-Means算法、AGNES算法和DBSCAN算法）构建聚类模型，然后使用合适的评价指标对聚类效果进行评价。

步骤4：知识表示。根据选取的特征数量和算法特点选择合适的图形将聚类结果可视化，并分析聚类结果中各类别的特点。

项目准备

全班学生以3～5人为一组进行分组，各组选出组长。组长组织组员扫码观看“聚类的应用”视频，讨论并回答下列问题。

问题1：聚类的典型应用领域有哪些？

聚类的应用

问题2：聚类和分类的区别是什么？

5.1 聚类概述

5.1.1 聚类的概念

在数据挖掘领域，聚类是将数据根据相似性和差异性分成不同类别的过程。其中，每个类别数据的集合叫做“簇”。聚类的目标就是使得同一簇内的数据具有较高的相似性，而不同簇之间的数据具有较大的差异性。

虽然聚类与分类都是将数据分为不同的类别，但两者之间是有明确差异的。分类是在已知有哪些类别的前提下，对未知类别的数据进行划分，属于有监督学习；而聚类是在不知道有哪些类别的前提下，自动发现潜在的类别，属于无监督学习。

5.1.2 聚类的分类

根据聚类采用的方法不同，可以将其分为划分聚类、层次聚类和密度聚类。

1．划分聚类

划分聚类是将数据划分为指定数量簇的方法。它基于距离判断数据的相似度，并通过不断迭代将数据分配到不同的簇，直到满足某个停止条件为止。

2．层次聚类

层次聚类是通过构建数据的层次结构来组织簇的方法。它不需要事先指定簇的数量，而是通过逐步合并或分割簇来构建层次化的簇结构。

3．密度聚类

密度聚类是基于数据密度来组织簇的方法。它可以发现任意形状的簇，并允许噪声数据存在。

5.1.3 聚类效果的评价指标

通常情况下，聚类效果的优劣可通过其划分的各个簇的簇内紧密程度和簇间离散程度来评价。也就是说，簇内越紧密、簇间越离散，聚类效果越好。根据是否需要借助数据真实标签信息，聚类效果的评价指标可分为内部评价指标和外部评价指标。

1．内部评价指标

内部评价指标仅依赖于聚类结构本身，并不需要借助数据真实标签信息。常用的内部评价指标有轮廓系数、DB 指数和 CH 指数等。

（1）轮廓系数。轮廓系数是一种广泛使用的性能指标，它同时考虑了簇内紧密程度和簇间离散程度。单个数据点的轮廓系数计算公式如下：

$$S_i = \frac{b_i - a_i}{\max(a_i, b_i)} \tag{5-1}$$

其中，a_i 表示当前数据点与同一簇内其他数据点之间的平均距离；b_i 表示当前数据点与不同簇中数据点之间的平均距离。

总体轮廓系数是所有数据点轮廓系数的平均值，其计算公式如下：

$$S = \frac{\sum_{i=1}^{n} S_i}{n} \tag{5-2}$$

其中，n 表示总数据量。轮廓系数的取值范围为$[-1,1]$，越接近 1 表示聚类效果越好。

（2）DB 指数。DB 指数是任意两个簇的最大相似度的平均值，其计算公式如下：

$$DBI = \frac{1}{k}\sum_{i=1}^{k} \max_{i \neq j, i, j \in (1,k)} \frac{s_i + s_j}{d(c_i, c_j)} \tag{5-3}$$

其中，k 表示聚类的簇数量；s_i、s_j 表示簇内距离平均值；$d(c_i, c_j)$ 表示第 i 簇与第 j 簇中心的距离；任意两个簇的簇内距离平均值之和与两个簇中心的距离之比称为相似度。DB 指数越小，表示簇内越紧密且簇间越离散，即聚类效果越好。

（3）CH 指数。CH 指数是簇间距离与簇内距离的比值，整体计算过程与方差计算方式类似，因此又称方差比准则，其计算公式如下：

$$CHI = \frac{\mathrm{tr}(b_k)(n-k)}{\mathrm{tr}(w_k)(k-1)} \tag{5-4}$$

其中，b_k 表示簇间的协方差矩阵；w_k 表示簇内数据的协方差矩阵；tr 表示求解矩阵的迹。CH 指数越大，表示簇内越紧密且簇间越离散，即聚类效果越好。

2. 外部评价指标

外部评价指标需要借助外部的数据真实标签信息，通过比较聚类结果与真实标签的一致性来评价聚类效果的优劣。常用的外部评价指标有纯度、兰德系数和调整兰德系数等。

（1）纯度。纯度是一种简单的聚类评价指标，它通过计算聚类结果中每个簇中出现频率最高的真实类别的数据量占比来判断聚类的质量。单个簇的纯度通过计算簇中真实类别的数据量占比得到，那么总体纯度的计算公式如下：

$$purity = \frac{1}{m}\sum_{i=1}^{k} m_i P_i \tag{5-5}$$

其中，m 表示总数据量；m_i 表示第 i 簇的数据量；k 表示簇数量；P_i 表示第 i 簇的纯度。纯度越高，表示聚类效果越好。

（2）兰德系数。兰德系数是一种衡量聚类算法准确性的指标，它计算的是在聚类结果中，聚类正确的数据占总数据的比例，因此也常被称为聚类的准确率，其计算公式如下：

$$RI = \frac{TP + TN}{TP + FP + FN + TN} \tag{5-6}$$

其中，TP 表示两个同类数据点在同一个簇中的情况；TN 表示两个非同类数据点分别在两个簇中的情况；FP 表示两个非同类数据点在同一个簇中的情况；FN 表示两个同类数据点分别在两个簇中的情况。

兰德系数的取值范围为[0,1]，值越大，说明聚类效果越好，聚类结果越接近真实类别。

（3）调整兰德系数。调整兰德系数是对兰德系数的改进，它考虑了随机标签对兰德系数评价结果的影响，从而提供更准确的评价，其计算公式如下：

$$ARI = \frac{RI - E(RI)}{\max(RI) - E(RI)} \tag{5-7}$$

其中，$E(RI)$可以看作兰德系数的均值。调整兰德系数的取值范围为[−1,1]，值越大，说明聚类效果越好，聚类结果越接近真实类别。

5.2 划分聚类

5.2.1 划分聚类概述

划分聚类的主要思想是在给定的 n 个数据上构造 k 个簇，且满足 $k < n$ 的条件。每个簇至少包含一个数据，并且每个数据仅属于一个簇。然后，通过反复迭代的过程改变簇，以求得每次改进后的簇都比前一次好，即同一簇内的数据越来越相似，不同簇中的数据则越来越不相似。

常见的划分聚类算法有 K 均值（K-Means）算法和 K 中心点（K-Medoids）算法。本节只讲解经典的 K-Means 算法。

5.2.2 K-Means 算法原理

1. 算法步骤

K-Means 算法作为经典的划分聚类算法，已广泛用于解决大规模数据的聚类问题，其算法步骤如下。

（1）初始化。在 n 个数据中随机选取 k 个数据作为初始簇的质心（簇的中心位置）。

（2）划分数据。分别计算每个数据点到每个簇质心的距离（这里的距离通常采用欧氏距离），并将其分配到距离最近的簇中。

（3）更新簇质心。当所有数据点都划分到某个簇后，重新计算每个簇中所有数据点的均值作为新的簇质心。然后，比较新的簇质心和原簇质心，如果新的簇质心和原簇质心之间的距离小于设定的阈值，则表示簇质心位置变化不大，可认为聚类已经达到了期望的结果，算法收敛；如果新的簇质心和原簇质心之间的距离大于设定的阈值，则表示簇质心变化很大，需要根据新的簇质心再次划分数据。

（4）确定聚类结果。不断重复（2）（3），直到算法收敛或达到设定的最大迭代次数，得到最终的聚类结果。

【例 5-1】 现有一组产品销售价格（单位：万元），如表 5-1 所示。根据销售价格，使用 K-Means 算法将这组产品分为三类。

表 5-1 产品销售价格

序 号	1	2	3	4	5	6	7	8	9	10	11	12	13	14	15
销售价格	156	158	161	162	165	167	168	173	175	176	179	181	185	188	195

使用 K-Means 算法实现聚类的过程如下。

（1）根据题意，k 取值为 3，即将产品分为三类。然后，随机选取三个数据点作为初始簇质心，这里选取 158、168 和 181。

（2）计算每个数据点到这三个初始簇质心的距离（使用欧氏距离），并分配数据点到最近的簇质心所在的簇。第一次聚类的结果如下。

① 簇质心 158 所在的簇：156、158、161、162。

② 簇质心 168 所在的簇：165、167、168、173。

③ 簇质心 181 所在的簇：175、176、179、181、185、188、195。

（3）更新簇质心，新的簇质心计算过程如下。

$$\frac{156+158+161+162}{4}=159.25$$

$$\frac{165+167+168+173}{4}=168.25$$

$$\frac{175+176+179+181+185+188+195}{7}\approx 182.71$$

（4）基于新的簇质心重新分配数据点。第二次聚类结果如下。

① 簇质心 159.25 所在的簇：156、158、161、162。

② 簇质心 168.25 所在的簇：165、167、168、173、175。

③ 簇质心 182.71 所在的簇：176、179、181、185、188、195。

（5）重复（3）（4），直到簇质心不再变化，确认最终的聚类结果如下。

① 簇质心 159.25 所在的簇：156、158、161、162。

② 簇质心 170.67 所在的簇：165、167、168、173、175、176。

③ 簇质心 185.6 所在的簇：179、181、185、188、195。

通过上述聚类过程，将产品分为 3 类：第一类产品的销售价格在 159.25 万元左右；第二类产品的销售价格在 170.67 万元左右；第三类产品的销售价格在 185.6 万元左右。

2. k 值的选择

K-Means 算法需要预先指定簇的数量，但在实际应用中，大多数情况下并不清楚将数据集划分为多少个簇是最合适的。因此，通常会采用一些方法来帮助人们确定最佳的簇数量，如肘部法。肘部法基于不同 k 值下聚类结果的误差平方和（sum of squared error, SSE）变化来确定最佳的簇数量，其基本步骤如下。

小提示

> 在聚类结果中，误差平方和是指每个簇内所有数据点到该簇质心的距离平方和，其值越小表示簇内的数据越紧密。

（1）确定簇数量的范围（即 k 值的范围），通常从较小的值开始逐渐增加，直到达到一个合适的上限。

（2）对于每个 k 值，在给定的数据上执行聚类，并计算当前聚类结果的 SSE。

（3）将 k 值与 SSE 进行关联，使用折线图或曲线图表示。其中，k 值作为横坐标，SSE 作为纵坐标。

（4）随着 k 值的增加，图中通常会出现一个拐点，这个拐点称为肘部点。在肘部点之后，SSE 的改善程度急剧降低，即折线在此处呈现出一个明显的弯曲。

（5）选择肘部点对应的 k 值作为最佳的簇数量。

图 5-1 是肘部法的一个示例。可以看出，在 $k=4$ 这个肘部点之后，SSE 的改善程度急剧降低，k 取更大的值对聚类效果没有明显的改善。因此，4 是最佳的簇数量。

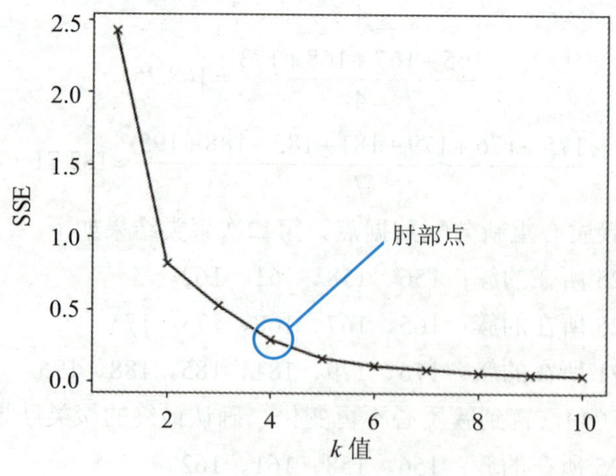

图 5-1 肘部法确定 k 值示例

小 提 示

K-Means 算法虽然在聚类中广泛应用，具有简单易行、计算效率高等优点，但也存在一些明显的缺点。

① 对初始簇质心敏感。K-Means 算法随机选择初始簇质心，可能会陷入局部最优解，而无法得到全局最优的聚类效果。

② 不适用于非凸形状的数据集。K-Means 算法基于距离划分，对于非凸形状的数据分布（如环形、交叉型等），很难正确地进行聚类。

③ 对噪声和异常值敏感。簇质心通过计算均值得到，噪声和异常值会对均值产生较大影响，从而干扰正常的聚类过程。

5.2.3 K-Means 算法实现

Scikit-Learn 的 cluster 模块提供了 KMeans 类用于实现 K-Means 算法，其一般使用格式如下：

```
KMeans(n_clusters=8,init='k-means++',max_iter=300,tol=0.0001,
random_state=None)
```

各参数的含义如下。

- n_clusters：指定要划分的簇数量，即 k 值，默认取值为 8。
- init：初始化簇质心的方法，可取值为“k-means++”“random”，或自定义初始簇质心。其中，取值为“k-means++”（默认），表示使用 K-Means++算法的方式初始化簇质心，可以加速收敛；取值为“random”，表示随机初始化簇质心。
- max_iter：单次运行的最大迭代次数，默认取值为 300。如果迭代次数达到最大，则认为算法已经收敛。
- tol：指定簇质心的变化量阈值，默认取值为 0.000 1。当两次迭代的簇质心移动距离小于该值时，则认为算法已经收敛。
- random_state：控制随机性的种子，以便结果可重复。

KMeans 类常用的方法如下。

- fit(X)：用于训练模型，其中 X 是训练模型的数据。
- fit_predict(X)：用于训练模型，同时返回每个数据点所属的类别。

KMeans 类常用的属性如下。

- inertia_：数据点到所属簇的簇质心的距离平方和，即误差平方和（SSE）。
- cluster_centers_：最终确定的簇质心的数组。
- labels_：每个数据点所属的类别，取值范围为 0～n_clusters −1。

德育长廊

K-Means++算法改进了 K-Means 算法的初始化方法，它可以有效地选择初始簇质心，以减小收敛到局部最优解的可能性。在 K-means++算法中，初始簇质心的选择是基于距离的加权随机抽样，进而更有可能覆盖所有数据，从而避免初始簇质心过于集中或偏离数据分布。

算法的改进体现了创新对于解决问题和优化方法的重要性。在学习中，我们也要勇于打破思维定式，通过积极尝试新的思路、方法等，提高学习效率，进而实现知识的深度掌握和灵活运用。

案例实施 1——使用 K-Means 算法分析用户消费习惯

1. 新建项目并安装 Python 库

使用 K-Means 算法分析用户消费习惯

步骤 1 启动 PyCharm，新建名称为“聚类”、Python 版本为“Python 3.12.2”的项目。

步骤 2 安装 Pandas、openpyxl、Scikit-Learn 和 Matplotlib。

2. 获取数据

步骤 1 新建名称为“使用 K-Means 算法分析用户消费习惯”的 Python 文件。

步骤 2 导入当前案例实施所需要的 Pandas、NumPy、pyplot 模块和 KMeans 类。

```
# 导入当前案例实施所需要的库、模块和类
import pandas as pd
import numpy as np
import matplotlib.pyplot as plt
from sklearn.cluster import KMeans
```

步骤 3 读取“银行用户消费统计”数据集，并选取“信用卡一次性付款金额”“信用卡分期付款金额”和“现金付款金额”属性作为聚类的数据。然后，对数据进行对数变换，以减小极端值对聚类结果的影响。

```
df=pd.read_excel('银行用户消费统计.xlsx')
df=df[['信用卡一次性付款金额','信用卡分期付款金额','现金付款金额']]
df=np.log10(1+df)                                    # 对数变换数据
```

3. 构建模型并评价

步骤 1 设置可视化字体为“宋体”，然后使用肘部法选取合适的 k 值。

```
plt.rcParams['font.sans-serif']='SimSun'# 设置可视化字体为“宋体”
k_range=range(1,10)                        # 设置 k 值的范围
SSE=[]                  # 初始化一个空列表用于存储每个 k 值对应的 SSE
for k in k_range:
    # 创建 K-Means 聚类模型
    kmeans=KMeans(n_clusters=k)
    # 训练模型
    kmeans.fit(df)
    # 计算 SSE，并将其存储在列表中
    SSE.append(kmeans.inertia_)
plt.plot(k_range,SSE,'bx-')                # 绘制肘部曲线
plt.xlabel('k 值')                         # 横坐标名称
plt.ylabel('SSE')                          # 纵坐标名称
plt.show()                                 # 显示图形
```

步骤 2 运行程序，结果如图 5-2 所示。可以看出，k 取值为 4 会较为合适。

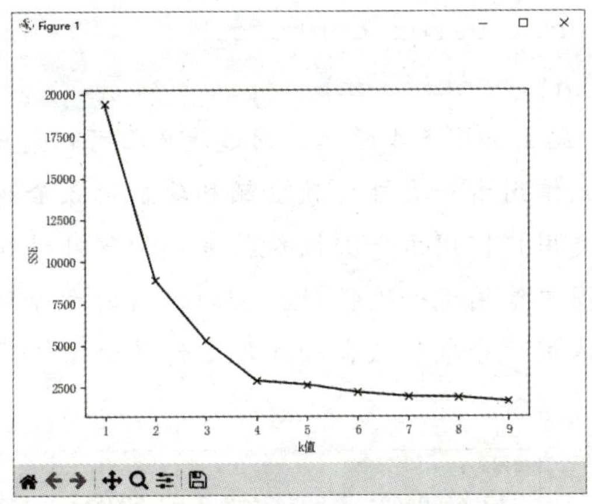

图 5-2 肘部法确定 k 值

步骤 3 使用 KMeans 类的 fit()方法训练模型。其中，n_clusters 取值为 4；random_state 取值为 42，以确保结果可以复现。

```
# 构建并训练 K-Means 聚类模型
kmeans=KMeans(n_clusters=4,random_state=42)
kmeans.fit(df)
```

步骤 4 使用 silhouette_score()函数计算轮廓系数，以便评价聚类效果的优劣。

```
from sklearn.metrics import silhouette_score
labels=kmeans.labels_                          # 记录聚类标签
```

```
silhouette=silhouette_score(df,labels)            # 计算轮廓系数
print('轮廓系数: ',silhouette)
```

高手点拨

Sickit-Leans 的 metrics 模块提供了 silhouette_score()函数用于计算轮廓系数，其一般使用格式如下：

```
silhouette_score(X,labels)
```

其中，X 是输入数据；labels 是预测的聚类标签。

步骤 5 运行程序，结果如图 5-3 所示。可以看出，轮廓系数大于 0，说明簇内数据较为紧密且簇间数据较为离散，即目前的聚类效果是较优的。

```
轮廓系数：  0.6307052413844889
```

图 5-3　K-Means 算法聚类效果评价

4. 知识表示

步骤 1 使用 KMeans 类的 cluster_centers_属性获取簇质心。

```
centroids=kmeans.cluster_centers_
print('簇质心: \n',centroids)
```

步骤 2 运行程序，结果如图 5-4 所示。通过簇质心可以看出，K-Means 算法将用户划分为 4 类：第一类用户信用卡一次性付款金额和现金付款金额较高，但信用卡分期付款金额几乎为零；第二类用户信用卡一次性付款金额和分期付款金额较高，但现金付款金额几乎为零；第三类用户信用卡一次性付款金额、信用卡分期付款金额和现金付款金额均较高；第四类用户信用卡分期付款金额和现金付款金额较高，但信用卡一次性付款金额几乎为零。

```
簇质心：
 [[2.44606606 0.00742657 2.97457265]
 [2.80623799 2.69616257 0.0065729 ]
 [2.75827162 2.63062936 3.01293584]
 [0.01129467 2.48796464 3.0097711 ]]
```

图 5-4　4 个簇的质心

步骤 3 使用 axes()函数创建三维绘图区域；然后为每个类别添加不同的颜色和标签；最后利用循环语句和 scatter()函数绘制三维散点图。

```
# 创建聚类结果的三维散点图
ax=plt.axes(projection='3d')                        # 创建三维绘图区域
# 为每个类别添加不同的颜色和标签
colors=['yellow','orange','green','blue']   # 设置散点颜色
```

```
label=['类别1','类别2','类别3','类别4']                          # 设置标签名称
# 循环绘制三维散点图
for i in range(4):
    ax.scatter(df[labels==i]['信用卡一次性付款金额'],df[labels==i]['信用卡分期付款金额'],df[labels==i]['现金付款金额'],c=colors[i],label=label[i])
ax.set_xlabel('信用卡一次性付款')                                 # x轴坐标名称
ax.set_ylabel('信用卡分期付款')                                   # y轴坐标名称
ax.set_zlabel('现金付款')                                         # z轴坐标名称
ax.set_title('K-Means算法分析用户消费习惯')                       # 标题名称
plt.legend()                                                      # 显示图例
plt.show()                                                        # 显示图形
```

步骤4 运行程序，结果如图5-5所示。结合步骤2输出的簇质心可知，用户的消费习惯可以分为以下四类。

（1）类别1：潜在价值用户。这类用户更倾向于直接、快速的支付方式，避免利息负担，对信用卡依赖度较低。针对这类用户，银行可以提供更高额度的信用卡产品或优质的理财服务，同时可以推出免手续费或优惠手续费的一次性支付解决方案。

（2）类别2：中高价值用户。这类用户有一定的理财意识，善于利用信用卡的免息期进行资金周转。针对这类用户，银行可以提供具有吸引力的信用卡分期付款方案，如低利率的分期项目或额外积分奖励。

（3）类别3：高价值用户。这类用户有较高的消费能力，并能够根据不同情况选择最优的支付方式。针对这类用户，银行可以提供综合性金融产品，如多功能的信用卡、灵活的贷款服务或全面的理财规划。

（4）类别4：中价值用户。这类用户更倾向于避免一次性大额支出。针对这类用户，银行可以提供具有竞争力的分期付款方案，如长期限、低月付的分期选项，以及优惠的现金回扣或积分奖励计划。

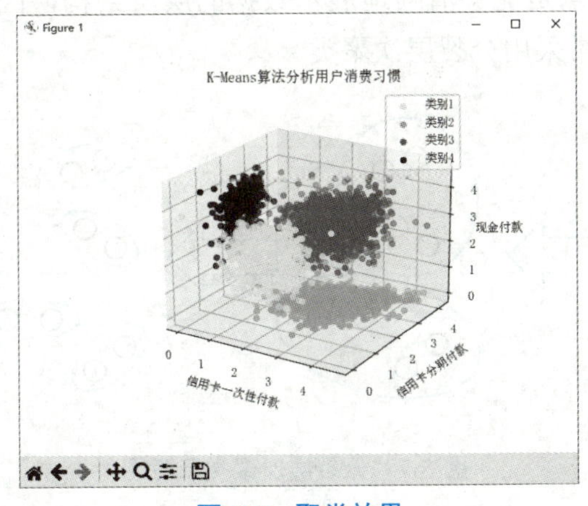

图5-5 聚类效果

5.3 层次聚类

5.3.1 层次聚类概述

层次聚类根据其构建层次结构是通过合并簇还是分割簇，可以分为凝聚层次聚类和分裂层次聚类两种类型。

1．凝聚层次聚类

凝聚层次聚类采用自底向上的策略，以单个数据点为一个簇开始，逐渐合并相邻的簇，直到所有数据点都属于一个簇或达到预设的停止条件，如图 5-6 所示。这种自底向上的聚类方法的优点是不需要预先指定簇的数量，因此在数据结构不明确或簇数量未知的情况下通常采用凝聚层次聚类。

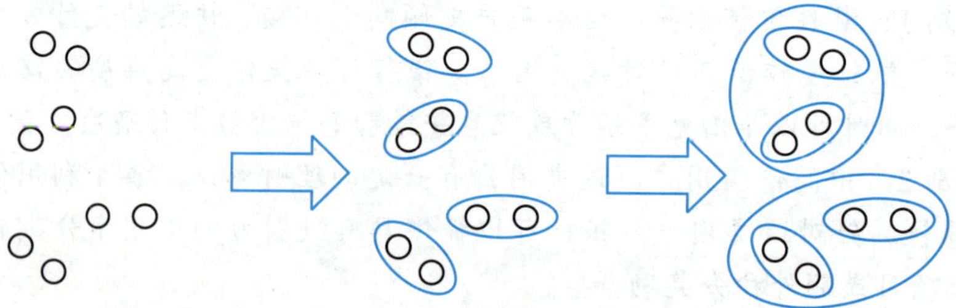

图 5-6　凝聚层次聚类示意图

2．分裂层次聚类

分裂层次聚类采用自顶向下的策略，以所有数据点为一个簇开始，逐渐分割成越来越小的簇，直到每个簇只包含一个数据点或达到预设的停止条件，如图 5-7 所示。这种自顶向下的聚类方法的优点是能够清晰地展示数据的层次结构，因此在对数据的整体结构有初步了解的情况下通常采用分裂层次聚类。

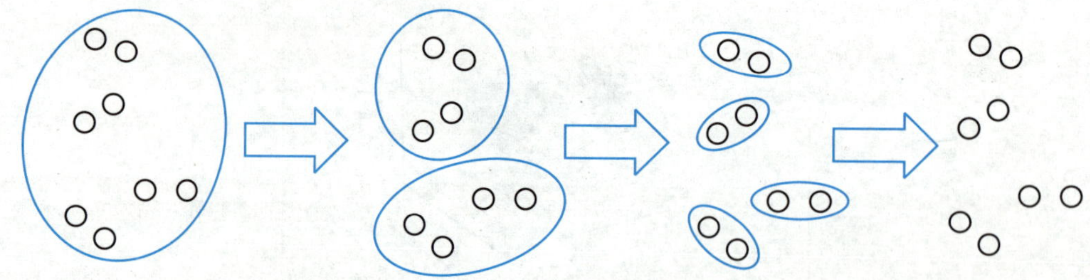

图 5-7　分裂层次聚类示意图

3. 簇间距离度量方法

在层次聚类中，合并或分割簇的依据是簇之间的距离。常用的四种距离度量包括簇间最小距离、簇间最大距离、簇间平均距离和簇间均值距离。

假设现有簇 A 和簇 B 两个簇，簇 A 的任意数据点表示为 a，簇 B 的任意数据点表示为 b，$d(a,b)$表示 a 和 b 之间的距离（通常使用欧氏距离），那么四种常采用的簇间距离度量计算公式如下。

（1）簇间最小距离。

簇间最小距离是指两个簇中任意两个数据点之间的距离的最小值，如图 5-8 所示。簇间最小距离的计算公式如下：

$$d_{\min}(A,B)=\min(d(a,b)) \tag{5-8}$$

（2）簇间最大距离。

簇间最大距离是指两个簇中任意两个数据点之间的距离的最大值，如图 5-9 所示。簇间最大距离的计算公式如下：

$$d_{\max}(A,B)=\max(d(a,b)) \tag{5-9}$$

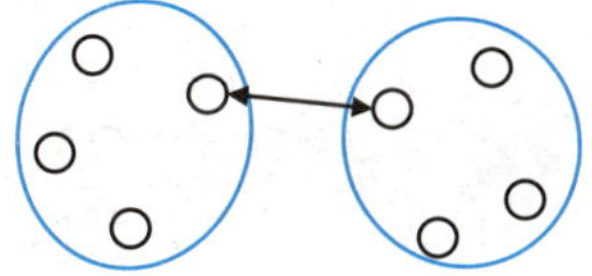

图 5-8 簇间最小距离

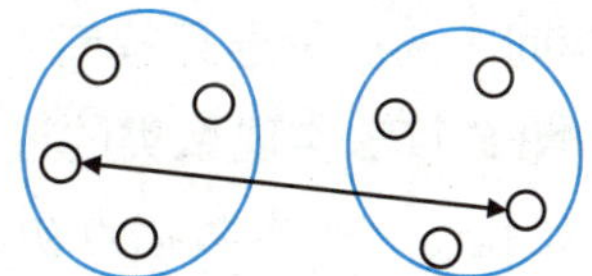

图 5-9 簇间最大距离

（3）簇间平均距离。

簇间平均距离是指一个簇中的所有数据点与另一个簇中所有数据点之间距离的平均数，如图 5-10 所示。簇间平均距离的计算公式如下：

$$d_{\text{average}}(A,B)=\frac{1}{n_A n_B}\sum d(a,b) \tag{5-10}$$

（4）簇间均值距离。

簇间均值距离是指两个簇各自簇质心之间的距离，如图 5-11 所示。簇间均值距离的计算公式如下：

$$d_{\text{mean}}(A,B)=d(m_A,m_B) \tag{5-11}$$

其中，m_A 表示簇 A 的质心；m_B 表示簇 B 的质心。

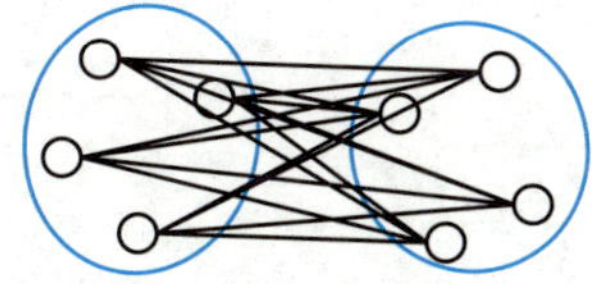

图 5-10 簇间平均距离

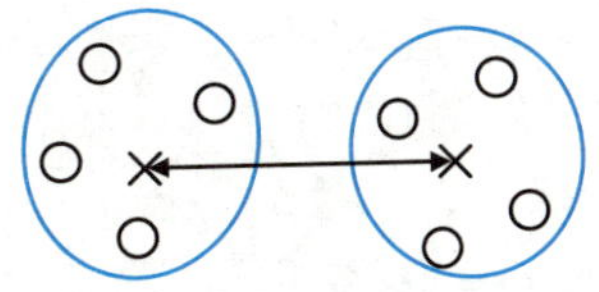

图 5-11 簇间均值距离

5.3.2 AGNES 算法原理

AGNES 算法是凝聚层次聚类算法中的基础算法，它是先将每个数据点视为一个单独的簇，然后通过迭代合并距离最近的簇来构建层次结构，直到达到预设的簇数量或形成一个完整的簇。

AGNES 算法的基本步骤如下。

（1）初始化。将每个数据点初始化为一个簇。

（2）计算距离。计算所有簇之间的距离，生成距离矩阵。

（3）合并簇。从距离矩阵中找出距离最近的两个簇，并将这两个簇合并成一个新的簇。

（4）更新距离矩阵。计算合并后的簇与剩余簇之间的距离，更新距离矩阵。

（5）检查终止条件。不断重复（3）（4），直到达到预设的簇数量或形成一个完整的簇。

【例 5-2】 基于表 5-1 的产品销售价格数据，使用 AGNES 算法将这组产品分为两类。其中，簇间距离度量选择簇间平均距离。

使用 AGNES 算法实现聚类的过程如下。

（1）初始化。将每个数据点初始化为一个簇：$C_1 = \{156\}$、$C_2 = \{158\}$、$C_3 = \{161\}$、$C_4 = \{162\}$、$C_5 = \{165\}$、$C_6 = \{167\}$、$C_7 = \{168\}$、$C_8 = \{173\}$、$C_9 = \{175\}$、$C_{10} = \{176\}$、$C_{11} = \{179\}$、$C_{12} = \{181\}$、$C_{13} = \{185\}$、$C_{14} = \{188\}$、$C_{15} = \{195\}$。

（2）计算簇间平均距离。例如，C_1 和 C_2 的平均距离为 2，C_1 和 C_3 的平均距离为 5。以此类推，计算所有簇间的平均距离，生成距离矩阵。

（3）合并平均距离最小的两个簇。例如，C_3 和 C_4 平均距离为 1，两个簇合并成一个新的簇 C_{34}；C_6 和 C_7 平均距离为 1，两个簇合并成一个新的簇 C_{67}；C_9 和 C_{10} 平均距离为 1，两个簇合并成一个新的簇 C_{910}。

（4）更新簇间平均距离。例如，C_2 和 C_{34} 平均距离为 3.5，C_5 和 C_{67} 平均距离为 2.5，C_8 和 C_{910} 平均距离为 2.5。以此类推，计算合并后的簇与剩余簇之间的平均距离，生成距离矩阵。

（5）重复合并簇并更新距离矩阵，直到最后只剩下两个簇，结束聚类。最终生成的树形结构如图 5-12 所示。

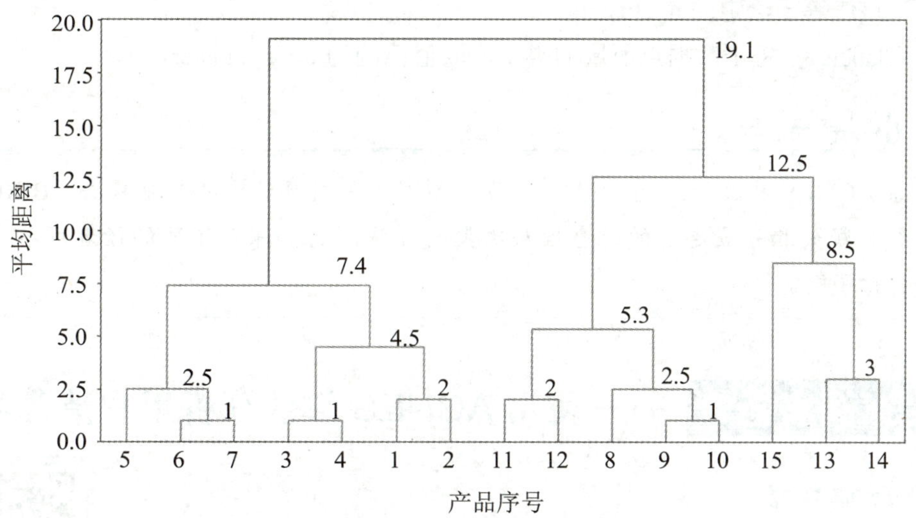

图 5-12 AGNES 算法生成簇的树形结构

可以看出，最终通过 AGNES 算法，可以得到两个簇，一个簇包含产品 1～产品 7，一个簇包含产品 8～产品 15。

5.3.3 AGNES 算法实现

Scikit-Learn 的 cluster 模块提供了 AgglomerativeClustering 类用于实现 AGNES 算法，其一般使用格式如下：

```
  AgglomerativeClustering(n_clusters=2,affinity='euclidean',
linkage='ward',distance_threshold=None)
```

各参数的含义如下。

- n_clusters：指定要划分的簇数量。
- affinity：指定数据点间距离的度量方式，可取值为“euclidean”（欧氏距离）、“l1”（曼哈顿距离）、“l2”（欧氏距离的平方）等，默认取值为“euclidean”。
- linkage：指定簇间距离度量，可取值为“ward”（最小化合并的簇的方差）、“complete”（簇间最大距离）、“average”（簇间平均距离）、“single”（簇间最小距离），默认取值为“ward”。
- distance_threshold：指定距离阈值。当簇间距离高于该阈值时，这两个簇将不会合并。该参数与 n_clusters 均可作为终止条件，设置其中一个参数即可。

AgglomerativeClustering 类常用方法与 KMeans 类相同，此处不再赘述。

AgglomerativeClustering 类常用的属性如下。

- n_clusters_：返回最终划分的簇数量。如果 distance_threshold 取值为 None，则

该值等于给定的 n_clusters。

➢ labels_：每个数据点所属的类别，取值范围为 0～n_clusters -1。

小 提 示

除 AGNES 算法外，DIANA 算法是分裂层次聚类算法中的基础算法，BIRCH 算法是结合凝聚和分裂思想的综合性层次聚类算法，想要深入了解的读者可参考其他资料自行了解。

案例实施 2 ——使用 AGNES 算法分析用户消费习惯

使用 AGNES 算法分析用户消费习惯

1. 获取数据

步骤 1 新建名称为“使用 AGNES 算法分析用户消费习惯”的 Python 文件。

步骤 2 导入当前案例实施所需要的 Pandas、NumPy、pyplot 模块和 AgglomerativeClustering 类。

```
# 导入当前案例实施所需要的库、模块和类
import pandas as pd
import numpy as np
import matplotlib.pyplot as plt
from sklearn.cluster import AgglomerativeClustering
```

步骤 3 读取“银行用户消费统计”数据集，并选取“信用卡一次性付款金额”“信用卡分期付款金额”和“现金付款金额”属性作为聚类的数据。然后，对数据进行对数变换，以减小极端值对聚类结果的影响。

```
df=pd.read_excel('银行用户消费统计.xlsx')
df=df[['信用卡一次性付款金额','信用卡分期付款金额','现金付款金额']]
df=np.log10(1+df)                                    # 对数变换数据
```

2. 构建模型并评价

步骤 1 使用 AgglomerativeClustering 类的 fit()方法训练模型。其中，n_clusters 取值为 4，设置算法的终止条件。

```
# 构建 AGNES 聚类模型
agnes=AgglomerativeClustering(n_clusters=4)
agnes.fit(df)
```

步骤 2 使用 silhouette_score()函数计算轮廓系数，以便评价聚类效果的优劣。

```
from sklearn.metrics import silhouette_score
labels=agnes.labels_                             # 记录聚类标签
silhouette=silhouette_score(df,labels)           # 计算轮廓系数
print('轮廓系数: ',silhouette)
```

步骤3 运行程序，结果如图5-13所示。可以看出，轮廓系数大于0，说明簇内数据较为紧密且簇间数据较为离散，即目前的聚类效果是较优的。

```
轮廓系数： 0.6287564577651609
```

图5-13 AGNES算法聚类效果评价

3. 知识表示

步骤1 使用axes()函数创建三维绘图区域；然后为每个类别添加不同的颜色和标签；最后利用循环语句和scatter()函数绘制三维散点图。

```
plt.rcParams['font.sans-serif']='SimSun'# 设置可视化字体为“宋体”
# 创建聚类结果的三维散点图
ax=plt.axes(projection='3d')                     # 创建三维绘图区域
# 为每个类别添加不同的颜色和标签
colors=['yellow','orange','green','blue']        # 设置散点颜色
label=['类别1','类别2','类别3','类别4']           # 设置标签名称
# 循环绘制三维散点图
for i in range(4):
    ax.scatter(df[labels==i]['信用卡一次性付款金额'],df[labels==i]['信用卡分期付款金额'],df[labels==i]['现金付款金额'],c=colors[i],label=label[i])
ax.set_xlabel('信用卡一次性付款')                  # x轴坐标名称
ax.set_ylabel('信用卡分期付款')                    # y轴坐标名称
ax.set_zlabel('现金付款')                          # z轴坐标名称
ax.set_title('AGNES算法分析用户消费习惯')           # 标题名称
plt.legend()                                     # 显示图例
plt.show()                                       # 显示图形
```

步骤2 运行程序，结果如图5-14所示。可以看出，根据银行用户的消费习惯可以将用户划分为四类，其类别与案例实施1的最终聚类结果相似（聚为四类），具体分析此处不再赘述。

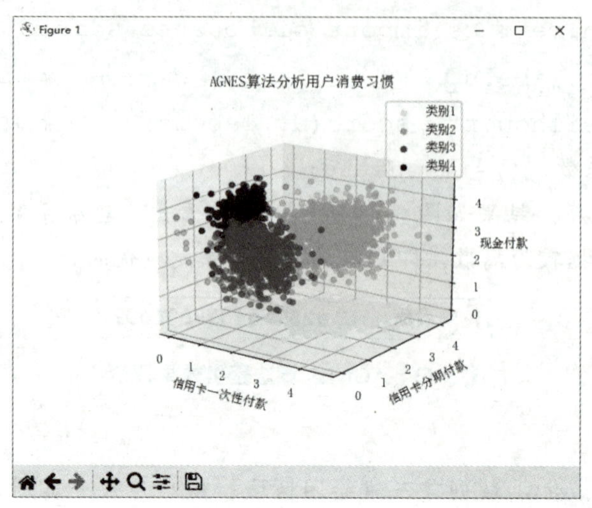

图 5-14　聚类效果

5.4 密度聚类

5.4.1　密度聚类概述

密度聚类的主要思想是基于数据点在特征空间中的密度进行聚类。它不需要预先指定簇的数量，而是根据数据点的密度来自适应地确定聚类的形状和数量，特别适合对于未知内容的数据集进行聚类。要掌握密度聚类，先来了解密度聚类相关的一些重要概念。

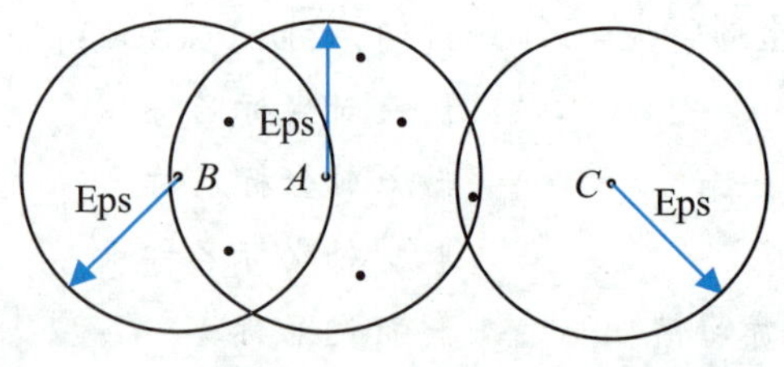

图 5-15　邻域半径、核心点、边界点和噪声点

（1）邻域半径。邻域半径是指以某一数据点为核心确定密度区域范围时的长度，在二维平面中是指以某一数据点为圆心确定密度区域的半径。通常用 Eps 表示邻域半径，如图 5-15 所示。邻域半径确定的密度区域则称为 Eps 邻域。

（2）最小样本数（MinPts）。MinPts 是指在某一数据点的 Eps 邻域内至少要包含的数据点数量。

（3）核心点。若某一数据点在 Eps 邻域内包含的数据点数量大于或等于 MinPts，则称该数据点为核心点。例如，图 5-15 中，设定 MinPts = 5，那么数据点 *A* 为核心点。

（4）边界点。边界点是那些不是核心点但是位于核心点的 Eps 邻域内的数据点。例如，图 5-15 中，设定 MinPts = 5，那么数据点 *B* 为边界点。

（5）噪声点。噪声点是既不是核心点也不是边界点的数据点，它们通常位于数据集的低密度区域。例如，图 5-15 中，设定 MinPts = 5，那么数据点 *C* 为噪声点。

（6）直接密度可达。若某一核心点 x 的 Eps 邻域内存在另一个数据点 y，则称 y 从 x 出发是直接密度可达的。例如，图 5-15 中，数据点 B 从数据点 A 出发是直接密度可达的。

（7）密度可达。给定一个数据集 D，若存在一组数据点 $x_1,x_2,\cdots,x_i,\cdots,x_n$ 中 x_{i+1} 从 x_i 出发是直接密度可达的，那么可以称 x_n 从 x_1 出发密度可达。其中，除 x_n 外的其他数据点均为核心点。例如，图 5-16 中，可以称数据点 E 从数据点 A 出发密度可达。

（8）密度相连。若两个数据点均从同一核心点出发是密度可达的，则可称这两个数据点密度相连。例如，图 5-17 中，数据点 D_1 与数据点 E 均从数据点 A 出发密度可达，那么可以称数据点 D_1 和数据点 E 密度相连。

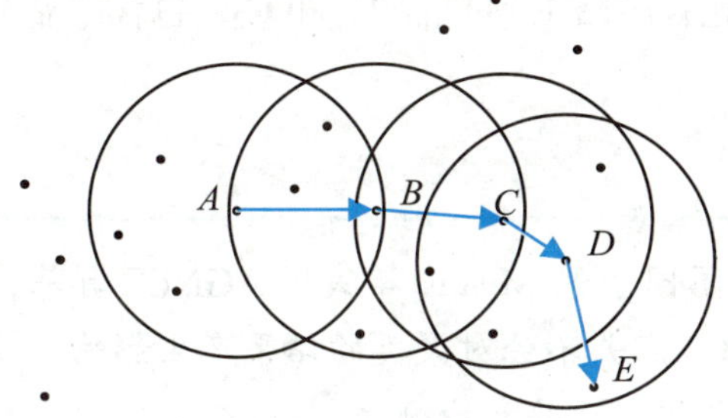

图 5-16 数据点 E 从数据点 A 出发密度可达

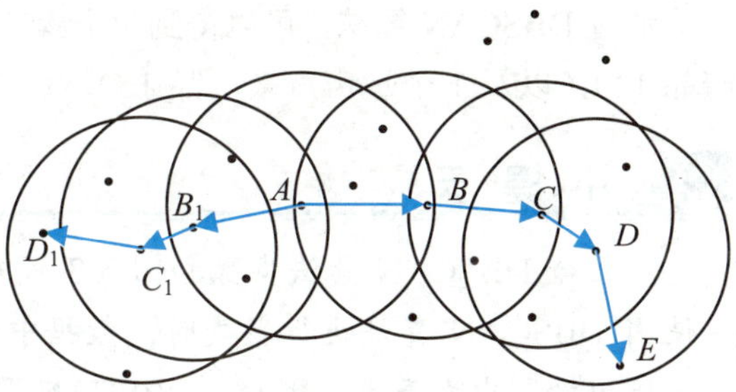

图 5-17 数据点 D_1 与数据点 E 密度相连

5.4.2 DBSCAN 算法原理

DBSCAN 算法是经典的密度聚类算法，其算法步骤如下。

（1）指定邻域半径 Eps 和最小样本数 MinPts。

（2）随机选择一个不属于任何簇的数据点作为起始点。

（3）如果该点是核心点，则以其为中心，寻找以 Eps 为邻域半径、MinPts 为最小样本数的所有密度可达的数据点，并将这些数据点记为同一簇；如果该点不是核心点，则重复（2）。

（4）在处理完一个核心点及其 Eps 邻域内的所有点后，重复（2）（3），直到所有核心点都被访问过。

（5）将未被分配到任何簇的数据点标记为噪声点，算法结束。

【例 5-3】 基于表 5-1 的产品销售价格数据，使用 DBSCAN 算法对这组产品进行聚类。

使用 DBSCAN 算法实现聚类的过程如下。

（1）指定邻域半径 Eps 为 4，最小样本数 MinPts 为 2。

（2）从产品 1（156 万元）开始。计算其 Eps 邻域内的产品销售价格与 156 万元的差值小于等于 4 的产品。本例中，产品 1 的 Eps 邻域内有产品 2（158 万元），产品数量（含自身）等于 MinPts，所以将产品 1 标记为核心点。

（3）处理产品 1 的 Eps 领域内其他数据点，即从产品 2（158 万元）开始。其 Eps 邻域内有产品 1（156 万元）、产品 3（身高 161 万元）、产品 4（162 万元），产品数量大于 MinPts，所以将产品 2 标记为核心点。

（4）以此类推，直到产品 7 标记为核心点后，无其他密度可达的数据点。因此，将产品 1～产品 7 标记为同一簇 C_1。

（5）重复（2）～（4），即从产品 8（173 万元）开始。最终将产品 8～产品 14 标记为同一簇 C_2。

（6）从产品 15（195 万元）开始。其 Eps 邻域内的产品数量小于 MinPts，未被分配到任何簇，将其标记为噪声点。

通过 DBSCAN 算法，可以得到两个簇 C_1（包含产品 1 到产品 7）和 C_2（包含产品 8 到产品 14），以及 1 个噪声点（产品 15）。

小提示

> 结合 DBSCAN 算法步骤和例 5-3 可知，不同于 K-Means 算法和 AGNES 算法，使用 DBSCAN 算法进行聚类时，数据中的噪声点并不会对聚类的结果产生影响，反而可以检测出噪声点。因此，DBSCAN 算法也常用于异常检测。

邻域半径 Eps 和最小样本数 MinPts 两个参数的选择，会直接影响 DBSCAN 算法的聚类结果。

（1）邻域半径 Eps 的选择。

实际应用中，可以通过绘制 *k*-距离曲线，并寻找曲线拐点的方法确定 Eps 的值。*k*-距离是指数据点到其第 *k* 个最近邻点的距离（*k* 值即为 MinPts 的值）。将所有数据点按照 *k*-距离由小到大进行排序，就可以绘制出 *k*-距离曲线，如图 5-18 所示。可以看出，*k*-距离曲线中的拐点之前 *k*-距离增加幅度较小，数据点较聚集；拐点之后 *k*-距离增加幅度较大，数据点较分散。因此，可以选取拐点对应的 *k*-距离作为合适的邻域半径。

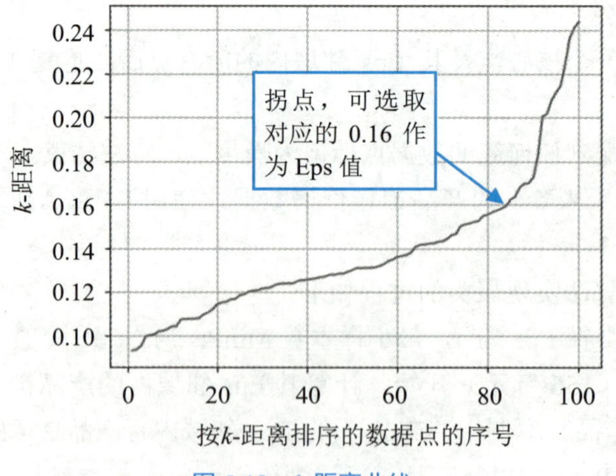

图 5-18　*k*-距离曲线

（2）MinPts 的选择。

若对数据的特性有比较清晰的了解，可根据领域知识或经验自行选择合适的 MinPts 值，或者可以根据数据的维度（d）选择合适的 MinPts 值，通常选取 $\text{MinPts}=2\times d$ 。此外，还可以借助交叉验证法实验选取合适的 MinPts 值。

5.4.3 DBSCAN 算法实现

Scikit-Learn 的 cluster 模块提供了 DBSCAN 类用于实现 DBSCAN 算法，其一般使用格式如下：

```
DBSCAN(eps=0.5,min_samples=5,metric='euclidean')
```

各参数的含义如下。

- eps：邻域半径，默认取值为 0.5。
- min_samples：一个核心点所需的最小样本数（MinPts），包括该数据点自身，默认取值为 5。
- metric：指定数据点间距离的度量方式，可取值为“euclidean”（欧氏距离）、“l1”（曼哈顿距离）、“l2”（欧氏距离的平方）等，默认取值为“euclidean”。

DBSCAN 类常用方法与 KMeans 类相同，此处不再赘述。

DBSCAN 类常用的属性如下。

- core_sample_indices_：核心点的索引数组。
- components_：核心点的坐标。
- labels_：每个数据点所属的类别，–1 表示噪声点。

案例实施 3 ——使用 DBSCAN 算法分析用户消费习惯

1. 获取数据

使用 DBSCAN 算法分析用户消费习惯

步骤 1 新建名称为“使用 DBSCAN 算法分析用户消费习惯”的 Python 文件。

步骤 2 导入当前案例实施所需要的 Pandas、NumPy、pyplot 模块和 DBSCAN 类。

```
# 导入当前案例实施所需要的库、模块和类
import pandas as pd
import numpy as np
import matplotlib.pyplot as plt
from sklearn.cluster import DBSCAN
```

步骤 3 读取“银行用户消费统计”数据集，并选取“信用卡一次性付款金额”“信用卡分期付款金额”和“现金付款金额”属性作为聚类的数据。然后，对数据进行对数变换，以减小极端值对聚类结果的影响。

```
df=pd.read_excel('银行用户消费统计.xlsx')
df=df[['信用卡一次性付款金额','信用卡分期付款金额','现金付款金额']]
df=np.log10(1+df)                                # 对数变换数据
```

2. 构建模型并评价

步骤 1 使用 *k*-距离曲线选取最佳邻域半径（Eps）。使用 NearestNeighbors 类指定最近邻的数目为 6（最小样本数取 6），即找到每个数据点的 6 个最近邻；然后通过 kneighbors() 方法获取每个数据点到最近邻的距离和对应索引；接着获取每个数据点的第 6 个最近邻距离；最后使用 sort()函数对所有数据点的第 6 个最近邻距离进行排序。

```
# 使用 k-距离曲线选取最佳 Eps
from sklearn.neighbors import NearestNeighbors
plt.rcParams['font.sans-serif']='SimSun'# 设置可视化字体为“宋体”
# 找到每个数据点的 6 个最近邻
nbrs=NearestNeighbors(n_neighbors=6).fit(df)
# 使用 kneighbors()方法获取每个数据点到最近邻的距离和对应索引
distances,indices=nbrs.kneighbors(df)
k_distances=distances[:,-1]                     # 获取第 6 个最近邻距离
# 对第 6 个最近邻距离进行排序
k_distances=np.sort(k_distances)
```

高手点拨

Scikit-Learn 的 neighbors 模块提供了 NearestNeighbors 类用于实现最近邻搜索，可以快速找到数据集中与给定数据点最相似或最接近的数据点，其一般使用格式如下：

```
NearestNeighbors(n_neighbors=5)
```

其中，n_neighbors 用于指定选用的最近邻的数目。在 DBSCAN 算法中，使用 NearestNeighbors 类计算最近邻距离时，n_neighbors 即为最小样本数（MinPts）。

NearestNeighbors 类常用的方法有 fit()方法和 kneighbors()方法，前者用于训练模型，后者用于寻找给定数据点的 *k* 个最近邻数据点。

步骤 2 绘制 *k*-距离曲线，设置折线图的横坐标为数据集的数据点序号，纵坐标为 *k*-距离。

```
# 绘制 k-距离曲线
plt.plot(range(len(k_distances)),k_distances)
plt.xlabel('数据点序号')                                # 横坐标名称
plt.ylabel('k-距离')                                    # 纵坐标名称
plt.grid()                                              # 显示网格
plt.show()                                              # 显示图形
```

步骤 3 运行程序，结果如图 5-19 所示。可以看出，Eps 取值为 0.3 较为合适。

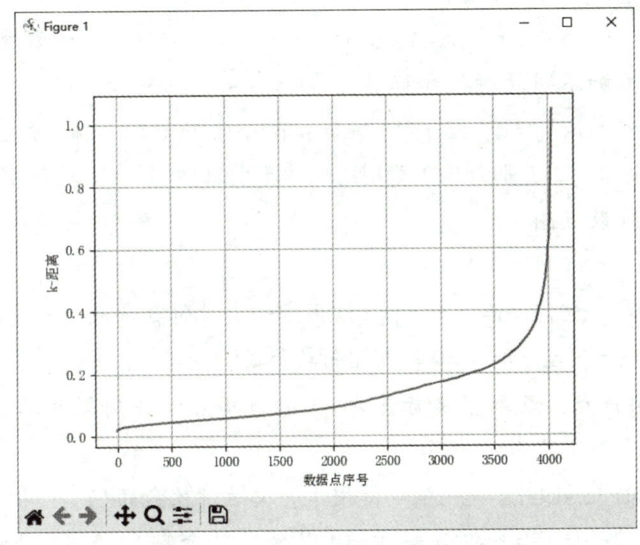

图 5-19　确定最佳簇数量

步骤 4 使用 DBSCAN 类的 fit()方法训练模型。其中，eps 取值为 0.3；min_samples 取值为 6。

```
# 构建 DBSCAN 聚类模型
dbscan=DBSCAN(eps=0.3,min_samples=6)
dbscan.fit(df)
```

步骤 5 使用 silhouette_score()函数计算轮廓系数，以便评价聚类效果的优劣。

```
from sklearn.metrics import silhouette_score
labels=dbscan.labels_                                   # 记录聚类标签
silhouette=silhouette_score(df,labels)                  # 计算轮廓系数
print('轮廓系数：',silhouette)
```

步骤 6 运行程序，结果如图 5-20 所示。可以看出，轮廓系数大于 0，说明簇内数据较为紧密且簇间数据较为离散，即目前的聚类效果是较优的。

```
轮廓系数： 0.6042460166630765
```

图 5-20　DBSCAN 算法聚类效果评价

3. 知识表示

步骤 1 使用 axes()函数创建三维绘图区域；然后为每个类别添加不同的颜色和标签；最后利用循环语句和 scatter()函数绘制三维散点图。

```
plt.rcParams['font.sans-serif']='SimSun'# 设置可视化字体为“宋体”
# 创建聚类结果的三维散点图
ax=plt.axes(projection='3d')                    # 创建三维绘图区域
# 为每个类别添加不同的颜色和标签
colors=['yellow','orange','green','blue']       # 设置散点颜色
label=['类别 1','类别 2','类别 3','类别 4']        # 设置标签名称
# 循环绘制三维散点图
for i in range(4):
    ax.scatter(df[labels==i]['信用卡一次性付款金额'],df[labels==i]['信用卡分期付款金额'],df[labels==i]['现金付款金额'],c=colors[i],label=label[i])
```

步骤 2 绘制噪声点，获取聚类标签为 –1 的数据点，并用黑色的散点表示。

```
# 绘制噪声点，用黑色散点表示
ax.scatter(df[labels==-1]['信用卡一次性付款金额'],df[labels==-1]['信用卡分期付款金额'],df[labels==-1]['现金付款金额'],c='black',label='噪声点')
ax.set_xlabel('信用卡一次性付款')                  # x 轴坐标名称
ax.set_ylabel('信用卡分期付款')                    # y 轴坐标名称
ax.set_zlabel('现金付款')                          # z 轴坐标名称
ax.set_title('DBSCAN 算法分析用户消费习惯')         # 标题名称
plt.legend()                                      # 显示图例
plt.show()                                        # 显示图形
```

步骤 3 运行程序，结果如图 5-21 所示。可以看出，根据银行用户的消费习惯可以将用户划分为四类，其类别与案例实施 1 的最终聚类结果相似（聚为四类），具体分析此处不再赘述。除此之外，散点图中还显示黑色的噪声点，这些噪声点分布在各个类别的周围，说明有些用户的消费习惯可能处于不同类别之间，难以明确地归为某一个类别。

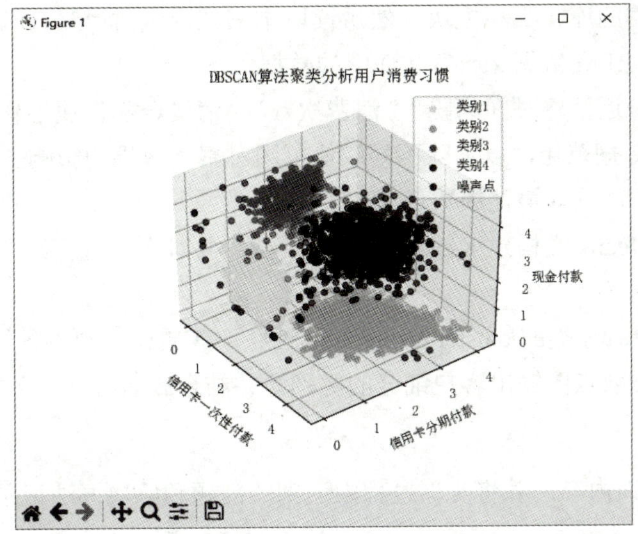

图 5-21 聚类效果

1. 实训目的

练习使用 K-Means 算法对客户进行细分。

2. 实训内容

RFM 模型是一个经典的客户价值分析模型，它将最近消费时间间隔（recency）、消费频率（frequency）、消费金额（monetary）三大指标作为衡量标准描述客户情况。本实训基于“客户 RFM 数据”数据集（见图 5-22），使用 K-Means 聚类模型对客户进行细分。

用户ID	最近消费时间间隔	消费次数	消费金额
74200	144	1	221.5
74281	204	2	452.1
74290	46	7	1580
74303	162	1	231
74325	153	2	461.5
74565	219	4	902.6
74731	126	4	875.7
74830	159	1	235
74870	170	2	452.2
75367	139	1	225
75882	146	3	706
75889	230	1	227
75903	154	1	224.5
76162	152	2	450
76183	128	3	671.6
80251	123	5	1125.8

图 5-22 “客户 RFM 数据”数据集（部分）

（1）在“聚类”项目下，新建名称为“使用 K-Means 算法进行客户细分”的 Python 文件。

（2）导入所需的库、类和模块，然后读取本书配套素材“素材与实例”/“项目 5”文件夹中的“客户 RFM 数据.xlsx”文件中的数据。

（3）选取“最近消费时间间隔”“消费次数”“消费金额”属性作为聚类的数据，并对数据进行 Z-Score 规范化，以消除不同取值范围对聚类效果的影响。

（4）使用肘部法选取最佳簇数量（*k* 值）。

（5）使用 KMeans 类构建 K-Means 聚类模型，并对客户进行细分，然后利用轮廓系数评价聚类效果。

（6）使用 KMeans 类的 cluster_centers_ 属性获取簇质心，观察各簇的特点。

（7）利用三维散点图输出客户细分的类别，并结合簇质心分析各类别的客户特点。

3．实训小结

按要求完成实训内容，并将实训过程中遇到的问题和解决办法记录在表 5-2 中。

表 5-2 实训过程

序 号	主要问题	解决办法
1		
2		
3		
4		
5		

项目总结

完成本项目的学习与实践后，请总结应掌握的重点内容，并将图 5-23 中的空白处填写完整。

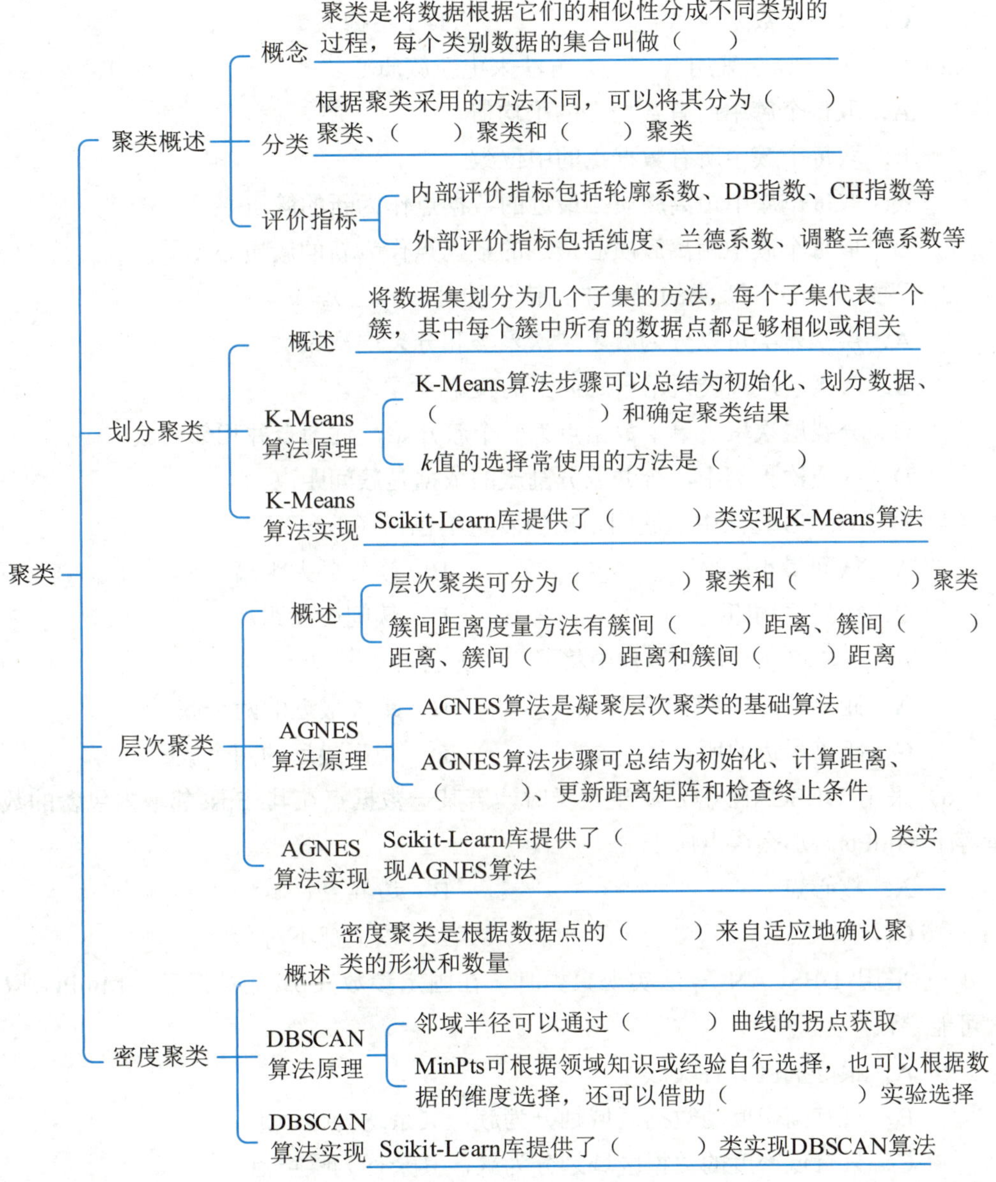

图 5-23　项目总结

项目考核

1. 选择题

（1）下列选项中，（　　）不是评价聚类效果的指标。

A．CH 指数　　B．轮廓系数
C．决定系数　　D．兰德系数

（2）K-Means 算法采用（　　）方法来更新簇质心。

A．取每个簇中所有数据点的平均值
B．取每个簇中所有数据点的中位数
C．取每个簇中距离簇质心最近的数据点作为新的簇质心
D．取每个簇中距离簇质心最远的数据点作为新的簇质心

（3）下列关于层次聚类的说法中，错误的是（　　）。

A．层次聚类可以分为凝聚层次聚类和分裂层次聚类
B．凝聚层次聚类采用自底向上的策略
C．分裂层次聚类单个数据点为一个簇开始，逐渐合并相邻的簇
D．在层次聚类中，合并或分割簇的依据是簇间距离

（4）在 AGNES 算法中，簇间距离的度量不包括（　　）。

A．簇间最小距离　　B．簇间最大距离
C．簇间平均距离　　D．簇间中间距离

（5）AGNES 算法在每次迭代中将（　　）合并。

A．距离最近的所有簇　　B．距离最近的两个簇
C．距离最远的所有簇　　D．距离最远的两个簇

（6）采用 DBSCAN 算法实现聚类时，若某一数据点在其 Eps 邻域内包含的数据点数量等于 MinPts，那么该点属于（　　）。

A．核心点　　B．边界点
C．噪声点　　D．以上都不对

（7）采用 DBSCAN 算法实现聚类时，在固定参数 Eps 的情况下，MinPts 取值较大，可能导致（　　）。

A．很好的区分各类簇
B．只有高密度的数据区域划分为簇，其余均为噪声点
C．只有低密度的数据区域划分为簇，其余均为噪声点
D．无影响

2. 判断题

（1）轮廓系数可用于评价簇内紧密程度和簇间离散程度，其值越接近 1 表示聚类效果越好。 （ ）

（2）K-Means 算法将某个数据划入一个簇后，则该数据所属簇就不会发生变化了。 （ ）

（3）K-Means 算法可以自动确认最终聚类的数量。 （ ）

（4）Scikit-Learn 库提供的 AgglomerativeClustering 类中，参数 distance_threshold 用来设置簇间距离的阈值。 （ ）

（5）DBSCAN 算法的参数 Eps 固定时，MinPts 的值越大，聚类效果越好。 （ ）

3. 简答题

（1）简述 K-Means 算法的基本步骤。

（2）简述 AGNES 算法的基本步骤。

（3）在 DBSCAN 算法中，Eps 和 MinPts 两个参数如何选择？

项目评价

请同学们结合本项目的学习情况，对学习成果进行自评和互评（组内成员相互评分），然后请指导教师进行师评和总评，并将评价结果填入表 5-3 中。

表 5-3　项目评价

评价项目	评价内容	分值	评价分数		
			自评	互评	师评
项目完成度（20%）	项目准备阶段，回答问题清晰准确，紧扣主题，没有明显错误	5 分			
	项目实施阶段，根据操作步骤完成本项目	5 分			
	项目实训阶段，出色地完成实训内容	5 分			
	项目总结阶段，正确地将项目总结的空白信息补充完整	2 分			
	项目考核阶段，正确地完成考核题目	3 分			
知识（30%）	熟悉聚类的概念、分类，以及聚类效果的评价指标	6 分			
	理解划分聚类的原理，并掌握 K-Means 算法原理及其实现方法。	8 分			
	理解层次聚类的原理，并掌握 AGNES 算法原理及其实现方法	8 分			
	理解密度聚类的相关概念，并掌握 DBSCAN 算法原理及其实现方法	8 分			
技能（30%）	能够使用合适的聚类算法对目标数据进行聚类	20 分			
	能够利用不同指标评价聚类效果	10 分			
素养（20%）	具有自主学习意识，做好课前准备	5 分			
	文明礼貌，遵守课堂纪律	5 分			
	善于思考，积极参与，勇于提出问题	5 分			
	具有团队合作精神，出色完成小组任务	5 分			
总评	综合分数______自评（25%）+互评（25%）+师评（50%）	100 分			
	综合等级______	指导教师签字________			
总结提高	最突出的表现（创新或进步）： 还需改进的地方（不足或缺点）：				

说明：综合等级可以“优”（综合得分≥90 分）、“良”（80 分≤综合得分<90 分）、“中”（60 分≤综合得分<80 分）、“差”（综合得分<60 分）为标准进行评价。

项目6 关联规则挖掘

项目导读

在大数据时代，找到并理解事物之间的关联性至关重要。例如，超市将相关联的商品摆放在一起，能够有效促进销售；在线购物平台根据用户行为模式和消费偏好之间的关联，可以为顾客提供更加个性化的购物体验。关联规则挖掘如同一双隐形的眼睛，致力于从大量的数据中发现数据间的关联性和频繁出现的组合，以揭示隐藏在数据背后的规律和趋势。本项目学习关联规则的相关知识，以及构建关联规则挖掘模型的常用方法。

项目目标

知识目标

- 熟悉关联规则挖掘的基本概念和过程。
- 理解 Apriori 算法挖掘关联规则的过程并掌握其实现方法。
- 理解 FP 增长算法挖掘关联规则的过程并掌握其实现方法。

技能目标

- 能够使用 Apriori 算法或 FP 增长算法对目标数据进行关联规则挖掘。

素养目标

- 提高发现潜在规律的能力，学会透过现象看本质。

项目分析

本项目采用的数据集是“超市购物篮”数据集，该数据集中包含 500 000 条用户的购买记录，每条记录中包括订单编号（order_id）、用户编号（user_id）、商品类别（department）和商品名称（product_name）等信息。

本项目对“超市购物篮”数据集进行关联规则挖掘，过程可分为以下四个步骤。

步骤 1：新建项目并安装 Python 库。新建“关联规则挖掘”项目，并提前安装本项目用到的 Python 库，包括 Pandas 和 mlxtend。

步骤 2：获取数据。读取“超市购物篮”数据集，获取订单编号（order_id）和商品名称（product_name）属性。

步骤 3：数据预处理。为方便后续寻找频繁项集及挖掘强关联规则，需要先对数据进行合理的预处理。本项目根据数据特点将其合理分组。

步骤 4：构建模型并知识表示。将分组后的数据变换为适合关联规则挖掘的格式，然后根据案例需求选择对应的算法（包括 Apriori 算法和 FP 增长算法）产生频繁项集，最后从频繁项集中产生强关联规则，并对强关联规则加以解释。

项目准备

全班学生以 3～5 人为一组进行分组，各组选出组长。组长组织组员扫码观看“关联规则挖掘的应用”视频，讨论并回答下列问题。

问题 1：日常生活中，哪些情况可以使用关联规则来解释？

关联规则挖掘的应用

问题 2：关联规则挖掘的典型应用领域有哪些？

6.1 关联规则挖掘概述

6.1.1 关联规则挖掘的基本概念

关联规则挖掘有一个经典的“啤酒与尿布”案例：在分析超市顾客购买的商品中发现，购买尿布的顾客往往也会购买啤酒，原来是年轻的父亲在购买尿布时也会为自己购买啤酒，而超市管理员发现这一规律后，将两个商品放置在相近的位置，发现销售额明显增加了。在这个案例中可以看出，看似没有任何联系的两件商品却隐藏着某种特殊的关联，这种关联不总是事先可以知道的，需要通过从大量的数据中挖掘。关联规则挖掘正是这样一种能够帮助人们在海量数据中探寻出隐藏关联模式的有效手段和方法。

在介绍关联规则挖掘算法之前，先来熟悉与关联规则挖掘相关的基本概念。

1. 事务

事务是关联规则挖掘的数据对象。通常数据集中的一条记录称为一个事务。例如，表6-1中包含了4个事务。

表6-1 商品购买数据

订单号	商品名称
001	面包，牛奶
002	面包，牛奶，果酱，鸡蛋
003	牛奶，鸡蛋，橙汁
004	面包，牛奶，果酱

2. 项集

事务中具有独立含义和可区分性的元素称为项。例如，表6-1中的面包、牛奶、果酱、鸡蛋等都是项。一个或多个项的集合称为项集，包含 k 个项的集合称为 k 项集。例如，表6-1中的{面包,牛奶}是一个2项集，{面包,牛奶,果酱,鸡蛋}是一个4项集。

3. 支持度

支持度（support）是指项集在所有事务中出现的频率，即项集出现的次数占总事务数的百分比。支持度可用来衡量一个项集的频繁程度，其计算公式如下：

$$\text{support}(X)=\frac{\sigma(X)}{N} \tag{6-1}$$

其中，$\sigma(X)$ 是指包含项集 X 的所有事务数，也称支持度计数；N 是指总事务数。例如，在100条商品购买数据中，有20条数据出现了同时购买面包和牛奶的情况，那么2项集

{面包,牛奶}的支持度为

$$\text{support}(\{面包,牛奶\})=\frac{\sigma(X)}{N}=\frac{20}{100}\times 100\%=20\%$$

4. 频繁项集

在关联规则挖掘任务中，通常会设置一个用于衡量项集支持度的阈值，此阈值称为最小支持度，它表示项集的最低重要性。当项集的支持度大于或等于最小支持度时，则将该项集定义为频繁项集。

5. 关联规则

关联规则是形如 $X\rightarrow Y$ 的蕴含式，它反映的是当 X 中的项出现时，Y 中的项也会出现的规律。其中，X 和 Y 为两个不相交的项集，项集 X 称为规则的前提，项集 Y 称为规则的结果。例如，现有“{面包}→{牛奶}”的关联规则成立，则表示购买了面包的顾客往往也会购买牛奶。

6. 置信度

关联规则 $X\rightarrow Y$ 的置信度是指在包含项集 X 的事务中，同时包含项集 X 和项集 Y 的事务所占的比例。置信度用来度量当给定 X 时，Y 发生的概率，其计算公式如下：

$$\text{confidence}(X\rightarrow Y)=\frac{\sigma(X\cup Y)}{\sigma(X)} \tag{6-2}$$

其中，$\sigma(X\cup Y)$ 是指同时包含项集 X 和项集 Y 的所有事务数；$\sigma(X)$ 是指包含项集 X 的所有事务数。例如，在 100 条商品购买数据中，有 50 条数据中出现了购买面包的情况，而在这 50 条数据中，有 20 条数据出现了同时购买面包和牛奶的情况，那么关联规则“{面包}→{牛奶}”的置信度为

$$\text{confidence}(\{面包\}\rightarrow\{牛奶\})=\frac{\sigma(\{面包,牛奶\})}{\sigma(\{面包\})}=\frac{20}{50}\times 100\%=40\%$$

在关联规则挖掘任务中，通常会设置一个用于衡量关联规则置信度的阈值，此阈值称为最小置信度，它表示关联规则的最低可靠性。

当关联规则同时满足最小支持度和最小置信度要求时，将该关联规则称为强关联规则。

7. 提升度

客观情况下，通过最小支持度和最小置信度可以排除大部分“无趣”的关联规则，但在实际关联规则挖掘任务中，仍然会出现一些主观上被认为“无趣”的关联规则。因此，为了确保挖掘出的关联规则“有趣”，在支持度和置信度的基础上，增加了提升度要求。

关联规则 $X\rightarrow Y$ 的提升度是指项集 X 对项集 Y 的出现概率的影响程度，即关联规则的置信度与项集 Y 的支持度之比，其计算公式如下：

$$\text{lift}(X \to Y) = \frac{\text{confidence}(X \to Y)}{\text{support}(Y)} \quad (6\text{-}3)$$

若提升度为 1，则表示 X 与 Y 之间相互独立，即 X 对 Y 没有影响；若提升度大于 1，则表示 X 与 Y 呈正相关，即当 X 出现时，Y 同时出现的概率高于 Y 单独出现的概率；若提升度小于 1，则表示 X 与 Y 呈负相关，即当 X 出现时，Y 同时出现的概率低于 Y 单独出现的概率。在关联规则挖掘任务中，需要挖掘的是提升度大于 1 的强关联规则。

6.1.2 关联规则挖掘的过程

通常情况下，关联规则挖掘可以分为以下两个步骤。

（1）产生频繁项集，也就是找出所有满足最小支持度的项集。

（2）产生强关联规则，也就是利用（1）产生的频繁项集找出满足最小置信度的强关联规则。

6.2 Apriori 算法

Apriori 算法是最常用也是最经典的关联规则挖掘算法，它通过迭代的方式逐步产生频繁项集，然后通过逐层搜索频繁项集来产生关联规则。

6.2.1 频繁项集的产生

Apriori 算法的原理基于“先验原理”的重要性质——频繁项集的所有非空子集也一定是频繁项集，它的目标是找到最大的频繁项集。

Apriori 算法产生最大频繁项集的过程包括连接和剪枝两个关键操作。

1. 连接

连接是利用两个频繁的 k 项集生成候选的 $k+1$ 项集。假设所有 k 项集中的项都已经根据同一规律排序（如字典顺序），将其集合记作 L_k，若 L_k 中的项集 l_1 和项集 l_2 的前 $k-1$ 项的内容完全相同，且第 k 项的内容不同，则它们是可以连接的，并生成候选的 $k+1$ 项集 C_{k+1}。

小提示

候选项集是指可能频繁出现的项集。这些项集还未经过验证，因此称为“候选”，还需要进一步确定其是否真正满足最小支持度要求。

假设现有一组频繁项集的集合 $L_2=\{\{1,2\},\{1,3\},\{2,4\}\}$，其产生候选项集的过程如下。

（1）对于 L_2 中的 2 项集 $\{1,2\}$ 和 $\{1,3\}$，其前 1 项的内容都为“1”，因此可以连接生成 3 项集 $\{1,2,3\}$。

（2）对于 L_2 中的 2 项集 $\{1,2\}$ 和 $\{2,4\}$，其前 1 项的内容不同，因此无法连接生成 3 项集。

（3）对于 L_2 中的 2 项集 $\{1,3\}$ 和 $\{2,4\}$，其前 1 项的内容不同，因此也无法连接生成 3 项集。

（4）最终生成候选的 3 项集 $\{1,2,3\}$。

2. 剪枝

剪枝是通过检查候选项集中各项集是否是频繁项集，来进行非频繁项集的删除。由先验原理的性质可以推导出，如果一个项集 X 不是频繁项集，那么在其中添加项 Y 产生的新项集 $X \cup Y$（称为 X 的超集）也一定不是频繁项集。由此便可对非频繁项集进行剪枝，以缩小搜索空间，提高搜索效率。

例如，在图 6-1 中，若发现{A,B}为非频繁项集，那么{A,B}的超集{A,B,C}、{A,B,D}、{A,B,C,D}也一定是非频繁项集，因此可直接删除。

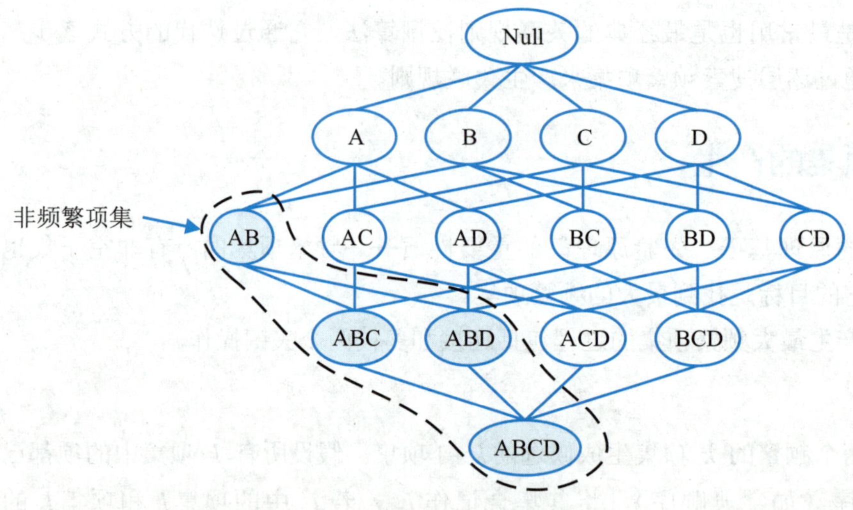

图 6-1　基于先验原理的剪枝

3. 产生最大频繁项集的步骤

Apriori 算法产生最大频繁项集的步骤如下。

（1）扫描所有事务，生成候选的 1 项集，并计算每个 1 项集的支持度。

（2）删除支持度小于最小支持度的 1 项集，生成频繁 1 项集。

（3）将频繁 1 项集与自身连接，生成候选的 2 项集。

（4）再次扫描所有事务，并计算每个 2 项集的支持度。

（5）删除支持度小于最小支持度的 2 项集，生成频繁 2 项集。

（6）重复（3）～（5），通过连接和剪枝操作生成更高项的频繁项集，直至无法找到频繁 $k+1$ 项集为止，对应的频繁 k 项集即为最大频繁项集。

【例 6-1】 以表 6-1 的商品购买数据为基础，在最小支持度为 0.5 的条件下（即 $\sigma(X)\geqslant 2$，可判定为频繁项集），产生最大频繁项集。

产生最大频繁项集的过程如图 6-2 所示。

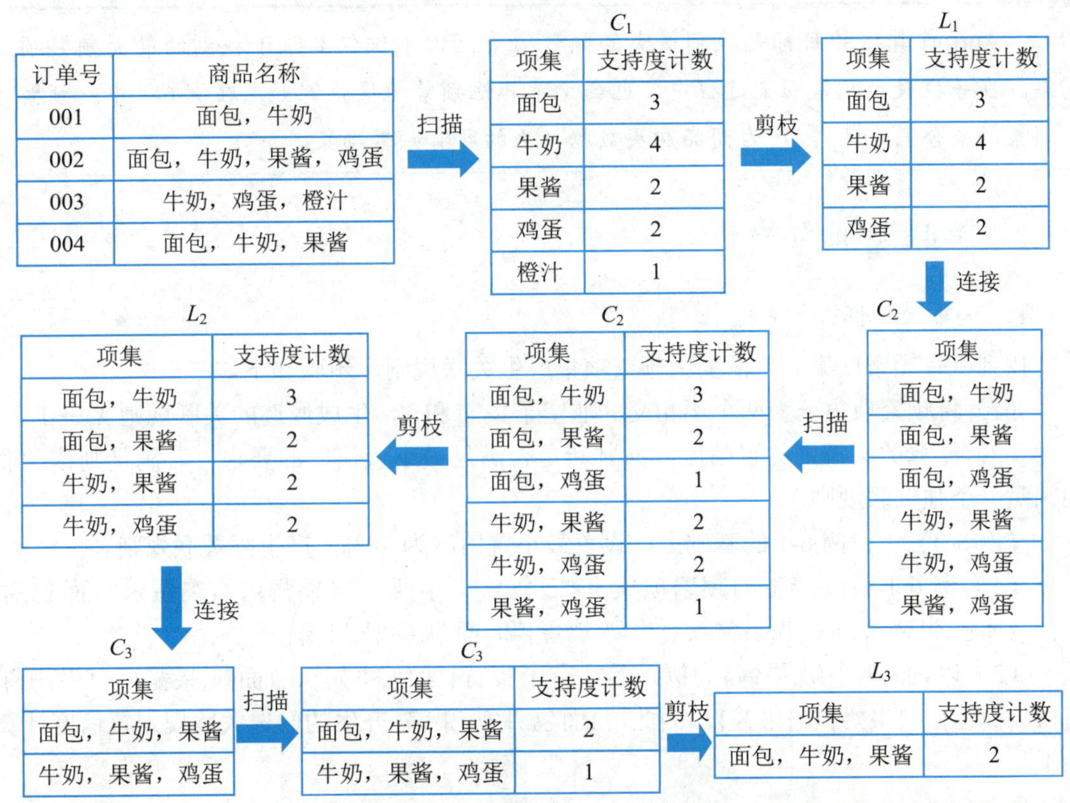

图 6-2 基于 Apriori 算法的最大频繁项集产生过程

（1）扫描所有事务，生成候选的 1 项集 C_1，并计算每个项集的支持度计数（$\sigma(X)$）。例如，{面包}出现过三次，则 $\sigma(\{面包\})=3$。

（2）根据最小支持度，删除支持度计数小于 2 的 1 项集，生成频繁 1 项集的集合 L_1。

（3）L_1 与自身连接，即{面包}分别与{牛奶}、{果酱}和{鸡蛋}连接；{牛奶}分别与{果酱}和{鸡蛋}连接；{果酱}和{鸡蛋}连接，得到候选的 2 项集 C_2。

（4）第二次扫描所有事务，计算每个候选的 2 项集支持度计数。

（5）根据最小支持度，删除支持度计数小于 2 的 2 项集，生成频繁 2 项集的集合 L_2。

（6）L_2 与自身连接，即{面包,牛奶}和{面包,果酱}连接；{牛奶,果酱}和{牛奶,鸡蛋}连接，得到候选的 3 项集 C_3。

（7）第三次扫描所有事务，计算每个候选的 3 项集支持度计数。

（8）根据最小支持度，删除支持度计数小于 2 的 3 项集，生成频繁 3 项集的集合 L_3。

（9）此时，无法再进行连接产生 4 项集。因此，最大频繁项集为 3 项集{面包,牛奶,果酱}。

小 提 示

Apriori 算法的目标是找到最大的频繁项集，但不仅仅局限于找到的最大频繁项集。在寻找最大频繁项集过程中，也会记录其他频繁项集。例如，在例 6-1 中，频繁项集的集合 L_1、L_2、L_3 为商品购买数据产生的所有频繁项集。

6.2.2 关联规则的产生

1. 关联规则的产生过程

找到所有频繁项集后，需要由频繁项集产生关联规则，步骤如下。

（1）将频繁项集分为两个不相交的非空子集 X 和 Y，生成候选的关联规则 $X \to Y$。

（2）计算关联规则的置信度，并判断是否满足最小置信度的要求，若满足则该关联规则是一个强关联规则。

【例 6-2】 在例 6-1 的基础上，设置最小置信度为 70%，产生强关联规则。

（1）例 6-1 最终产生的频繁项集有{面包}、{牛奶}、{果酱}、{鸡蛋}、{面包,牛奶}、{面包,果酱}、{牛奶,果酱}、{牛奶,鸡蛋}和{面包,牛奶,果酱}。

（2）以{面包,牛奶,果酱}为例，其非空子集有{面包,牛奶}、{面包,果酱}、{牛奶,果酱}、{面包}、{牛奶}和{果酱}。因此，{面包,牛奶,果酱}产生的候选关联规则置信度计算如下。

$$\text{confidence}(\{面包,牛奶\} \to \{果酱\}) = \frac{2}{3} \times 100\% \approx 66.7\%$$

$$\text{confidence}(\{面包,果酱\} \to \{牛奶\}) = \frac{2}{2} \times 100\% = 100\%$$

$$\text{confidence}(\{牛奶,果酱\} \to \{面包\}) = \frac{2}{2} \times 100\% = 100\%$$

$$\text{confidence}(\{面包\} \to \{牛奶,果酱\}) = \frac{2}{3} \times 100\% \approx 66.7\%$$

$$\text{confidence}(\{牛奶\} \to \{面包,果酱\}) = \frac{2}{4} \times 100\% = 50\%$$

$$\text{confidence}(\{果酱\} \to \{面包,牛奶\}) = \frac{2}{2} \times 100\% = 100\%$$

（3）由于最小置信度为 70%，所以{面包,果酱}→{牛奶}、{牛奶,果酱}→{面包}、{果酱}→{面包,牛奶}三个关联规则为强关联规则。

（4）同理，计算其他候选关联规则的置信度。最终产生的强关联规则为{面包}→{牛奶}、{牛奶}→{面包}、{果酱}→{面包}、{果酱}→{牛奶}、{鸡蛋}→{牛奶}、{面包,果酱}→{牛奶}、{牛奶,果酱}→{面包}、{果酱}→{面包,牛奶}。

2. 关联规则的重要结论

对于一个频繁的 k 项集，理论上可以产生 2^k-2 个候选关联规则。若每个候选关联规则都计算其置信度，将会是非常庞大的计算量。基于此考量，在关联规则产生过程中，有如下重要结论。

（1）若 $X \to Y$ 不满足最小置信度要求，即不属于强关联规则，那么 $X-S \to Y+S$ 也不满足最小置信度要求，即不属于强关联规则。其中，S 是指 X 的非空子集，且与 Y 无交集。例如，例 6-2 中，通过计算已知{面包,牛奶}→{果酱}不满足最小置信度要求，那么{面包}→{牛奶,果酱}也一定不满足最小置信度要求。因此，可以利用已知非强关联规则有效避免一些肯定不是强关联规则的计算。

（2）若 $X \to Y$ 满足最小置信度要求，即属于强关联规则，那么 $X \to Y_1$ 也满足最小置信度要求，即属于强关联规则。其中，Y_1 是指 Y 的非空子集。例如，例 6-2 中，通过计算已知{果酱}→{面包,牛奶}满足最小置信度要求，那么{果酱}→{面包}和{果酱}→{牛奶}也一定满足最小置信度要求。因此，可以利用已知强关联规则有效避免一些肯定是强关联规则的计算。

6.2.3 Apriori 算法实现

1. 产生频繁项集

mlxtend 的 frequent_patterns 模块提供了 apriori()函数用于产生频繁项集，其一般使用格式如下：

```
apriori(df,min_support=0.5,use_colnames=False,max_len=None)
```

各参数的含义如下。

- df：输入的事务数据集，通常需要转换为布尔值矩阵的形式，以确保算法能够处理。mlxtend 的 preprocessing 模块提供了 TransactionEncoder 类用于转换数据形式。
- min_support：指定频繁项集的最小支持度，其取值在 0 和 1 之间，默认取值为 0.5。
- use_colnames：指定是否在输出的频繁项集中包含列名作为前缀。如果取值为 True，结果中会包含列名；如果取值为 False（默认），则不包含列名。
- max_len：指定频繁项集的最大长度。默认取值为 None，表示没有限制。

高手点拨

mlxtend 是一个 Python 库，它提供了一些常用的机器学习工具和数据预处理工具，特别是为关联规则挖掘提供了便利。

TransactionEncoder 类的主要功能是将原始数据转换为布尔值矩阵，其主要包含 fit()和 transform()两个方法。这两个方法共同作用于数据转换过程，使得原始数据能够转换为适用于频繁项集挖掘和关联规则分析的格式。

2. 产生关联规则

mlxtend 的 frequent_patterns 模块提供了 association_rules()函数用于产生满足最小置信度要求的强关联规则，其一般使用格式如下：

```
association_rules(df,metric='confidence',min_threshold=0.8)
```

各参数的含义如下。

- df：该参数通常接收 apriori()函数的输出结果，包含“support”（支持度）和“itemsets”（频繁项集）两列。
- metric：用于衡量关联规则质量的度量标准，可取值为“support”（支持度）、“confidence”（置信度）、“lift”（提升度）等，默认取值为“confidence”。
- min_threshold：指定最小置信度，其取值在 0 和 1 之间，默认取值为 0.8。

案例实施 1——使用 Apriori 算法进行超市购物篮分析

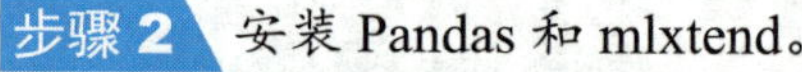

1. 新建项目并安装 Python 库

使用 Apriori 算法进行超市购物篮分析

步骤 1 启动 PyCharm，新建名称为“关联规则挖掘”，Python 版本为“Python 3.12.2”的项目。

步骤 2 安装 Pandas 和 mlxtend。

2. 获取数据

步骤 1 新建名称为“使用 Apriori 算法进行超市购物篮分析”的 Python 文件。

步骤 2 导入当前案例实施所需要的 Pandas、apriori()函数、association_rules()函数和 TransactionEncoder 类。

```
# 导入当前案例实施所需要的库、函数和类
import pandas as pd
from mlxtend.frequent_patterns import apriori
from mlxtend.frequent_patterns import association_rules
from mlxtend.preprocessing import TransactionEncoder
```

步骤3 读取"超市购物篮"数据集，并查看前10条记录。

```
# 读取"超市购物篮"数据集
df=pd.read_csv('超市购物篮.csv')
print(df.head(10))                                    # 查看前10条记录
```

步骤4 运行程序，结果如图6-3所示。可以看出，"超市购物篮"数据集需要根据订单编号将商品进行分组，以满足关联规则挖掘的输入数据形式。

```
   order_id  user_id  ...          product_name  product_id
0        11   143742  ...          frozen meals          38
1        11   143742  ...  fresh dips tapenades          67
2        11   143742  ...    canned meals beans          59
3        11   143742  ...        chips pretzels         107
4        11   143742  ...         oils vinegars          19
5       110    73241  ...          fresh fruits          24
6       110    73241  ...        soy lactosefree         91
7       110    73241  ...          meat counter         122
8       110    73241  ...       packaged cheese          21
9       110    73241  ...      fresh vegetables          83
```

图6-3 "超市购物篮"数据集前10条记录

步骤5 选取数据集中"order_id"（订单编号）和"product_name"（商品名称）属性作为关联规则挖掘的数据。

```
df=df[['order_id','product_name']]
```

3. 数据预处理

步骤1 根据数据集特点，删除数据中的重复值，然后将数据按照"order_id"属性数据进行分组，并将每个分组中"product_name"属性数据转换为列表，然后将列表记录在新列表"transactions"中，以符合数据处理的形式。

```
# 删除数据中的重复值
df=df.drop_duplicates()
# 根据订单编号将商品分组
transactions=[a[1]['product_name'].tolist() for a in list(df.
groupby(['order_id']))]
# 打印前10条购买商品数据
first_10_transactions=transactions[:10]
for i,transaction in enumerate(first_10_transactions):
    print(f"Transaction {i+1}:{transaction}")
```

高手点拨

tolist()函数的作用是将数据结构转换为列表。

groupby()函数的作用是将数据按照指定的列进行分组。

步骤 2 运行程序，结果如图 6-4 所示。可以看到各订单中商品购买数据。

```
Transaction 1:['frozen meals', 'fresh dips tapenades', 'canned meals beans', 'chips pretzels', 'oils vinegars']
Transaction 2:['fresh fruits', 'soy lactosefree', 'meat counter', 'packaged cheese', 'fresh vegetables', 'vitamins supplements']
Transaction 3:['refrigerated', 'milk']
Transaction 4:['prepared soups salads', 'frozen meals', 'bread', 'fresh fruits', 'fresh vegetables']
Transaction 5:['pasta sauce', 'water seltzer sparkling water', 'breakfast bakery', 'ice cream ice']
Transaction 6:['marinades meat preparation', 'oils vinegars', 'milk', 'fresh fruits', 'bread', 'fresh vegetables', 'canned jarred vegetables',
Transaction 7:['fresh fruits', 'fresh vegetables', 'water seltzer sparkling water']
Transaction 8:['packaged cheese', 'fresh vegetables', 'milk', 'fresh fruits', 'cream', 'butter']
Transaction 9:['condiments', 'fresh vegetables', 'packaged cheese', 'cereal']
Transaction 10:['tofu meat alternatives', 'asian foods', 'fresh vegetables', 'fresh herbs', 'fruit vegetable snacks', 'frozen breakfast', 'eggs
```

图 6-4　前 10 条分组后的商品购买数据

4. 构建模型并知识表示

步骤 1 使用 TransactionEncoder 类转换数据格式。将原始数据转换为布尔值矩阵，以便产生频繁项集。

```
# 转换数据格式
te=TransactionEncoder()
te_ary=te.fit(transactions).transform(transactions)
transactions=pd.DataFrame(te_ary,columns=te.columns_)
```

步骤 2 使用 apriori()函数产生频繁项集，要求最小支持度为 0.1。

```
# 产生频繁项集
freq_items=apriori(transactions,min_support=0.1,use_colnames=True)
print('前 10 个频繁项集：\n',freq_items.head(10))
```

小 提 示

min_support 的取值应根据具体的数据集和挖掘目标来确定。如果数据集规模较大，通常可以设置相对较小的 min_support，因为较大的数据集中可能存在较多的频繁项集。反之，如果数据集规模较小，则应设置较大的 min_support，以避免得到过多无意义的频繁项集。在实际应用中，通常需要根据结果的合理性和有用性来逐步调整 min_support，直至获得满意的结果。

步骤 3 运行程序，结果如图 6-5 所示。可以看到前 10 个频繁项集及其支持度。

```
前10个频繁项集：
    support            itemsets
0  0.162665             (bread)
1  0.169482    (chips pretzels)
2  0.116521          (crackers)
3  0.135092              (eggs)
4  0.554569      (fresh fruits)
5  0.443894  (fresh vegetables)
6  0.124714    (frozen produce)
7  0.112374     (ice cream ice)
8  0.106184        (lunch meat)
9  0.244310              (milk)
```

图 6-5　前 10 个频繁项集

步骤 4 使用 association_rules()函数产生强关联规则，要求最小置信度为 0.7。

```
pd.set_option('display.max_columns',None)   # 将列信息显示完全
pd.set_option('display.width',None)         # 使列信息在同一行显示
rules=association_rules(freq_items,min_threshold=0.7)
print('产生的强关联规则: \n',rules)
```

步骤 5 运行程序，结果如图 6-6 所示。此时可以看到产生了 8 个强关联规则，且这 8 个强关联规则的支持度、置信度和提升度都满足强关联规则的要求，可以说这 8 个强关联规则是“有趣”的。以第一条输出数据为例，其关联规则为{fresh vegetables}→{fresh fruits}，表示如果购买了新鲜蔬菜，那么大概率也会购买新鲜水果。

产生的强关联规则:

	antecedents	consequents	antecedent support	consequent support	support	confidence	lift
0	(fresh vegetables)	(fresh fruits)	0.443894	0.554569	0.316550	0.713120	1.285901
1	(packaged vegetables fruits)	(fresh fruits)	0.361540	0.554569	0.266927	0.738306	1.331315
2	(yogurt)	(fresh fruits)	0.266340	0.554569	0.189792	0.712593	1.284950
3	(fresh vegetables, milk)	(fresh fruits)	0.125139	0.554569	0.100034	0.799386	1.441455
4	(fresh vegetables, packaged cheese)	(fresh fruits)	0.136427	0.554569	0.105031	0.769870	1.388231
5	(fresh vegetables, packaged vegetables fruits)	(fresh fruits)	0.232881	0.554569	0.185686	0.797342	1.437769
6	(fresh vegetables, yogurt)	(fresh fruits)	0.146764	0.554569	0.119920	0.817092	1.473382
7	(yogurt, packaged vegetables fruits)	(fresh fruits)	0.127971	0.554569	0.105213	0.822163	1.482526

图 6-6 产生的强关联规则

6.3 FP 增长算法

虽然 Apriori 算法利用先验原理的性质对非频繁项集进行了剪枝操作，但在使用 Apriori 算法进行关联规则挖掘时，其过程中会产生大量的候选项集，并需要重复扫描并计算候选项集的支持度等，因此会极大地增加算法复杂度，影响关联规则挖掘效率。

为解决上述问题，FP 增长（frequent pattern growth，频繁模式增长）算法通过构建 FP 树，然后遍历 FP 树产生关联规则。在这一过程中无须产生候选项集，也只需要扫描所有事务两次，可以有效地减少计算量和内存使用，使得对大型数据集的关联规则挖掘变得可行且效率更高。FP 增长算法包含两个重要的步骤，即 FP 树的构建和 FP 树的挖掘。

6.3.1 FP 树的构建

构建 FP 树只需要扫描两次事务数据集，过程如下。

（1）第一次扫描事务数据集，清洗并排序项集。首先，扫描整个事务数据集，统计每个 1 项集的支持度，并删除低于最小支持度的项集。然后，将得到的频繁项集按支持度由大到小进行排序。最后，将每个事务中的非频繁项集删除后，对剩余的项根据其支持度由大到小进行排序。

【例 6-3】 以表 6-1 的商品购买数据为基础，在最小支持度为 0.5 的条件下（即 $\sigma(X) \geqslant 2$，可判定为频繁项集），清洗并排序项集。

清洗并排序项集的过程如图 6-7 所示。

订单号	商品名称
001	面包，牛奶
002	面包，牛奶，果酱，鸡蛋
003	牛奶，鸡蛋，橙汁
004	面包，牛奶，果酱

项集	支持度计数
面包	3
牛奶	4
果酱	2
鸡蛋	2
橙汁	1

剪枝并排序

项集	支持度计数
牛奶	4
面包	3
果酱	2
鸡蛋	2

排序事务中的项

订单号	商品名称	排序
001	面包，牛奶	牛奶，面包
002	面包，牛奶，果酱，鸡蛋	牛奶，面包，果酱，鸡蛋
003	牛奶，鸡蛋，橙汁	牛奶，鸡蛋
004	面包，牛奶，果酱	牛奶，面包，果酱

图 6-7 清洗并排序项集

（2）第二次扫描事务数据集，构建 FP 树。首先，创建一个空节点，即 FP 树的根节点。然后，利用频繁 1 项集及其支持度计数创建一个项头表，并为每个频繁 1 项集初始化一个链表头指针，用于链接 FP 树中该项的所有节点。最后，扫描排序后的事务数据集，依次读入每个事务中的每个项，具体方法如下。

① 扫描事务第一项，若不是根节点下的节点，则在根节点下创建新节点并标记其支持度计数为 1，同时将节点链接到项头表中该项的指针上；若是根节点下的子节点，则该节点支持度计数增加 1。

② 扫描事务第二项，若不是第一项节点下的节点，则在第一项节点下创建新节点并标记其支持度计数为 1，同时将节点链接到项头表中该项的指针上；若是第一项节点下的子节点，则该节点支持度计数增加 1。

③ 重复上述操作，扫描事务的其他项，直至所有事务的项都插入 FP 树中。

【例 6-4】 在例 6-3 的基础上，构建 FP 树。

构建 FP 树的过程如图 6-8 所示。

① 创建一个空的根节点和项头表。

② 扫描事务数据集，由于第一个事务的第一项“牛奶”不是根节点下的节点，所以需要在根节点下创建“牛奶”节点，并将其支持度计数记为 1，同时将该节点链接到项头表中该项的指针上。

③ 扫描第一个事务的第二项“面包”，由于它不是第一项节点下的节点，所以需要在“牛奶”节点下创建“面包”节点，并将其支持度计数记为 1，同时将该节点链接到项头表中该项的指针上。这样就将第一个事务{牛奶,面包}插入了 FP 树。

④ 扫描第二个事务的第一项“牛奶”，由于它是根节点下的子节点，所以直接将已有的“牛奶”节点的支持度计数增加 1。

⑤ 扫描第二个事务的第二项“面包”，由于它是第一项节点下的节点，所以直接将已有的“面包”节点的支持度计数增加 1。

⑥ 扫描第二个事务的第三项“果酱”，由于它不是第二项节点下的节点，所以在“面包”节点下创建“果酱”节点，并将其支持度计数记为 1，同时将该节点链接到项头表中该项的指针上。

⑦ 扫描第二个事务的第四项“鸡蛋”，由于它不是第三项节点下的节点，所以在“果酱”节点下创建“鸡蛋”节点，并将其支持度计数记为 1，同时将该节点链接到项头表中该项的指针上。这样就将第二个事务{牛奶,面包,果酱,鸡蛋}插入了 FP 树。

⑧ 重复上述操作将第三个事务和第四个事务插入 FP 树。

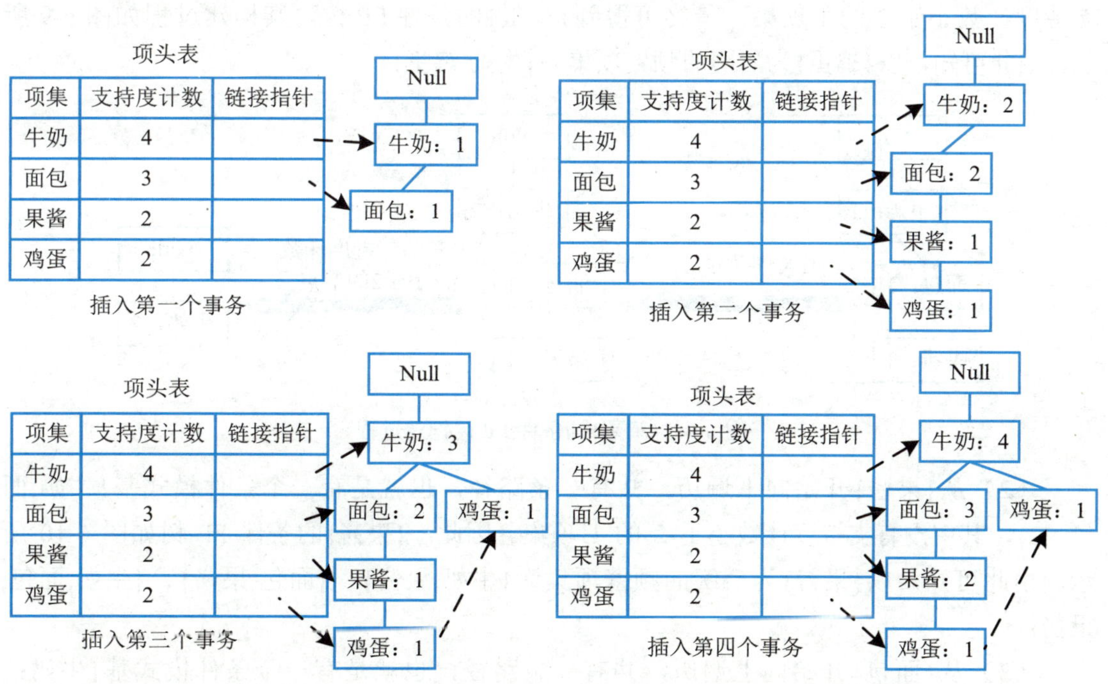

图 6-8 FP 树构建过程

6.3.2 FP 树的挖掘

FP 增长算法通过自底向上挖掘 FP 树来产生频繁项集，其挖掘过程主要包括生成条件模式基和构建条件 FP 树两个步骤。

（1）生成条件模式基。

条件模式基是指以某个频繁 1 项集为后缀的前缀路径的集合。生成条件模式基首先需要从 FP 树的项头表中获取该频繁 1 项集的所有出现位置，然后从每个出现位置开始，沿着父节点向上遍历，收集路径上的所有频繁 1 项集（不包含本身），形成关于该频繁 1 项集的条件模式基。对于 FP 树中的每个节点，都会生成一个条件模式基，其最后一项是一个数字，用来记录这条路径出现的次数。

（2）构建条件 FP 树。

条件 FP 树是基于条件模式基构建的一棵树。条件 FP 树的构建过程类似于 FP 树，首先将同一频繁 1 项集的条件模式基合并，并删除小于最小支持度的 1 项集，直至条件 FP 树只有一条路径或为空，此时可直接求得以该频繁 1 项集为后缀的频繁项集。

【例 6-5】　在例 6-4 构建的 FP 树的基础上，挖掘 FP 树。

挖掘 FP 树的过程如下。

（1）从叶子节点开始挖掘，即从{鸡蛋}开始向上遍历，共有两条路径，也就是有两个条件模式基，分别是{牛奶,面包,果酱：1}和{牛奶：1}，合并两个条件模式基，并删除支持度计数小于 2 的 1 项集，最终可得到{鸡蛋}的条件 FP 树，其构建过程如图 6-9 所示。由此可知，以{鸡蛋}为后缀的频繁项集为{牛奶,鸡蛋}。

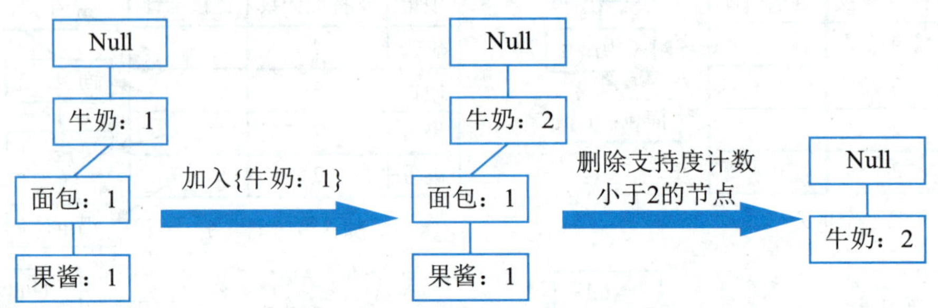

图 6-9　{鸡蛋}的条件 FP 树构建过程

（2）从{果酱}开始向上遍历，共有一条路径，也就是有一个条件模式基{牛奶,面包：2}，其中没有支持度计数小于 2 的 1 项集。因此，{果酱}的条件 FP 树如图 6-10 所示。由此可知，以{果酱}为后缀的频繁项集为{牛奶,果酱}、{面包,果酱}、{牛奶,面包,果酱}。

（3）从{面包}开始向上遍历，共有一条路径，也就是有一个条件模式基{牛奶：3}，其中没有支持度计数小于 2 的 1 项集。因此，{面包}的条件 FP 树如图 6-11 所示。由此可知，以{面包}为后缀的频繁项集为{牛奶,面包}。

（4）从{牛奶}开始向上遍历，其条件模式基为空，也就是其条件 FP 树为空，即没有以{牛奶}为后缀的频繁项集。

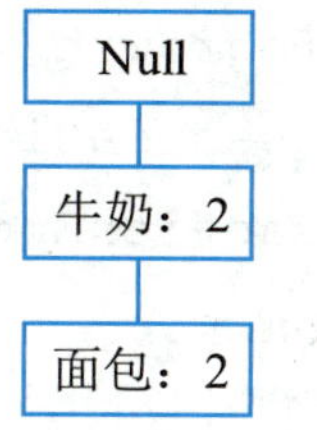

图 6-10 {果酱}的条件 FP 树

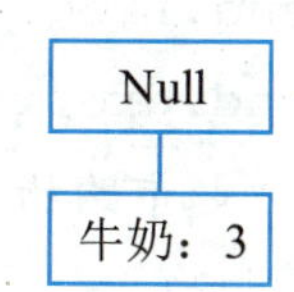

图 6-11 {面包}的条件 FP 树

通过对 FP 树的挖掘，除频繁 1 项集外，可以找到所有的频繁项集：{牛奶,鸡蛋}、{牛奶,果酱}、{面包,果酱}、{牛奶,面包}和{牛奶,面包,果酱}。

小提示

利用 FP 树挖掘出所有的频繁项集后，即可根据 6.2.2 节中的方法产生关联规则，此处不再赘述。

6.3.3 FP 增长算法实现

1. 产生频繁项集

与 Apriori 算法类似，Python 并没有给出 FP 增长算法的实现函数，需要借助 mlxtend 库。mlxtend 的 frequent_patterns 模块提供了 fpgrowth()函数用于产生频繁项集，其一般使用格式如下：

```
fpgrowth(df,min_support=0.5,use_colnames=False,max_len=None)
```

其参数及参数含义与 apriori()函数相同，此处不再赘述。

2. 产生关联规则

FP 增长算法产生关联规则的实现方法与 Apriori 算法相同，即使用 mlxtend 的 frequent_patterns 模块提供的 association_rules()函数实现，此处不再赘述。

案例实施 2——使用 FP 增长算法进行超市购物篮分析

1. 获取数据

使用 FP 增长算法进行超市购物篮分析

步骤 1 新建名称为“使用 FP 增长算法进行超市购物篮分析”的 Python 文件。

步骤 2 导入当前案例实施所需要的 Pandas、fpgrowth()函数、association_rules()函数和 TransactionEncoder 类。

```
# 导入当前案例实施所需要的库、函数和类
import pandas as pd
```

```
from mlxtend.frequent_patterns import fpgrowth
from mlxtend.frequent_patterns import association_rules
from mlxtend.preprocessing import TransactionEncoder
```

步骤 3 读取“超市购物篮”数据集，并查看前 10 条记录。

```
# 读取“超市购物篮”数据集
df=pd.read_csv('超市购物篮.csv')
print(df.head(10))                    # 查看前 10 条记录
```

步骤 4 运行程序，结果如图 6-12 所示。可以看出，“超市购物篮”数据集需要根据订单编号将商品进行分组，以满足关联规则挖掘的输入数据形式。

	order_id	user_id	...	product_name	product_id
0	11	143742	...	frozen meals	38
1	11	143742	...	fresh dips tapenades	67
2	11	143742	...	canned meals beans	59
3	11	143742	...	chips pretzels	107
4	11	143742	...	oils vinegars	19
5	110	73241	...	fresh fruits	24
6	110	73241	...	soy lactosefree	91
7	110	73241	...	meat counter	122
8	110	73241	...	packaged cheese	21
9	110	73241	...	fresh vegetables	83

图 6-12　“超市购物篮”数据集前 10 条记录

步骤 5 选取数据集中“order_id”（订单编号）和“product_name”（商品名称）属性作为关联规则挖掘的数据。

```
df=df[['order_id','product_name']]
```

2. 数据预处理

步骤 1 根据数据集特点，删除数据中的重复值，然后将数据按照“order_id”属性数据进行分组，并将每个分组中“product_name”属性数据转换为列表，然后将列表记录在新列表“transactions”中，以符合数据处理的形式。

```
# 删除数据中的重复值
df=df.drop_duplicates()
# 根据订单编号将商品分组
transactions=[a[1]['product_name'].tolist() for a in list(df.
groupby(['order_id']))]
# 打印前 10 条购买商品数据
first_10_transactions=transactions[:10]
for i,transaction in enumerate(first_10_transactions):
    print(f"Transaction {i+1}:{transaction}")
```

步骤 2 运行程序，结果如图 6-13 所示。可以看到各订单中商品购买数据。

```
Transaction 1:['frozen meals', 'fresh dips tapenades', 'canned meals beans', 'chips pretzels', 'oils vinegars']
Transaction 2:['fresh fruits', 'soy lactosefree', 'meat counter', 'packaged cheese', 'fresh vegetables', 'vitamins supplements']
Transaction 3:['refrigerated', 'milk']
Transaction 4:['prepared soups salads', 'frozen meals', 'bread', 'fresh fruits', 'fresh vegetables']
Transaction 5:['pasta sauce', 'water seltzer sparkling water', 'breakfast bakery', 'ice cream ice']
Transaction 6:['marinades meat preparation', 'oils vinegars', 'milk', 'fresh fruits', 'bread', 'fresh vegetables', 'canned jarred vegetables',
Transaction 7:['fresh fruits', 'fresh vegetables', 'water seltzer sparkling water']
Transaction 8:['packaged cheese', 'fresh vegetables', 'milk', 'fresh fruits', 'cream', 'butter']
Transaction 9:['condiments', 'fresh vegetables', 'packaged cheese', 'cereal']
Transaction 10:['tofu meat alternatives', 'asian foods', 'fresh vegetables', 'fresh herbs', 'fruit vegetable snacks', 'frozen breakfast', 'eggs
```

图 6-13 前 10 条分组后的商品购买数据

3. 构建模型并知识表示

步骤1 使用 TransactionEncoder 类转换数据格式。将原始数据转换为布尔值矩阵，以便寻找频繁项集。

```
# 转换数据格式
te=TransactionEncoder()
te_ary=te.fit(transactions).transform(transactions)
transactions=pd.DataFrame(te_ary,columns=te.columns_)
```

步骤2 使用 fpgrowth()函数产生频繁项集，要求最小支持度为 0.1。

```
# 产生频繁项集
freq_items=fpgrowth(transactions,min_support=0.1,use_colnames
=True)
print('前 10 个频繁项集: \n',freq_items.head(10))
```

步骤3 运行程序，结果如图 6-14 所示。可以看到前 10 个频繁项集及其支持度。这里显示的频繁项集与案例实施 1 中不同是因为顺序不同且仅显示 10 个频繁项集的原因，并不是两种算法产生的频繁项集不同。

```
前10个频繁项集:
    support                        itemsets
0  0.169482                (chips pretzels)
1  0.554569                  (fresh fruits)
2  0.443894              (fresh vegetables)
3  0.230797               (packaged cheese)
4  0.170878               (soy lactosefree)
5  0.244310                          (milk)
6  0.134182                  (refrigerated)
7  0.162665                         (bread)
8  0.190318  (water seltzer sparkling water)
9  0.112374                 (ice cream ice)
```

图 6-14 前 10 个频繁项集

步骤4 使用 association_rules()函数产生强关联规则，要求最小置信度为 0.7。

```
pd.set_option('display.max_columns',None)  # 将列信息显示完全
pd.set_option('display.width',None)        # 使列信息在同一行显示
```

```
rules=association_rules(freq_items,min_threshold=0.7)
print('产生的强关联规则: \n',rules)
```

步骤 5 运行程序，结果如图 6-15 所示。可以看到产生了 8 个关联规则，且这 8 个关联规则与案例实施 1 中产生的强关联规则相同。

产生的强关联规则：

	antecedents	consequents	antecedent support	consequent support	support	confidence	lift
0	(fresh vegetables)	(fresh fruits)	0.443894	0.554569	0.316550	0.713120	1.285901
1	(fresh vegetables, packaged cheese)	(fresh fruits)	0.136427	0.554569	0.105031	0.769870	1.388231
2	(milk, fresh vegetables)	(fresh fruits)	0.125139	0.554569	0.100034	0.799386	1.441455
3	(packaged vegetables fruits)	(fresh fruits)	0.361540	0.554569	0.266927	0.738306	1.331315
4	(fresh vegetables, packaged vegetables fruits)	(fresh fruits)	0.232881	0.554569	0.185686	0.797342	1.437769
5	(yogurt)	(fresh fruits)	0.266340	0.554569	0.189792	0.712593	1.284950
6	(fresh vegetables, yogurt)	(fresh fruits)	0.146764	0.554569	0.119920	0.817092	1.473382
7	(packaged vegetables fruits, yogurt)	(fresh fruits)	0.127971	0.554569	0.105213	0.822163	1.482526

图 6-15 FP 增长算法产生的强关联规则

德育长廊

事物是普遍联系的。在日常生活与工作中，我们应当着力培养敏锐的洞察力与系统思维能力，学会透过现象看本质，深入探寻事物之间的内在联系与根本规律，避免片面、孤立地看待问题。只有这样，我们才能在纷繁复杂的信息中抽丝剥茧，发现那些隐藏在表面之下的关键线索和潜在价值，进而为决策提供坚实可靠的依据。

项目实训

1. 实训目的

练习使用 Apriori 算法进行关联规则挖掘。

2. 实训内容

本实训基于“症状检测”数据集（见图 6-16），使用 Apriori 算法进行症状分析。

	A	B
1	病人编号	病人症状
2	1	消化不良, 便秘
3	2	心悸, 失眠
4	3	腰疼, 脱发, 眼干
5	4	腹胀, 便秘, 哮喘, 胸闷气短, 消化不良
6	5	神经衰弱, 失眠, 月经不调
7	6	神经衰弱, 消化不良, 月经不调
8	7	失眠, 眼干, 月经不调
9	8	腹胀, 便秘, 哮喘, 胸闷气短, 消化不良
10	9	腰疼, 脱发, 眼干, 心悸
11	10	神经衰弱, 消化不良, 月经不调
12	11	腰疼, 眼干, 月经不调
13	12	心悸, 腹胀, 便秘, 消化不良
14	13	心悸, 月经不调, 消化不良
15	14	心悸, 失眠, 月经不调
16	15	心悸, 神经衰弱, 消化不良, 便秘

图 6-16 “症状检测”数据集（部分）

（1）在“关联规则挖掘”项目下，新建名称为“使用 Apriori 算法进行症状分析”的 Python 文件。

（2）导入所需的库、类和函数，然后读取本书配套素材“素材与实例”/“项目 6”文件夹中的“症状检测.xlsx”文件中的数据。需要注意的是，读取“症状检测.xlsx”数据集需要提前安装 openpyxl。

（3）根据数据集特点，将“病人症状”属性数据进行拆分。

【参考代码】

```
df['症状列表']=df['病人症状'].str.split(',')
print('前10条事务\n',df['症状列表'].head(10))
```

高手点拨

split()函数的作用是将字符串按照指定的分隔符分割成一个列表。

（4）使用 TransactionEncoder 类将原始数据转换为布尔值矩阵，以使数据符合 Apriori 算法要求。

（5）使用 apriori()函数产生频繁项集，要求最小支持度为 0.1。

（6）使用 association_rules()函数产生强关联规则，要求最小置信度为 0.7。

3. 实训小结

按要求完成实训内容，并将实训过程中遇到的问题和解决办法记录在表 6-2 中。

表 6-2 实训过程

序 号	主要问题	解决办法
1		
2		
3		
4		
5		

项目总结

完成本项目的学习与实践后，请总结应掌握的重点内容，并将图 6-17 中的空白处填写完整。

- 关联规则
  - 概述
    - 基本概念
      - 数据集中的一条记录称为一个（　　）
      - 事务中具有独立含义和可区分性的元素称为（　　），一个或多个项的集合称为（　　）
      - （　　）是指项集在所有事务中出现的频率
      - 大于或等于（　　　　）的项集称为频繁项集
      - 关联规则是形如（　　　）的蕴含式
      - 满足（　　　　）和（　　　　）的关联规则为强关联规则
      - 提升度大于1，表示X与Y呈（　）相关，即当X出现时，Y同时出现的概率高于Y单独出现的概率
    - 过程
      - 产生频繁项集，也就是找出所有满足最小支持度的项集
      - 产生强关联规则，也就是利用频繁项集找出满足最小置信度的强关联规则
  - Apriori算法
    - Apriori算法的原理基于“先验原理”的重要性质：（　　　　　　　　　　　　）
    - 频繁项集的产生
      - 连接是利用两个频繁的（　　）生成候选的（　　）
      - 剪枝是通过检查候选项集的集合是否是频繁项集，来进行（　　　　）的删除
    - 关联规则的产生
      - 将频繁项集分为两个不相交的非空子集X和Y，生成候选的关联规则$X \rightarrow Y$
      - 计算关联规则的置信度，并判断是否满足最小置信度的要求，若满足则该关联规则是一个强关联规则
    - Apriori算法的实现
      - mlxtend的frequent_patterns模块提供的apriori()函数用于（　　　　　）
      - mlxtend的frequent_patterns模块提供的association_rules()函数用于（　　　　　　）
  - FP增长算法
    - FP增长算法无须产生候选项集，可以极大地减少计算量
    - FP树的构建
      - 第一次扫描事务数据集，用于（　　　　　）
      - 第二次扫描事务数据集，用于（　　　　　）
    - FP树的挖掘
      - 条件模式基是指以某个频繁1项集为后缀的前缀路径的集合
      - 条件FP树是基于（　　　　）构建的一棵树
    - FP增长算法的实现
      - mlxtend的frequent_patterns模块提供的fpgrowth()函数用于（　　　　）

图 6-17　项目总结

项目考核

1. 选择题

（1）在关联规则挖掘中，项集$\{A,B\}$的支持度是指（　　）。

A. 数据集中包含 A 或 B 的事务占比

B. 数据集中同时包含 A 和 B 的事务占比

C. 数据集中包含 A 或 B 的事务总数

D. 数据集中同时包含 A 和 B 的事务总数

（2）关联规则的置信度用于衡量（　　）。

A. 项集的频率　　B. 关联规则的强度

C. 项集的支持度　　D. 关联规则的支持度

（3）下列关于 Apriori 算法的连接操作，说法正确的是（　　）。

A. 连接操作只对频繁项集进行

B. 连接操作可以对任意项集进行

C. 连接操作的结果一定是频繁项集

D. 连接操作的结果一定不是频繁项集。

（4）若 $\{a,b\} \to \{c,d\}$ 属于强关联规则，那么下列选项中一定属于强关联规则的是（　　）。

A. $\{a,b,c\} \to \{d\}$　　B. $\{a\} \to \{b,c,d\}$

C. $\{a,b\} \to \{c\}$　　D. $\{a,b,d\} \to \{c\}$

（5）在 FP 增长算法中，不属于 FP 树主要作用的是（　　）。

A. 减少数据存储空间　　B. 快速发现频繁项集

C. 处理大规模数据集　　D. 直接生成关联规则

（6）在 FP 增长算法中，条件 FP 树是基于（　　）构建的。

A. 原始 FP 树　　B. 条件模式基

C. 所有频繁项集　　D. 所有非频繁项集

（7）FP 增长算法相较于 Apriori 算法的优势是（　　）。

A. 不产生候选项集　　B. 对数据集大小更敏感

C. 算法复杂度更高　　D. 需要扫描数据集更多次

2. 判断题

（1）频繁项集产生的所有关联规则都是“有趣”的。（　　）

（2）在 Apriori 算法中，如果一个项集是频繁的，那么它的所有非空子集也一定是频繁的。（　　）

（3）Apriori 算法只需要扫描两次事务数据集，一次用于找出频繁 1 项集，一次用于生成关联规则。（　　）

（4）FP 增长算法在挖掘频繁项集时，不需要生成候选项集。（　　）

（5）FP 增长算法通过自底向上挖掘 FP 树来产生频繁项集。（　　）

3. 简答题

（1）简要说明关联规则挖掘中支持度和置信度的含义，并说明它们在关联规则挖掘任务中的作用。

（2）简要说明 Apriori 算法和 FP 增长算法的优缺点。

项目评价

请同学们结合本项目的学习情况，对学习成果进行自评和互评（组内成员相互评分），然后请指导教师进行师评和总评，并将评价结果填入表 6-3 中。

表 6-3　项目评价

评价项目	评价内容	分值	评价分数		
			自评	互评	师评
项目完成度（20%）	项目准备阶段，回答问题清晰准确，紧扣主题，没有明显错误	5 分			
	项目实施阶段，根据操作步骤完成本项目	5 分			
	项目实训阶段，出色地完成实训内容	5 分			
	项目总结阶段，正确地将项目总结的空白信息补充完整	2 分			
	项目考核阶段，正确地完成考核题目	3 分			
知识（30%）	熟悉关联规则挖掘的基本概念和过程	10 分			
	理解 Apriori 算法挖掘关联规则的过程并掌握其实现方法	10 分			
	理解 FP 增长算法挖掘关联规则的过程并掌握其实现方法	10 分			
技能（30%）	能够使用 Apriori 算法或 FP 增长算法对目标数据进行关联规则挖掘	30 分			
素养（20%）	具有自主学习意识，做好课前准备	5 分			
	文明礼貌，遵守课堂纪律	5 分			
	善于思考，积极参与，勇于提出问题	5 分			
	具有团队合作精神，出色完成小组任务	5 分			
总评	综合分数______自评（25%）+互评（25%）+师评（50%）	100 分			
	综合等级______	指导教师签字__________			
总结提高	最突出的表现（创新或进步）： 还需改进的地方（不足或缺点）：				

说明：综合等级可以“优”（综合得分≥90 分）、“良”（80 分≤综合得分<90 分）、“中”（60 分≤综合得分<80 分）、“差”（综合得分<60 分）为标准进行评价。

项目7

人工神经网络与深度学习

项目导读

随着人工智能的飞速发展，人工神经网络与深度学习已成为数据挖掘领域的核心力量。这些技术通过模仿人脑的神经元连接方式，实现了对复杂数据的高效处理与分析，为数据挖掘领域带来了前所未有的机遇。本项目学习人工神经网络与深度学习的相关知识，以及构建感知器模型和卷积神经网络模型的方法。

项目目标

知识目标

- 熟悉人工神经网络的基本概念。
- 熟悉感知器的概念。
- 理解感知器学习算法的基本步骤，并掌握其实现方法。
- 熟悉深度学习的概念、应用领域和经典模型。
- 理解卷积神经网络各层的作用，并掌握卷积神经网络的实现方法。

技能目标

- 能够使用感知器和卷积神经网络对目标数据进行分类。

素养目标

- 持续关注科技前沿新技术，不断开阔视野，抓住机遇，展现新作为。
- 勇于接受学习中的挑战，并在面对困难时保持积极态度。

项目分析

本项目使用的数据集是 Scikit-Learn 提供的 Iris（鸢尾花）数据集和 Keras 提供的 MNIST（手写数字）数据集。

（1）Iris 数据集的详细信息可参考项目 3 的项目分析，此处不再赘述。

本项目使用感知器对鸢尾花进行分类，过程可分为以下四个步骤。

步骤 1：新建项目并安装 Python 库。新建“人工神经网络”项目，并提前安装本项目用到的 Python 库，包括 Scikit-Learn 和 Matplotlib。

步骤 2：获取数据。从 Scikit-Learn 中导入 Iris 数据集，并将其划分为训练集和测试集。由于感知器适合处理二分类问题，获取数据时只选取前一百条数据（即山鸢尾和杂色鸢尾两种类别的鸢尾花数据）即可。

步骤 3：构建模型并评价。首先构建感知器分类模型，然后使用合适的评价指标对感知器分类模型进行评价。

步骤 4：知识表示。输出感知器模型的参数，并使用散点图将数据可视化。

（2）MNIST 数据集是一个手写数字数据集，共包含 70 000 张 0～9 的手写单个数字图片。其中，每张图片都是 28×28 像素的灰度图像（像素值范围为 0～255），且图片的标签值为图片中对应的数字，即 0～9。

本项目使用卷积神经网络对手写数字进行识别，过程可分为以下四个步骤。

步骤 1：新建项目并安装 Python 库。新建“深度学习”项目，并提前安装本项目用到的 Python 库，包括 Pandas、Matplotlib、Keras 和 TensorFlow。

步骤 2：获取数据。从 Keras 中导入 MNIST 数据集，并获取训练集和测试集的数据与标签。此外，还需要将数据变换为适合卷积神经网络的输入形式。

步骤 3：构建模型并评价。构建一个卷积神经网络模型，并对其进行编译和训练，最后利用损失值和准确率评价模型性能。

步骤 4：知识表示。可视化图片及预测类别，直观地展示模型分类情况。

项目准备

全班学生以 3～5 人为一组进行分组，各组选出组长。组长组织组员扫码观看“人工神经网络的应用领域”和“深度学习的发展历程”视频，讨论并回答下列问题。

问题 1：简述人工神经网络的应用领域。

人工神经网络的应用领域

问题 2：深度学习和人工神经网络的关系是什么？

深度学习的发展历程

7.1 人工神经网络

7.1.1 人工神经网络的基本概念

人工神经网络（artificial neural network, ANN），简称神经网络（neural network, NN），它从信息处理角度模仿生物神经网络的结构和功能，进而构建数学模型或计算模型。生物神经元是生物神经网络的基本组成单元，它们互相连接形成了生物神经网络。相对应的，人工神经元是人工神经网络的基本组成单元，它们互相连接形成人工神经网络。

1. 生物神经元

生物神经元由细胞体、树突和轴突组成，其结构如图 7-1 所示。其中，细胞体是生物神经元的核心，由细胞核、细胞质和细胞膜组成，主要功能是处理输入信号并产生输出信号；树突是神经元的输入，能够接收来自其他神经元的刺激并将其传递至细胞体；轴突是神经元的输出，可以将细胞体的兴奋状态传递至其他神经元。神经元之间通过树突和轴突末端（突触）进行连接，从而实现信号的传递与交流。

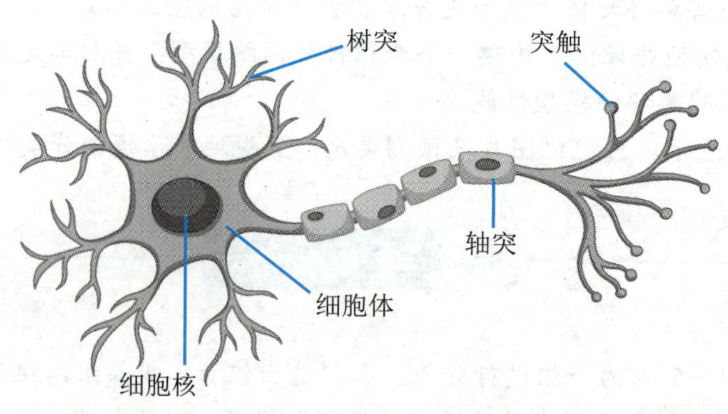

图 7-1　生物神经元结构

生物神经元具有抑制和兴奋两种基本状态。当神经元处于抑制状态时，其轴突不传递任何信号。当树突接收到的刺激总和超过特定阈值时，神经元便会从抑制状态切换到兴奋状态，并通过轴突向其他神经元发送信号。人们基于对生物神经网络的理解，提出了人工神经元模型。

2. M-P 神经元模型

M-P 神经元模型是人类历史上第一个人工神经元模型，如图 7-2 所示。M-P 神经元模型的核心思想在于模拟生物神经元的抑制和兴奋两种基本状态。在该模型中，每个人工神经元可以接收多个输入数据（x_i），每个输入数据都对应一个权重（w_i），反映了该数据对神经元刺激程度的大小。所有输入数据的加权和（Σ）与产生神经兴奋的阈值（θ）相减，得到中间值 z，然后通过激活函数 $f(z)$（阶跃函数）输出神经元状态：若 $z \geqslant 0$，则神经元输出为 1，表示兴奋状态；若 $z<0$，则神经元输出为 0，表示抑制状态。

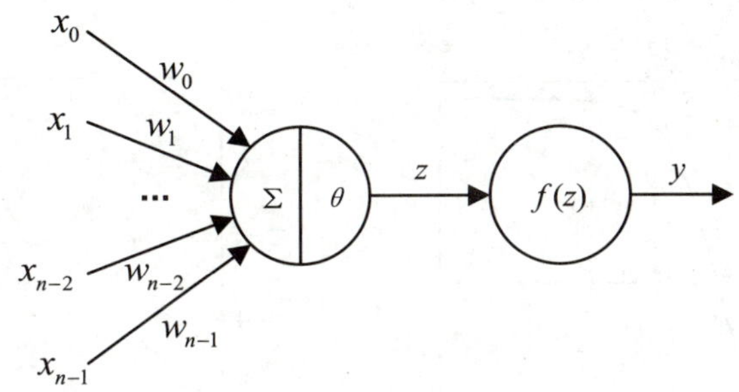

图 7-2 M-P 神经元模型

M-P 神经元模型的输出可用如下公式表示。

$$y = f(z) = f\left(\sum_{i=0}^{n-1} w_i x_i - \theta\right) \tag{7-1}$$

尽管 M-P 神经元模型具有局限性，如权重 w_i 无法自动学习和更新，但 M-P 模型依然对人工神经网络的发展起到了推动作用。

3. 激活函数

在实际应用中，很多问题是非线性问题，引入激活函数可以使人工神经网络学习和拟合各种复杂的非线性模型，大大提升了人工神经网络的表达能力。

常用的激活函数有阶跃函数、Sigmoid 函数、ReLU 函数和 Softmax 函数等。

（1）阶跃函数。M-P 神经元模型通常使用阶跃函数作为激活函数，该函数以阈值为界，一旦输入高于阈值，就激活输出，其数学表达式如下：

$$f(x) = \begin{cases} 0, & x < 0 \\ 1, & x \geqslant 0 \end{cases} \tag{7-2}$$

（2）Sigmoid 函数。Sigmoid 函数是将任意数值映射到[0,1]区间，以表示数据属于某一类别的概率，其数学表达式如下：

$$\text{Sigmoid}(x)=\frac{1}{1+\mathrm{e}^{-x}} \tag{7-3}$$

Sigmoid 函数常用于二分类，其函数图形如图 7-3 所示。

（3）ReLU 函数。ReLU 函数是目前应用较为广泛的激活函数，其数学表达式如下：

$$\text{ReLU}(x)=\max(x,0)=\begin{cases} x, & x>0 \\ 0, & x\leqslant 0 \end{cases} \tag{7-4}$$

当使用 ReLU 函数时，若输入为正数，则输出等于输入；若输入为负数或零，则输出为零。其函数图形如图 7-4 所示。

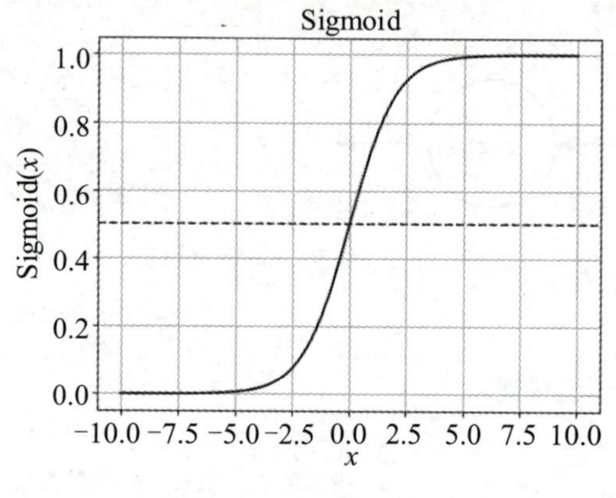

图 7-3 Sigmoid 函数

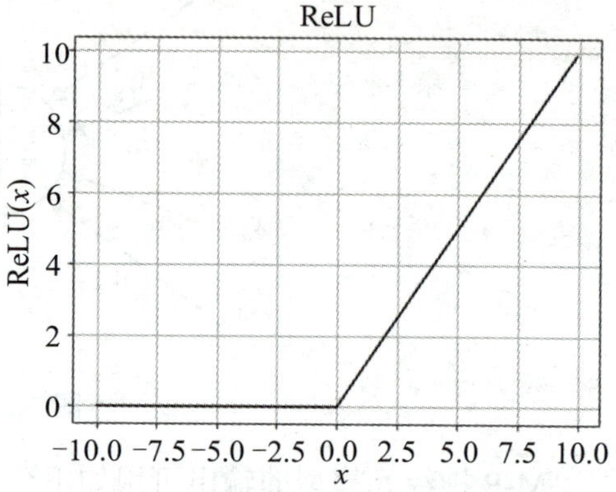

图 7-4 ReLU 函数

（4）Softmax 函数。Softmax 函数主要用于多分类，其数学表达式如下：

$$\text{Softmax}(x_i)=\frac{\mathrm{e}^{x_i}}{\sum_{k=1}^{m}\mathrm{e}^{x_k}} \tag{7-5}$$

其中，e^{x_i} 为第 i 个神经元的输出，m 为输出神经元的个数，即分类的类别个数。通过 Softmax 函数可以将多分类的输出转换为范围在[0,1]，且和为 1 的概率分布。

4. 损失函数

损失函数用于描述模型预测值与真实值的差异大小。损失函数值越小，表示模型预测的结果与真实值的偏差越小，说明模型越精确。人工神经网络模型就是以损失函数为度量寻找最优参数的。

常用的损失函数有均方误差损失函数和交叉熵损失函数。

（1）均方误差（mean squared error, MSE）损失函数。在人工神经网络中，均方误差损失函数主要用来描述预测值与真实值之间的差异大小，通常用于回归分析，其数学表达式如下：

$$\text{MSE}(y,\hat{y})=\frac{1}{n}\sum_{i=1}^{n}(y_i-\hat{y}_i)^2 \tag{7-6}$$

其中，y_i 为第 i 个数据的真实值，$\hat{y}_i$ 为第 i 个数据的预测值，n 为总数据量。均方误差损失函数对异常值非常敏感，平方操作会使得异常值放大。因此，均方误差损失函数的值越小，说明模型性能越好。

（2）交叉熵（cross entropy, CE）损失函数。在人工神经网络中，交叉熵损失函数主要用来描述概率分布之间的差异，通常用于多分类，其数学表达式如下：

$$\text{CE}(y,\hat{y})=-\sum_{i=1}^{n}y_i\log(\hat{y}_i) \tag{7-7}$$

其中，y_i 为真实概率分布中第 i 个类别的概率，$\hat{y}_i$ 为预测的第 i 个类别的概率，n 为总数据量。交叉熵损失函数的值越小，表示预测结果越准确。

小提示

除上述介绍的损失函数外，还有合页损失函数、对数似然损失函数、Huber 损失函数等，这里不再一一介绍，感兴趣的读者可参考其他资料自行了解。

5. 优化算法

优化算法用于在给定约束条件下寻找使目标函数取得最优值的参数或变量。在人工神经网络中，优化算法的目标通常是找到一组参数（权重和偏置），这组参数能够显著降低训练集上的损失函数值，从而提高模型的性能。

常用的优化算法有梯度下降算法、RMSProp 算法和 Adam 算法。

（1）梯度下降算法。

梯度下降算法是一种在人工神经网络中广泛应用的优化算法。它的基本思想是，函数的取值从当前位置沿着梯度方向前进一定距离，然后在新的地方重新求取梯度，再沿着新梯度方向前进，如此反复不断地沿梯度方向前进，逐渐减小损失函数值。

假设要优化的损失函数是 $\text{loss}(\theta)$，其中 θ 是参数。梯度就是损失函数在某一点的变化率，用 $\nabla\text{loss}(\theta)$ 表示。那么在每一次迭代中，参数的更新公式如下：

$$\theta^{(k+1)}=\theta^{(k)}-\eta\nabla\text{loss}(\theta) \tag{7-8}$$

其中，k 是参数更新的次数；η 是学习率，它决定了一次迭代中参数更新幅度，其取值范围为 0～1。η 太大容易造成参数调整不稳定，η 太小容易造成参数调整太慢，迭代次数过多。

（2）RMSProp 算法。

RMSProp 算法是对梯度下降算法的改进算法。梯度下降算法使用固定的学习率，可能导致某些参数收敛速度过慢或不收敛。而 RMSProp 算法通过对梯度平方的指数加权平均来调整学习率，这样可以使得学习率在不同的参数上根据梯度的变化情况进行自适应调整。学习率的调整公式如下：

$$\eta^{(k+1)} = \frac{\eta^{(k)}}{\sqrt{s^{(k+1)}} + \varepsilon} \tag{7-9}$$

其中，ε 是一个非常小的常数，用于避免分母为零的情况；s 是梯度平方的指数加权平均，计算公式如下：

$$s^{(k+1)} = \beta \times s^{(k)} + (1-\beta) \times \nabla \text{loss}(\theta)^2 \tag{7-10}$$

其中，β 是一个衰减因子，用于控制历史梯度对当前梯度影响的权重，一般取值范围是[0,1]。那么，RMSProp 算法在每一次迭代中，参数的更新公式如下：

$$\theta^{(k+1)} = \theta^{(k)} - \eta^{(k+1)} \nabla \text{loss}(\theta) \tag{7-11}$$

（3）Adam 算法。

Adam 算法是 RMSProp 算法的改进算法。它不仅考虑了梯度平方的指数加权平均，还考虑了梯度的指数加权平均。这样可以更全面地利用历史梯度信息来调整学习率，实现更有效的参数更新。其中，梯度的指数加权平均的计算公式如下：

$$m^{(k+1)} = \beta_1 \times m^{(k)} + (1-\beta_1) \times \nabla \text{loss}(\theta) \tag{7-12}$$

那么，Adam 算法在每一次迭代中，参数的更新公式如下：

$$\theta^{(k+1)} = \theta^{(k)} - \eta^{(k+1)} m^{(k+1)} \tag{7-13}$$

7.1.2 感知器

1. 感知器的概念

感知器（perceptron）也称感知机，是最简单的人工神经网络，也是一种广泛使用的二元线性分类模型。根据层次结构不同，感知器可以分为单层感知器和多层感知器。本节只讲解单层感知器。

单层感知器的结构比较简单，只有一个输入层和一个输出层，如图 7-5 所示。单层感知器之所以被称为“单层”，是因为它只有一层神经元具有学习调整的功能，即输出层的神经元。输入层仅负责接收多个输入特征 $x_0, x_1, \cdots, x_{n-1}$，并将其传递给输出层的神经元。输出层的神经元则使用激活函数 f 计算输出结果 y。除此之外，单层感知器中还有权重和偏置两类参数。每个输入特征与输出神经元之间都有一个权重 $w_i (i = 0,1,\cdots,n-1)$，这些权重用于衡量相应输入特征对输出结果的影响程度；输出神经元通常还会包括一个偏置 b，它可以调整神经元的激活阈值，有助于模型更好地拟合数据。

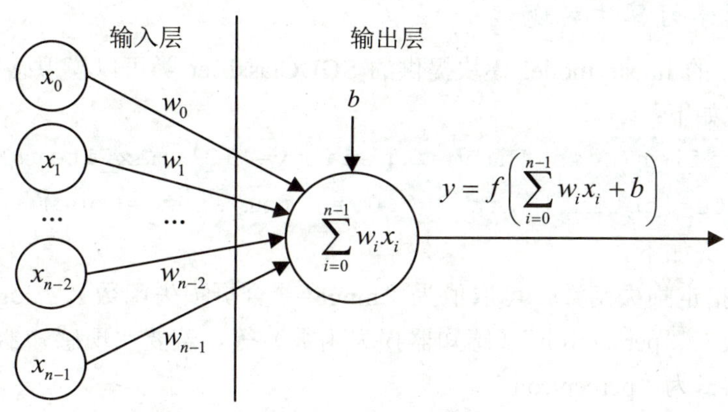

图 7-5 单层感知器结构

单层感知器的结构与 M-P 神经元模型相似，但 M-P 神经元模型需要人为确定参数，而单层感知器能够通过训练自动确定参数。

2. 感知器学习算法

感知器学习算法是一种迭代算法，目标是从训练数据中学习感知器的参数。其基本步骤如下。

（1）初始化参数。初始化感知器的参数，包括权重和偏置。在实际应用中，这些参数通常初始化为 0 或随机值。

（2）输入数据。提供训练数据，每个数据都包括输入特征和对应的真实标签。

（3）计算输出。对于每个训练数据，计算感知器的输出。首先将输入特征与权重相乘并相加，然后再加上偏置得到一个中间值，最后应用一个激活函数来完成输出结果的计算。激活函数通常使用的是阶跃函数，即输出结果为 0 或 1。

（4）更新参数。如果感知器的输出结果与真实结果不匹配（即分类错误），则更新感知器的参数。

① 权重更新。根据误差的大小和输入特征的重要性，调整权重。

设 y 为真实值，$\hat{y}$ 为输出的预测值，η 为学习率，那么输入 x_i 对应的权重 w_i 应更新为

$$w_i^{(k+1)} = w_i^{(k)} + \eta(y-\hat{y})x_i \tag{7-14}$$

② 偏置更新。偏置是影响神经元激活的阈值。如果模型出现错误分类，则偏置会增加，如果没有出现错误分类，则偏置会减小。

设 y 为真实值，$\hat{y}$ 为输出的预测值，η 为学习率，那么偏置应更新为

$$b^{(k+1)} = b^{(k)} + \eta(y-\hat{y}) \tag{7-15}$$

（5）停止更新。当所有数据都正确分类或达到预设的迭代次数时，停止更新参数。

3. 感知器学习算法实现

Scikit-Learn 的 linear_model 模块提供的 SGDClassifier 类可以模拟感知器学习算法，其一般使用格式如下：

```
SGDClassifier(loss='hinge',penalty='l2',max_iter=1000,
learning_rate='optimal',eta0=0.0,random_state=None)
```

各参数的含义如下。

- loss：指定损失函数，可取值为“hinge”（合页损失函数）、“log”（对数似然损失函数）、“perceptron”（感知器损失函数）等。若要实现感知器学习算法，loss 应当取值为“perceptron”。
- penalty：指定正则化的类型，可取值为“l1”（L1 正则化）、“l2”（L2 正则化）或 None（没有正则化），默认取值为“l2”。若要实现感知器学习算法，penalty 应当取值为 None。
- max_iter：指定最大迭代次数，以防止过拟合或无限循环，默认取值为 1 000。
- learning_rate：指定学习率的策略，可取值为“constant”“optimal”“invscaling”等。其中，取值为“constant”，表示使用固定的学习率；取值为“optimal”（默认）、“invscaling”，表示动态调整学习率。若要实现感知器学习算法，learning_rate 应当取值为“constant”。
- eta0：学习率的初始值，决定了参数更新的幅度，默认取值为 0.0。若要实现感知器学习算法，eta0 应当取值为 1.0。
- random_state：控制随机性的种子，以便结果可重复。

SGDClassifier 类常用的方法如下。

- fit(X,y)：用于训练模型。X 是训练数据；y 是对应的真实值。
- predict(X)：使用训练好的模型对新样本进行分类。X 是需要分类的新样本。
- score(X,y)：返回模型的性能指标，即准确率。其中，X 是测试数据；y 是对应的真实值。

SGDClassifier 类常用的属性如下。

- coef_：返回各个输入特征的权重。
- intercept_：返回模型的偏置。

案例实施 1 ——使用感知器对鸢尾花进行分类

1. 新建项目并安装 Python 库

使用感知器对鸢尾花进行分类

步骤 1 启动 PyCharm，新建名称为“人工神经网络”、Python 版本为“Python 3.12.2”的项目。

步骤 2 安装 Scikit-Learn 和 Matplotlib。

2. 获取数据

步骤1 新建名称为“使用感知器对鸢尾花进行分类”的Python文件。

步骤2 导入当前案例实施所需要的datasets模块、SGDClassifier类和train_test_split()函数。

```
#导入当前案例实施所需要的模块、类和函数
from sklearn import datasets
from sklearn.linear_model import SGDClassifier
from sklearn.model_selection import train_test_split
```

步骤3 从datasets模块中导入Iris数据集，选取数据集中setosa（山鸢尾）和versicolor（杂色鸢尾）两种类别的鸢尾花的sepal length（花萼长度）和petal length（花瓣长度）作为分类特征存储在X中；获取数据集中setosa（山鸢尾）和versicolor（杂色鸢尾）两种类别的鸢尾花的真实标签存储在y中；划分训练集和测试集，将训练集的特征值和真实值分别存储在X_train和y_train中，将测试集的特征值和真实值分别存储在X_test和y_test中。

```
# 导入Iris数据集
iris=datasets.load_iris()
# 选取前一百条数据，以及第一个和第三个特征作为分类特征
X=iris.data[0:100,[0,2]]
y=iris.target[0:100]                    # 获取前一百条数据的真实标签
# 划分训练集和测试集，测试集占总数据集的20%
X_train,X_test,y_train,y_test=train_test_split(X,y,test_size
=0.2,random_state=42)
```

3. 构建模型并评价

步骤1 使用SGDClassifier类的fit()方法训练模型，并对测试集进行分类。

```
# 使用感知器学习算法训练数据挖掘模型
per=SGDClassifier(loss='perceptron',penalty=None,learning_rate
='constant',eta0=1.0,random_state=42)
per.fit(X_train,y_train)                # 训练模型
y_pred=per.predict(X_test)              # 分类测试集
```

步骤2 使用classification_report()函数计算测试集分类结果的精确率、召回率、F1值和准确率。

```
# 导入需要的函数
from sklearn.metrics import classification_report
```

```
# 输出测试集分类结果的精确率、召回率、F1 值和准确率
classification_rep=classification_report(y_test,y_pred)
print('感知器模型性能(测试集):\n',classification_rep)
```

步骤 3 运行程序，结果如图 7-6 所示。可以看出，感知器模型的精确率、召回率、F1 值和准确率都较高，说明该模型可以精准预测鸢尾花的类别。

感知器模型性能(测试集):

	precision	recall	f1-score	support
0	1.00	1.00	1.00	12
1	1.00	1.00	1.00	8
accuracy			1.00	20
macro avg	1.00	1.00	1.00	20
weighted avg	1.00	1.00	1.00	20

图 7-6 感知器模型性能（测试集）

4. 知识表示

步骤 1 使用 SGDClassifier 类的 coef_属性和 intercept_属性，输出感知器模型的参数。

```
print('权重系数：',per.coef_)
print('偏置：',per.intercept_)
```

步骤 2 运行程序，结果如图 7-7 所示。此时，可以看到感知器模型的各参数。

```
权重系数： [[-4.7 10.1]]
偏置： [-2.]
```

图 7-7 感知器模型的各参数

步骤 3 导入所需要的 pyplot 模块，然后使用 scatter()函数绘制测试集真实值和预测值的散点图。其中，横坐标和纵坐标分别为测试集 X_test 的第一个特征（花萼长度）和第二个特征（花瓣长度），并使用“o”表示真实值，用“x”表示预测值，同时添加对应的标签名称。

```
import matplotlib.pyplot as plt      # 导入 pyplot 模块
plt.rcParams['font.sans-serif']='SimSun'# 设置可视化字体为“宋体”
plt.scatter(X_test[:,0],X_test[:,1],c=y_test,marker='o',label
='test')                             # 绘制测试集真实值的散点图
plt.scatter(X_test[:,0],X_test[:,1],c=y_pred,marker='x',label
='predict')                          # 绘制测试集预测值的散点图
plt.xlabel('Sepal length')           # 横坐标名称
plt.ylabel('petal length')           # 纵坐标名称
plt.title('感知器')                   # 标题名称
```

```
plt.legend()                                # 显示图例
plt.show()                                  # 显示图形
```

步骤 4 运行程序，结果如图 7-8 所示。可以看出，鸢尾花数据集被分为两种类别（两种颜色），且预测值和真实值完全重合，说明此时模型可以精准预测鸢尾花的类别。

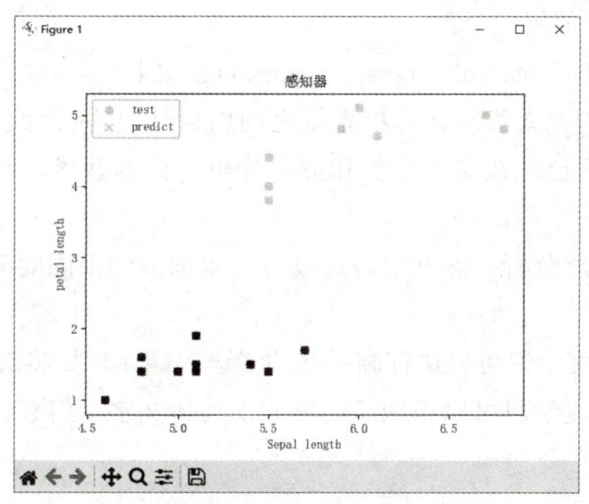

图 7-8 可视化预测值和真实值

7.2 深度学习

7.2.1 深度学习概述

1. 深度学习的概念

深度学习（deep learning, DL）是一种具有极大潜力的数据挖掘方法。它的核心思想是通过多层人工神经网络来学习数据的特征，从而实现对数据的自动提取、分析和理解，进而完成各种复杂的数据挖掘任务。其中，“深度”是指人工神经网络中包含一系列连续的层；“学习”是指训练人工神经网络的过程。

2. 深度学习的应用领域

深度学习在多个应用领域都取得了显著成果，常见的应用领域有计算机视觉、自然语言处理和自动语音识别。

（1）计算机视觉（computer vision, CV）。

计算机视觉是深度学习技术最早取得突破性成就的领域，它涉及图片识别、目标检测和图像分割等技术，这些技术在无人驾驶、人脸识别和医疗辅助诊断等领域的研究越来越深入，应用越来越广泛。

① 图像识别：深度学习可以用于识别图像中的物体、场景或人物，如无人驾驶中的

道路标识识别。

② 目标检测：深度学习可以定位和标记图像中多个物体的位置，如监控系统中的人脸识别。

③ 图像分割：深度学习可以将图像分割为不同的区域，并为每个区域分配一个特定的标签，如医学影像中的组织分割。

（2）自然语言处理（natural language processing, NLP）。

自然语言处理是研究人类与计算机系统之间用自然语言进行有效通信的各种理论和方法。目前，深度学习已经在文本分类和情感分析、机器翻译、文字识别等研究方向取得了突出成就。

① 文本分类和情感分析：深度学习可以将文本划分到不同的类别中，或者分析文本中的情感倾向。

② 机器翻译：深度学习可以进行高质量的多语言翻译，如将汉语翻译成英语。

③ 文字识别：深度学习可以识别印刷体或手写体文字，将它们转换为电子文本，如字符的图像识别。

（3）自动语音识别（automatic speech recognition, ASR）。

自动语音识别简称语音识别，它是让计算机能够理解和处理人类语音的技术。随着深度学习的应用，语音识别在精确度和性能上都有了显著的提高。这项技术在语音分类、语音转文字、语音合成等多个领域展现了广泛的应用潜力。

① 语音分类：深度学习可以对不同类型的语音进行分类，如区分不同语言的语音。

② 语音转文字：深度学习可以将口语语音转换为文字形式，如会议记录的自动生成。

③ 语音合成：深度学习可以生成自然流畅的语音，如智能客服、有声读物等。

3. 深度学习的经典模型

深度学习的经典模型有卷积神经网络、循环神经网络和生成对抗网络。

（1）卷积神经网络（CNN）是一种专门用于处理具有类似网格结构数据（如图像和视频）的深度学习模型。其核心是卷积运算，这种运算能够有效地捕捉输入数据中的空间结构信息。卷积神经网络广泛应用于计算机视觉，如图像识别、图像分割等。

（2）循环神经网络（RNN）是一类用于处理序列数据的深度学习模型，它可以捕捉序列中的长期依赖关系。循环神经网络通过引入循环结构，使得网络可以保留先前的信息并在后续步骤中进行利用。循环神经网络广泛应用于自然语言处理，如文本生成、机器翻译等。

（3）生成对抗网络（GAN）是由生成器和判别器组成的对抗性训练模型，它通过生成器和判别器的相互对抗来进行学习，即让生成器生成的数据尽可能与真实数据接近以欺骗判别器，而判别器则尝试正确区分生成数据和真实数据。生成对抗网络主要用于生成新的数据，如图像生成、文本生成、视频生成等。

小提示

本节仅讲解卷积神经网络的基本思想及应用实现，想要深入学习卷积神经网络和其他深度学习模型的读者，可参考其他资料自行学习。

7.2.2 卷积神经网络

卷积神经网络由输入层、卷积层、池化层、全连接层和输出层组成，其结构如图7-9所示。卷积神经网络通常包含多个卷积层和池化层，这两者共同组成了卷积神经网络的核心结构。

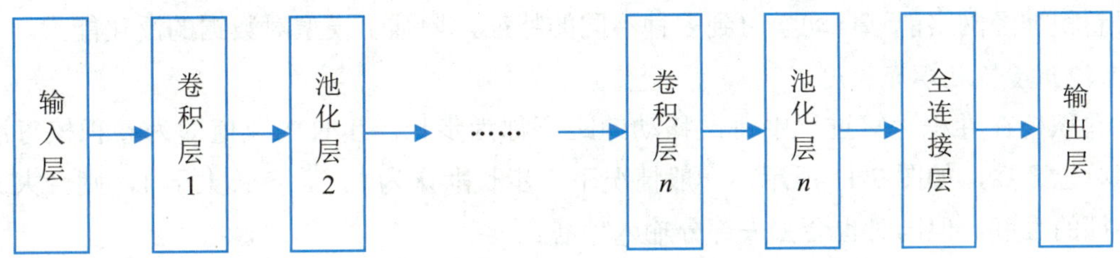

图7-9 卷积神经网络结构

1. 输入层

输入层是卷积神经网络的第一层，它负责接收原始数据，并将其传递给后续的卷积层。在图像识别任务中，输入层通常接收一个三维数组。

Keras的layers模块提供了Input()函数用于创建输入层，其一般使用格式如下：

```
Input(shape=None)
```

其中，shape表示输入数据的形状元组，默认取值为None。

2. 卷积层

卷积层的主要作用是提取输入数据的特征。每个卷积层通过其卷积核在输入数据上进行卷积运算，从而检测出数据中的局部特征。

（1）卷积运算。

卷积运算是卷积神经网络中的核心操作，通常使用“⊗”表示。它就是使用一个特征检测器（也就是卷积核）对数据进行扫描，检测数据的每一个区域，以提取出有用的特征。在这个过程中，卷积核与输入数据的局部区域进行乘法运算，并将结果相加，得到的新值就是这个局部区域的输出值。以二维卷积为例，就是将卷积核在输入数据上进行“从左到右、从上到下”的平移，并对局部区域的数据进行卷积运算，如图7-10所示。

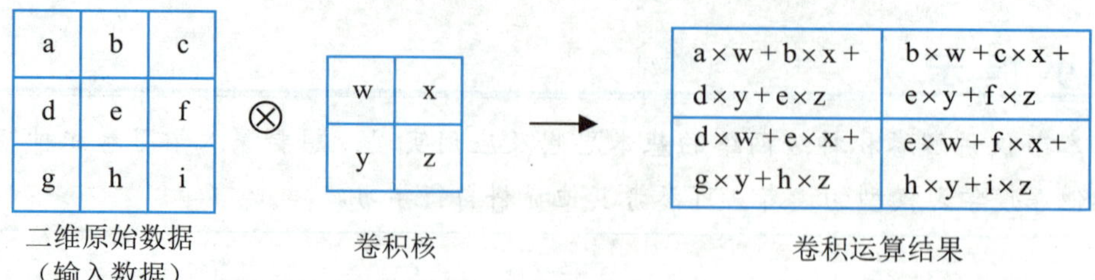

图 7-10 卷积运算过程

卷积核中的数值是一组预先定义的权重值，当卷积核在输入数据上平移运算时，各局部数据共用一个卷积核，也就是共享权重，这极大地减少了参数规模，也有效地避免了过拟合现象的产生。

调整卷积核的大小，可以学习到不同的特征。因此，卷积层通常拥有多个卷积核，使得卷积神经网络能够自动学习到多种不同的特征，增强了模型对数据的泛化能力。

（2）步长和填充长度。

卷积核在卷积运算过程中每次移动的距离称为步长。步长的取值即为卷积核每次移动的单位距离，如图 7-11 所示。一般情况下，步长默认为 1，若步长大于 1，则会大大缩减特征的维度，但同时也会丢失部分输入信息。

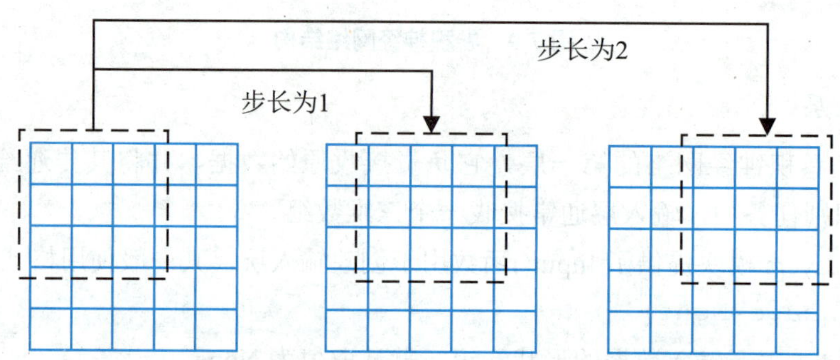

图 7-11 步长为 1、步长为 2 的移动示意图

为了尽可能多地保留原始输入数据的边缘信息，可在输入数据周围填入固定的数据（通常为“0”），这一操作称为填充。填充长度是指输入数据周围填入数据的范围，如图 7-12 所示。

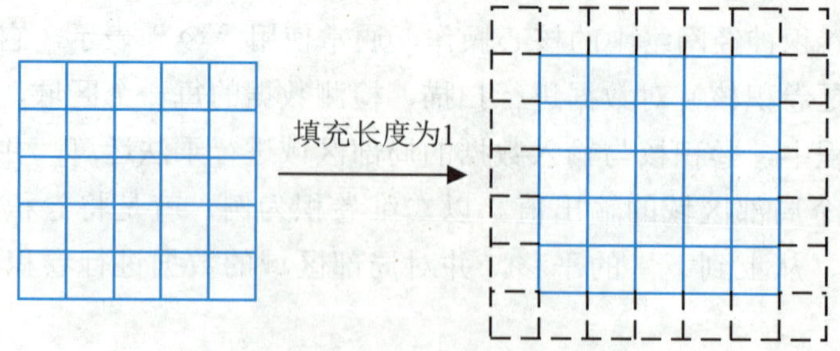

图 7-12 填充长度为 1 的示意图

（3）卷积层算法实现。

Keras 中预建了多种类型的卷积层，此处只介绍常用的 layers 模块提供的 Conv2D 类，它用于创建二维卷积层，其一般使用格式如下：

```
Conv2D(filters,kernel_size,strides=(1,1),padding='valid',
activation=None,use_bias=True,input_shape)
```

各参数的含义如下。

- filters：指定卷积核的数量。
- kernel_size：指定卷积核的尺寸。例如，kernel_size 取值为(3,3)，表示卷积核的尺寸为 3×3。
- strides：指定卷积运算的步长，默认取值为(1,1)，表示在宽度和高度方向上步长均为 1。
- padding：指定填充的方式，可取值为“valid”（无填充）、“same”（填充零），默认取值为“valid”。
- activation：指定要使用的激活函数，可取值为“sigmoid”“softmax”“relu”等，默认取值为 None，表示不采用激活函数。
- use_bias：是否使用偏置，默认取值为 True。
- input_shape：指定输入数据的形式，格式为（高,宽,通道数）。例如，input_shape 取值为（20,20,1），表示输入数据是一个二维图像，图像的大小为 20×20 像素，且图像是单通道的（灰度图像）。该参数仅在当前卷积层为卷积神经网络的第一层时使用。

3. 池化层

池化层通常紧跟在卷积层后面，用于降低输入数据的空间维度。通过池化运算，可以提取关键特征，减少数据中的冗余信息，从而降低模型的复杂度和计算量。

（1）池化运算。

池化运算是通过在数据的特定区域（也称池化窗口）内进行汇总来降低输入数据的空间维度。最常见的池化运算是最大池化和平均池化，它们分别选取每个区域中的最大值或平均值作为输出。以二维池化为例，步长为 2 的最大池化和平均池化的结果如图 7-13 所示。

与卷积层不同，池化层没有要学习的参数。因此，池化运算不会增加模型的复杂度。

（2）池化层算法实现。

Keras 中预建了多种类型的池化层，此处介绍常用的 layers 模块提供的 MaxPool2D 类和 AveragePooling2D 类。MaxPool2D 类用于创建二维最大池化层，其一般使用格式如下：

```
MaxPool2D(pool_size=(2,2),strides=None,padding='valid')
```

各参数的含义如下。

- pool_size：指定池化窗口的大小，默认取值为(2,2)，表示窗口的尺寸为2×2。
- strides：指定池化运算的步长，即每次池化窗口在输入数据上移动的步长。strides 默认取值为 None，表示步长与池化窗口大小相同。
- padding：指定填充的方式，可取值为“valid”（无填充）、“same”（填充零），默认取值为“valid”。

AveragePooling2D 类用于创建二维平均池化层，其一般使用格式如下：

```
AveragePooling2D(pool_size=(2,2),strides=None,padding='valid')
```

其参数与 MaxPool2D 类的参数相同，此处不再赘述。

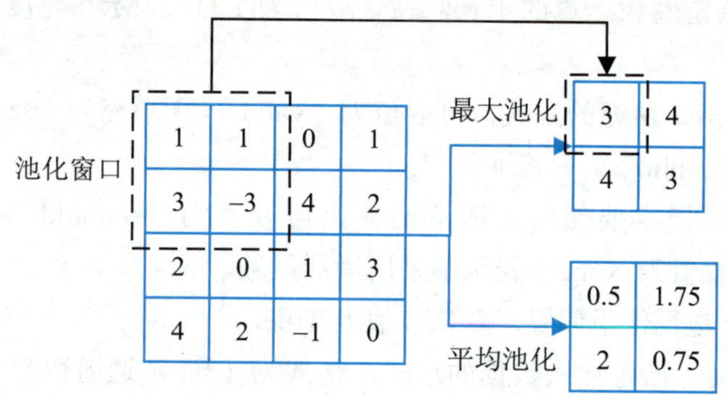

图 7-13　最大池化和平均池化的示意图

4. 全连接层

全连接层的主要作用是对前面卷积层或池化层提取到的特征进行整合，以减少因为特征提取而造成的特征丢失，进一步提取出对分类或回归任务有用的信息。

在卷积神经网络中，经过一系列的卷积层和池化层处理后，得到的特征通常是多维的。但是，在连接到全连接层之前，需要将这些多维特征转换为一维向量，以便能够进行全连接层的计算。因此，可以通过在全连接层前增加一个拉伸层来实现。拉伸层可将输入数据展平，即将多维输入数据一维化。

Keras 的 layers 模块提供了 Flatten 类用于创建拉伸层，以便后续的全连接层能够对特征进行处理和分类，其一般使用格式如下：

```
Flatten()
```

同时，Keras 的 layers 模块提供了 Dense 类用于创建全连接层，其一般使用格式如下：

```
Dense(units,activation=None,use_bias=True)
```

各参数的含义如下。

- units：指定神经元数量。
- activation：指定要使用的激活函数，可取值为“sigmoid”“softmax”“relu”等，默认取值为 None，表示不采用激活函数。

➢ use_bias：是否使用偏置，默认取值为 True。

高手点拨

由于全连接层的权重较多，有时会在全连接层中使用 dropout 技术来减小过拟合的风险。在训练过程中，Dropout 层会以一定的概率随机将神经元的输出设置为 0，从而使得模型不会过度依赖某些神经元。

Keras 的 layers 模块提供了 Dropout 类用于创建 Dropout 层，其一般使用格式如下：

```
Dropout(rate)
```

其中，rate 用于指定神经元被设置为 0 的概率。例如，rate 取值为 0.5，表示在训练过程中，每个神经元有 50%的概率被暂时“关闭”。

5. 输出层

输出层是卷积神经网络的最后一层，用于实现分类或回归任务的最终输出。

（1）分类任务的输出层。

对于二分类问题，通常使用 Sigmoid 激活函数，输出值为属于某个类别的概率。

对于多分类问题，通常使用 Softmax 激活函数，输出值为概率最大的类别。

（2）回归任务的输出层。

在回归问题中，输出层通常不使用激活函数，直接输出一个连续的值。

小 提 示

输出层使用 Keras 的 layers 模块提供了 Dense 类即可实现。其中，神经元数量取决于分类或回归任务的类别数量或输出值的维度。例如，对于 10 个类别的分类任务，输出层有 10 个神经元；对于连续值（如价格）的预测任务，输出层只有 1 个神经元。

6. 卷积神经网络的模型实现

Keras 提供了顺序模型用于构建卷积神经网络模型。顺序模型也称 Sequential 模型，它是一个简单的线性堆叠层，其中每一层都只有一个输入和一个输出。这种模型的特点是层与层之间只有单向的数据流动，没有分支结构。

Keras 的 models 模块提供了 Sequential 类用于创建顺序模型，其一般使用格式如下：

```
Sequential(layer=None,name=None)
```

各参数的含义如下。

➢ layer：要添加到网络模型的层列表或者元组。

➢ name：网络模型的名称。

Sequential 类常用的方法如下。

（1）Sequential 类提供了 add()方法用于添加各种人工神经网络层，如二维卷积层（Conv2D）、二维最大池化层（MaxPooling2D）、全连接层（Dense）等。

（2）Sequential 类提供了 compile()方法用于设置模型的学习过程，即编译模型，其一般使用格式如下：

```
compile(optimizer='rmsprop',loss=None,metrics=None)
```

各参数的含义如下。

- optimizer：指定训练过程中使用的优化算法，可取值为“sgd”“rmsprop”“adam”等，默认取值为“rmsprop”。
- loss：指定模型需要的损失函数，可取值为“binary_crossentropy”（二元交叉熵）、“categorical_crossentropy”（分类交叉熵）、“mean_squared_error”（均方误差）等。
- metrics：指定评价模型性能的指标，可以是定义的字符串名称，也可以是可调用对象。例如，metrics 取值为“['accuracy']”，表示评价指标为准确率。

（3）Sequential 类提供了 fit()方法用于训练模型，其一般使用格式如下：

```
fit(x,y,batch_size=32,epochs=1,validation_data=None)
```

各参数的含义如下。

- x：指定训练模型的数据。
- y：指定训练模型的数据标签。
- batch_size：指定每次迭代用来更新模型权重的样本数。若设置较大的值，可以加快模型训练过程，但可能会导致内存消耗增加。batch_size 默认取值为 32，表示模型在训练过程中，会从训练集中随机选择 32 个样本来更新模型的参数。
- epochs：指定训练过程中数据迭代的次数。
- validation_data：指定在训练过程中用来评价模型性能的数据。

（4）Sequential 类提供了 evaluate()方法用于评价模型的性能，其一般使用格式如下：

```
evaluate(x,y)
```

其中，x 是输入特征；y 是真实标签。该方法返回两个指标，即损失值和准确率。其中，损失值用于衡量预测值与真实值之间的差异程度。

（5）Sequential 类提供了 predict()方法用于预测新样本的输出，其一般使用格式如下：

```
predict(x,batch_size=None,verbose=0)
```

其中，x 是预测数据；batch_size 是指定进行预测时的批处理大小，默认为 None。

德育长廊

深度学习作为人工智能领域的关键驱动力，其发展水平已成为国际科技竞争的焦点。从卷积神经网络到当前引发范式变革的大语言模型，人工智能正以前所未有的速度重塑各产业形态。

我国已将人工智能提升到国家战略层面，着力推动实现高水平科技自立自强。在此背景下，学习与掌握深度学习知识，不仅是掌握一门前沿技术，更是践行科技报国使命、参与构建国家竞争优势的具体行动。为此，我们必须夯实理论基础，强化创新能力，为提升我国在全球人工智能领域的核心竞争力贡献坚实的专业力量。

案例实施2——使用卷积神经网络识别手写数字

1. 新建项目并安装Python库

使用卷积神经网络识别手写数字

步骤1 启动PyCharm，新建名称为“深度学习”、Python版本为“Python 3.12.2”的项目。

步骤2 安装Pandas、Matplotlib、Keras和TensorFlow。

高手点拨

TensorFlow是目前使用较为广泛的深度学习框架之一。Keras默认使用TensorFlow作为后端引擎。因此，在使用Keras提供的类和方法构建、编译和训练深度学习模型时，需要提前安装TensorFlow。安装TensorFlow时会自动安装Keras。

需要注意的是，若TensorFlow无法直接安装，可选择低版本的TensorFlow进行安装。

2. 获取数据

步骤1 新建名称为“使用卷积神经网络识别手写数字”的Python文件。

步骤2 导入当前案例实施所需要的datasets模块、models模块、layers模块和utils模块。

```
# 导入当前案例实施所需要的模块
from keras import datasets          # 用于导入数据集
from keras import models            # 用于导入顺序模型
from keras import layers            # 用于导入人工神经网络层
from keras import utils             # 用于数据处理
```

步骤3 从datasets模块中导入MNIST数据集，将训练集的特征值和真实值分别存储在X_train和y_train中，将测试集的特征值和真实值分别存储在X_test和y_test中。

```
# 导入MNIST数据集
(X_train,y_train),(X_test,y_test)=datasets.mnist.load_data()
```

步骤4 对X_train和X_test进行规范化处理，将数值规范化在区间[0,1]上，以便适应模型的输入格式。然后使用to_categorical()函数对真实值y_train和y_test（0~9）进行独热编码。

```
# 数据规范化
X_train,X_test=X_train/255,X_test/255
# 数据编码
y_train=utils.to_categorical(y_train,num_classes=10)
y_test=utils.to_categorical(y_test,num_classes=10)
```

高手点拨

utils 模块提供的 to_categorical()函数用于将类别标签转换为独热编码形式。独热编码的特点是每个类别用一个向量表示，其中只有一个元素为 1（表示该类别），其余元素为 0。

3. 构建模型并评价

适当的卷积神经网络层数可以在不过度复杂化模型的情况下学习到有效的特征，同时减少过拟合的风险。对于 MNIST 数据集，选择输入层、两个卷积层、两个池化层、一个拉伸层、一个全连接层和输出层构建卷积神经网络即可满足需求。

步骤 1 使用 Sequential 类创建一个空的卷积神经网络模型，然后按顺序添加人工神经网络层。

```
# 创建空的卷积神经网络模型
model=models.Sequential()
```

步骤 2 添加卷积神经网络的输入层。卷积神经网络的输入数据形式为（高,宽,通道数）。此处输入形式应为（28,28,1）。

```
# 添加输入层
model.add(layers.Input(shape=(28,28,1)))
```

步骤 3 添加卷积神经网络的卷积层和池化层。随着人工神经网络深度的增加，可以逐渐增加卷积核数量以提取更复杂的特征。因此，第一个卷积层选择 32 个卷积核，第二个卷积层选择 64 个卷积核，卷积核的大小都选择 3×3，激活函数都选择 ReLU 函数。而较小的池化窗口能够保留更多的细节，因此两个池化层都选择 2×2 的池化窗口。

```
# 添加第一个卷积层
model.add(layers.Conv2D(32,(3,3),activation='relu'))
# 添加第一个池化层
model.add(layers.MaxPooling2D((2,2)))
# 添加第二个卷积层
model.add(layers.Conv2D(64,(3,3),activation='relu'))
# 添加第二个池化层
model.add(layers.MaxPooling2D((2,2)))
```

步骤 4 添加卷积神经网络的全连接层。首先添加一个拉伸层将多维特征转换为一维向量，以便后续连接全连接层。然后添加全连接层，以便更好地学习不同类别之间的细微差异，此处选择 128 个神经元，激活函数选择 ReLU 函数。

```
# 添加一个拉伸层
model.add(layers.Flatten())
# 添加一个全连接层
model.add(layers.Dense(128,activation='relu'))
```

步骤 5 添加卷积神经网络的输出层。MNIST 数据集中共有 10 个类别的数字，是多分类问题，因此选择 10 个神经元，激活函数选择 Softmax 函数。

```
# 添加输出层
model.add(layers.Dense(10,activation='softmax'))
```

步骤 6 使用 compile()方法编译模型。其中，优化算法使用 Adam 算法；损失函数使用“categorical_crossentropy”（分类交叉熵）；评价指标为“accuracy”（准确率）。

```
# 编译模型
model.compile(optimizer='adam',loss='categorical_crossentropy',
metrics=['accuracy'])
```

步骤 7 使用 fit()方法训练模型。其中，训练数据为 X_train；训练数据标签为 y_train；更新模型权重的样本数为 128，以加快收敛速度；迭代的次数为 10 次，以充分学习数据中的特征。

```
# 训练模型
history=model.fit(X_train,y_train,batch_size=128,epochs=10)
```

步骤 8 使用 evaluate()方法评价模型的性能。

```
# 评估模型
loss,accuracy=model.evaluate(X_test,y_test)
print('测试集损失值：',loss)
print('测试集准确率：',accuracy)
```

步骤 9 运行程序，结果如图 7-14 所示。可以看出，模型的损失值比较低，说明预测值与真实值之间的差异较小；准确率比较高，说明模型正确分类的比例较高。整体上看，这些指标清晰地展示了模型具有卓越的性能。

```
测试集损失值： 0.029252704232931137
测试集准确率： 0.9905999898910522
```

这两个值取决于模型的训练过程，并不固定，可多次运行实验并取平均值，以获取更稳定的结果

图 7-14 卷积神经网络模型的损失值和准确率

4. 知识表示

步骤1 导入所需要的 NumPy 和 pyplot 模块。应用构建的卷积神经网络模型预测测试集的标签，最后利用循环输出前 10 个测试集的预测值。

```
import numpy as np
import matplotlib.pyplot as plt                # 导入pyplot 模块
plt.rcParams['font.sans-serif']='SimSun'# 设置可视化字体为“宋体”
# 应用卷积神经网络模型预测
y_pred=model.predict(X_test)
plt.figure(figsize=(10,5))                    # 设置图形的尺寸
# 循环输出前10 个测试集预测结果
for i in range(10):
    # 创建2 行5 列的子图
    plt.subplot(2,5,i+1)
    # 显示28×28 的灰度图像
    plt.imshow(X_test[i].reshape(28,28),cmap='gray')
    # 设置每个子图的标题
    plt.title(f" 真 实 值 :{np.argmax(y_test[i])}\n"f" 预 测 值 :
{np.argmax(y_pred[i])}")
plt.show()                                    # 显示图形
```

高手点拨

① Matplotlib 的 pyplot 模块提供了 subplot()函数用于在同一画布上创建多个子图。通过这种方式，人们可以在单个图形窗口中组织多个图形，从而更有效地呈现数据。其一般使用格式如下：

```
subplot(nrows,ncols,index)
```

其中，nrows 用于指定行数；ncols 用于指定列数；index 用于指定当前子图的位置。

② Matplotlib 的 pyplot 模块提供了 imshow()函数用于显示二维或三维数组数据和图像，其一般使用格式如下：

```
imshow(X,cmap=None)
```

其中，X 用于指定要显示的图像信息；cmap 用于指定图像的颜色，通常取值为“gray”，表示灰度图像。

③ NumPy 提供的 argmax()函数用于返回数组中最大值的索引。

步骤2 运行程序，结果如图 7-15 所示。可以看到，卷积神经网络模型可以精准地识别手写数字。

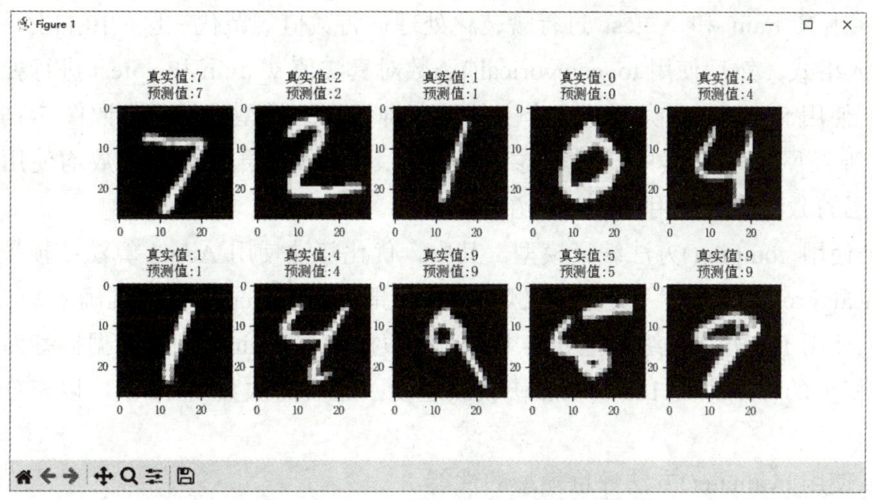

图 7-15 前 10 个测试集预测结果

项目实训

1. 实训目的

练习使用卷积神经网络模型进行图像识别。

2. 实训内容

本实训基于 Cifar-10 数据集，使用卷积神经网络识别彩色图像，卷积神经网络模型结构如图 7-16 所示。其中，Cifar-10 数据集是一个图像识别分类数据集，共分为 10 类，类别包括飞机、狗、船等。该数据集共包含 60 000 张彩色图像，每张图像都是 32×32 像素的彩色图像（像素值范围为 0～255）。

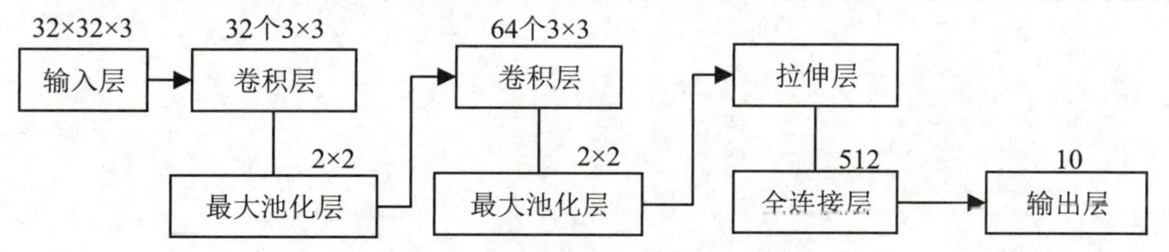

图 7-16 卷积神经网络模型结构

（1）在“深度学习”项目下，新建名称为“使用卷积神经网络识别彩色图像”的 Python 文件。

（2）导入所需要的模块，并从 datasets 模块中导入 Cifar-10 数据集，将训练集的特征值和真实值分别存储在 X_train 和 y_train 中，将测试集的特征值和真实值分别存储在 X_test 和 y_test 中。

（3）对 X_train 和 X_test 进行规范化处理，将数值规范化在区间[0,1]上，以便适应模型的输入格式。然后使用 to_categorical()函数对真实值 y_train 和 y_test 进行独热编码。

（4）使用 Sequential 类创建一个空的卷积神经网络模型，然后参照图 7-16，按顺序添加人工神经网络层。其中，卷积层、池化层、全连接层的激活函数均使用 ReLU 函数；输出层的激活函数使用 Softmax 函数。

（5）使用 compile()方法编译模型。其中，优化算法使用 Adam 算法；损失函数使用“categorical_crossentropy”（分类交叉熵）；评价指标为“accuracy”（准确率）。

（6）使用 fit()方法训练模型。其中，训练数据为 X_train；训练数据标签为 y_train；更新模型权重的样本数为 128，以加快收敛速度；迭代的次数为 10 次，以充分学习数据中的特征。

（7）使用 evaluate()方法评价模型的性能。

（8）应用构建的卷积神经网络模型预测测试集的标签，最后利用循环输出前 10 个测试集的预测值。

3. 实训小结

按要求完成实训内容，并将实训过程中遇到的问题和解决办法记录在表 7-1 中。

表 7-1 实训过程

序 号	主要问题	解决办法
1		
2		
3		
4		
5		

项目总结

完成本项目的学习与实践后，请总结应掌握的重点内容，并将图 7-17 中的空白处填写完整。

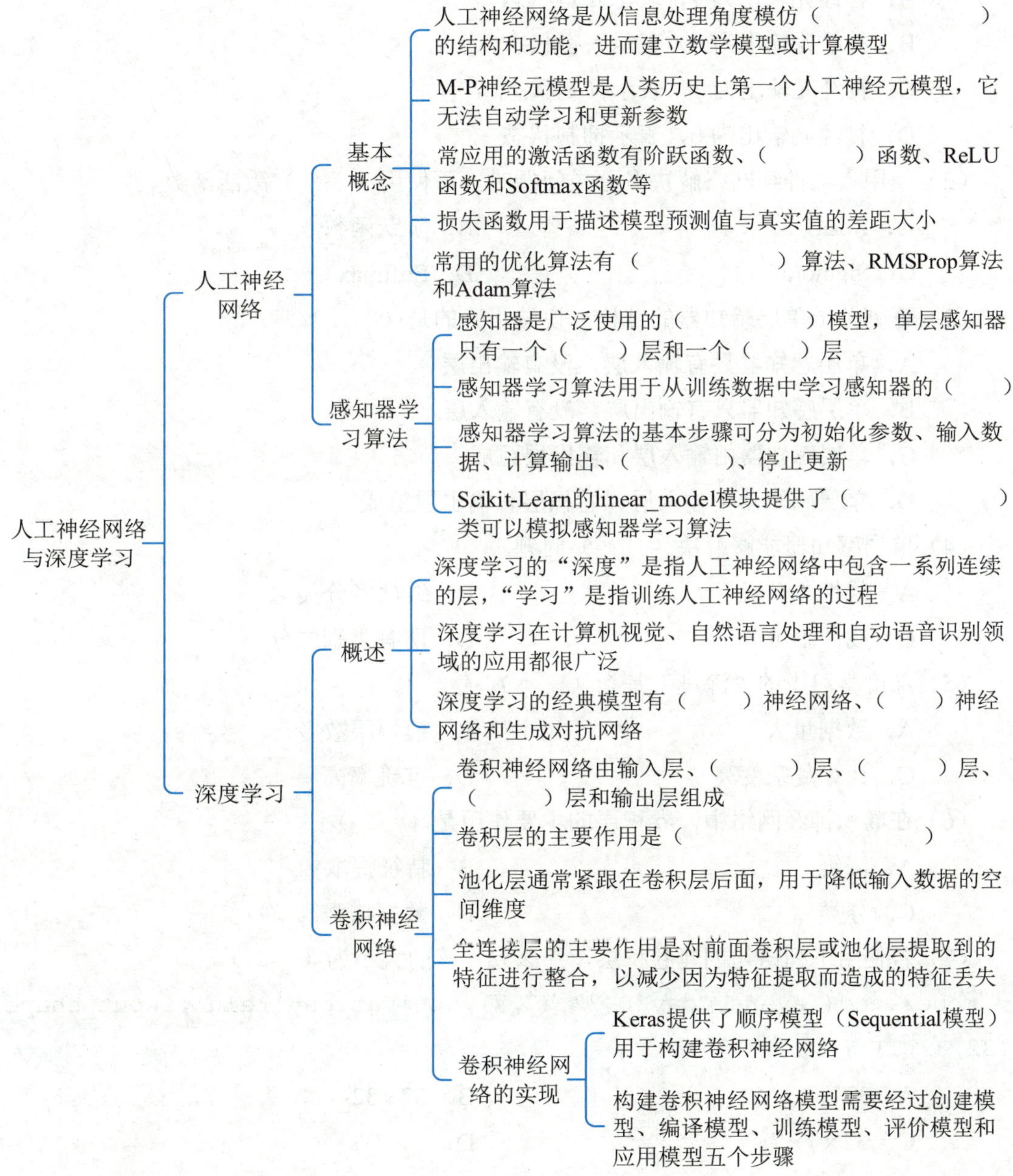

图 7-17　项目总结

项目考核

1. 选择题

（1）在 M-P 神经元模型中，若所有输入数据的加权和超过阈值，那么（　　）。

A．神经元输出为 1，表示兴奋状态

B．神经元输出为 0，表示兴奋状态

C．神经元输出为 1，表示抑制状态

D．神经元输出为 0，表示抑制状态

（2）使用人工神经网络解决多分类问题时，可使用（　　）激活函数。

A．ReLU　　B．阶跃函数

C．Sigmoid　　D．Softmax

（3）下列关于单层感知器的结构，说法正确的是（　　）。

A．单层感知器只有输入层，没有输出层

B．单层感知器只有输出层，没有输入层

C．单层感知器由输入层和输出层组成

D．单层感知器由输入层、卷积层和输出层组成

（4）单层感知器能够解决（　　）问题。

A．线性二分类　　B．线性多分类

C．线性不可分　　D．所有类别的分类

（5）深度学习中的“深度”是指（　　）。

A．数据量大　　B．模型层数多

C．计算复杂度高　　D．准确率高

（6）在卷积神经网络中，卷积层的主要作用是（　　）。

A．降维　　B．特征提取

C．分类　　D．数据增强

（7）若使用下列语句创建卷积层，那么卷积核的大小为（　　）。

```
model.add(layers.Conv2D(32,(7,7),activation='relu',input_shape
=(32,32,1)))
```

A．32　　B．32×32

C．32×7×7　　D．7×7

（8）当使用 Conv2D 类创建的卷积层是人工神经网络的第一层时，须提供（ ）参数。

A. activation
B. strides
C. input_shape
D. padding

2. 判断题

（1）优化算法用于描述模型预测值与真实值的差异大小。（ ）

（2）感知器的学习率决定了一次迭代中权重的更新幅度。（ ）

（3）感知器不需要进行训练就可以确定权重和偏置。（ ）

（4）在卷积神经网络中，卷积核的尺寸越大，提取的特征信息就越少。（ ）

（5）在卷积神经网络中，全连接层主要用于对卷积层或池化层提取到的特征进行整合。（ ）

3. 简答题

（1）简要说明感知器学习算法的基本步骤。

（2）简要说明卷积神经网络中卷积层和池化层的作用。

项目评价

请同学们结合本项目的学习情况，对学习成果进行自评和互评（组内成员相互评分），然后请指导教师进行师评和总评，并将评价结果填入表 7-2 中。

表 7-2　项目评价

评价项目	评价内容	分值	评价分数		
			自评	互评	师评
项目完成度（20%）	项目准备阶段，回答问题清晰准确，紧扣主题，没有明显错误	5 分			
	项目实施阶段，根据操作步骤完成本项目	5 分			
	项目实训阶段，出色地完成实训内容	5 分			
	项目总结阶段，正确地将项目总结的空白信息补充完整	2 分			
	项目考核阶段，正确地完成考核题目	3 分			
知识（30%）	熟悉人工神经网络的基本概念	6 分			
	熟悉感知器的概念	4 分			
	理解感知器学习算法的基本步骤，并掌握其实现方法	6 分			
	熟悉深度学习的概念、应用领域和经典模型	4 分			
	理解卷积神经网络各层的作用，并掌握卷积神经网络的实现方法	10 分			
技能（30%）	能够使用感知器和卷积神经网络对目标数据进行分类	30 分			
素养（20%）	具有自主学习意识，做好课前准备	5 分			
	文明礼貌，遵守课堂纪律	5 分			
	善于思考，积极参与，勇于提出问题	5 分			
	具有团队合作精神，出色完成小组任务	5 分			
总评	综合分数______自评（25%）+互评（25%）+师评（50%）	100 分			
	综合等级______	指导教师签字______			
总结提高	最突出的表现（创新或进步）： 还需改进的地方（不足或缺点）：				

说明：综合等级可以“优”（综合得分≥90 分）、“良”（80 分≤综合得分<90 分）、“中”（60 分≤综合得分<80 分）、“差”（综合得分<60 分）为标准进行评价。

项目 8

综合案例——某地二手房数据挖掘

项目导读

二手房由于具备配套设施完善、选择面广、现房交易等优势，越来越受到广大购房者的青睐。但是，二手房市场复杂多变，房源数量庞大且繁杂，当购房者浏览二手房房源信息时，难免会面临一些困扰，如哪个城区房源多、房龄对房价是否有影响、自己适合选择哪类房源等。

为了更好地分析市场趋势，挖掘价格变化的规律，本项目以北京二手房房源为例，挖掘数据潜在规律，为购房者、售房者、房产中介、房地产开发商等相关人群提供有效的市场参考和决策支持。

项目目标

知识目标

- 进一步熟悉数据挖掘的整体流程。
- 进一步掌握数据探索与预处理的常用方法。
- 进一步掌握多元线性回归模型和 K-Means 算法的实现方法。

技能目标

- 能够结合实际项目需求进行数据探索与预处理。
- 能够结合不同的项目需求采用合适的算法构建数据挖掘模型。

素养目标

- 提高运用所学知识和技能解决实际问题的能力。
- 培养严谨的逻辑思维，养成良好的思考习惯，以提高工作效率与质量。

项目分析

本项目使用的数据集是“北京二手房房源”数据集，该数据集中包含 3 000 条二手房房源信息，每条信息包括二手房的小区名、所在街道或镇、城区、户型（室、厅）、面积、房龄、朝向、装修、结构、总价、单价和房源标签（是否近地铁），如图 8-1 所示。

小区名	所在街道或镇	城区	室	厅	面积（平方米）	房龄	朝向	装修	结构	总价（万元）	单价（元/平方米）	房源标签
台湖银河湾	通州其他	通州	3	1	79.74	4	南 北	精装	板楼	550	68975	
安华里社区	安贞	朝阳	1	1	59.06	32	西 北	其他	塔楼	462	78226	
卢卡新天地	天通苑	昌平	2	1	90.03	8	东北	其他	板塔结合	492	54649	近地铁
龙湖长城源著燕京楼	古北口镇	密云	3	2	115.48	4	东 南	精装	板塔结合	465	40267	
首创紫悦台	良乡	房山	3	1	95		南 北	精装	板楼	415	43685	近地铁
鲁能7号院水岸公馆	马坡	顺义	3	2	142.64	8	南 北	精装	板楼	520	36456	
嘉铭桐城A区	亚运村小营	朝阳	2	1	88.29	21	南	精装	暂无数据	766	86759	近地铁
南宫雅苑一期	丰台其他	丰台	2	2	99.43	19	南 北	精装	板楼	283	28463	
东壁街	崇文门	东城	1	0	23.2	6	南	其他	平房	348	150000	近地铁
东亚印象台湖	通州其他	通州	2	1	65.12	7	南	其他	板楼	225	34552	
北京金茂府	宋家庄	丰台	4	2	205.7	0	南 北	精装	暂无数据	2789	135586	近地铁
龙华园	回龙观	昌平	2	1	69.83	27	南 北	毛坯	板楼	435	62295	
塔院小区	牡丹园	海淀	1	1	45.5	33	南	其他	板楼	560	123077	近地铁
中信新城两限区	亦庄开发区其他	亦庄开发区	2	1	72.59	9	南 北	其他	板塔结合	320	44084	
新贤家园	怀柔	怀柔	2	1	72.27	9	东 南 北	精装	板楼	285	39436	
沸城	卢沟桥	丰台	3	1	123.02	14	西南	精装	板塔结合	489	39750	
华芳园	成寿寺	丰台	3	1	96.57	22	西南 北	简装	塔楼	430	44528	近地铁
马连道中街	马连道	西城	2	1	48.29	46	南	其他	板楼	670	138746	
北分厂	海淀北部新区	海淀	2	1	53.8	42	南 北	精装	板楼	368	68402	近地铁

图 8-1 “北京二手房房源”数据集（部分）

本项目对北京二手房房源信息进行数据挖掘，过程可分为以下五个步骤。

步骤 1：需求分析。明确二手房数据挖掘的需求和目标。

步骤 2：数据预处理。分析数据中存在的缺失值、异常值，然后处理缺失值、异常值、重复值，并结合数据挖掘模型的需要进行数据编码。

步骤 3：数据探索。结合数据预处理结果，进行数据特征分析，包括二手房面积和房龄分布分析、二手房数量分布分析、二手房平均单价分析和二手房总价分析。

步骤 4：房价预测。构建多元线性回归模型，以预测二手房房价。

步骤 5：房源分析。构建 K-Means 聚类模型，以分析不同类型房源的特点。

8.1 需求分析

随着北京房地产市场的不断发展和变化，二手房交易在整个房地产市场中占据着越来越重要的地位。对于购房者、售房者、房产中介、房地产开发商来说，准确了解二手房市场的动态和规律至关重要。

（1）对于购房者而言，希望能够获取准确的房价信息，了解不同城区的房价和房源特点，以便做出合理的购房决策。

（2）对于售房者而言，想要了解自己房源的定价是否合理，同时掌握市场需求和竞争情况，以便在合适的时机出售房源并获得较好的收益。

（3）对于房产中介而言，希望通过对二手房数据的挖掘，为客户提供更精准的房源推荐，进而提高交易率和客户满意度。

（4）对于房地产开发商而言，想要了解二手房市场的价格趋势，以便合理规划新项目的开发规模、户型设计和定价策略等。

基于上述需求，需要实现的数据挖掘目标如下。

（1）房价预测。构建房价预测模型，预测不同城区、户型、面积、房龄、朝向、装修、结构和房源标签（是否近地铁）的二手房房价，为购房者、售房者提供价格参考。

（2）房源分析。构建聚类模型，将二手房房源分为不同的类别，以便了解不同类别房源的特点，为房产中介、房地产开发商制订营销策略提供支持。

8.2 某地二手房数据预处理

北京二手房数据预处理

在数据挖掘中，理论上可以将数据探索和数据预处理视为两个不同的阶段，但在实际应用中，它们是一个不断迭代、交叉的过程，根据数据集特点灵活执行这两个阶段，可更好地为后续的建模提供良好的数据基础。

本项目将数据探索中的数据质量分析与数据预处理结合，首先对数据进行初步分析，发现其中的缺失值、异常值和重复值，然后进行数据预处理，最后再进行数据探索中的数据特征分析，以确认数据预处理是否达到预期效果。

8.2.1 缺失值处理

对于北京二手房房源信息，首先需要检测数据中存在的缺失值，然后选择合适的方式处理缺失值。

步骤 1 启动 PyCharm，新建名称为“北京二手房数据挖掘”，Python 版本为“Python 3.12.2”的项目。

步骤 2 安装 Pandas、openpyxl、Matplotlib 和 Scikit-Learn。

步骤 3 新建名称为“北京二手房数据预处理”的 Python 文件。

步骤 4 导入数据预处理所需要的 Pandas。

```
# 导入数据预处理所需要的库
import pandas as pd
```

步骤 5 读取“北京二手房房源”数据集，并输出每个属性的缺失值个数。

```
# 读取“北京二手房房源”数据集
df=pd.read_excel('北京二手房房源.xlsx')
print(df.isnull().sum())                 # 统计并输出每个属性的缺失值个数
```

步骤 6 运行程序，结果如图 8-2 所示。可以看出，“房龄”和“房源标签”属性存在缺失值。其中，“房龄”属性的缺失值较少，适合直接删除对应的行，“房源标签”属性的缺失值较多，根据其数据含义，可采用固定值“不近地铁”填补。

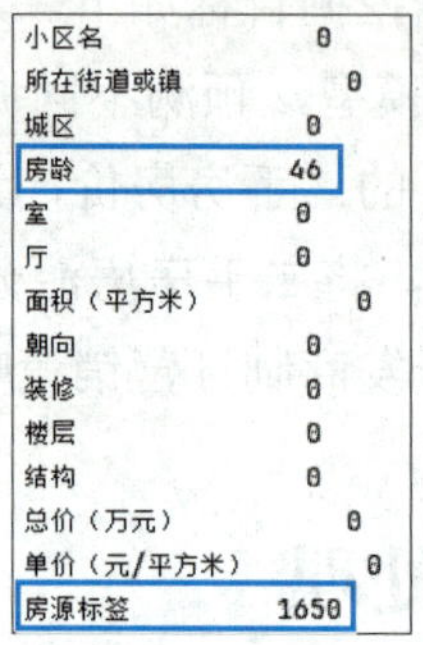

```
小区名          0
所在街道或镇      0
城区           0
房龄          46
室            0
厅            0
面积（平方米）     0
朝向           0
装修           0
楼层           0
结构           0
总价（万元）      0
单价（元/平方米）   0
房源标签      1650
```

图 8-2　缺失值个数统计结果

步骤 7 使用 dropna()函数删除“房龄”属性中缺失值所在的行，使用 fillna()函数实现固定值“不近地铁”填补“房源标签”属性中的缺失值。

```
# 缺失值处理
df=df.dropna(subset='房龄')                 # 删除缺失值
df=df.fillna({'房源标签':'不近地铁'})          # 填补缺失值
# 查看前 10 条数据，确认删除效果
print('缺失值处理后的数据：\n',df[:10])
```

步骤 8 再次运行程序，结果如图 8-3 所示。可以看出，此时数据中已不存在缺失值。

缺失值处理后的数据：

	小区名	所在街道或镇	城区	室	厅	...	装修	结构	总价（万元）	单价（元/平方米）	房源标签
0	台湖银河湾	通州其他	通州	3	1	...	精装	板楼	550.0	68975	不近地铁
1	安华里社区	安贞	朝阳	1	1	...	其他	塔楼	462.0	78226	不近地铁
2	卢卡新天地	天通苑	昌平	2	1	...	其他	板塔结合	492.0	54649	近地铁
3	龙湖长城源著燕京楼	古北口镇	密云	3	2	...	精装	板塔结合	465.0	40267	不近地铁
5	鲁能7号院水岸公馆	马坡	顺义	3	2	...	精装	板楼	520.0	36456	不近地铁
6	嘉铭桐城A区	亚运村小营	朝阳	2	1	...	精装	暂无数据	766.0	86759	近地铁
7	南宫雅苑一期	丰台其他	丰台	2	2	...	精装	板楼	283.0	28463	不近地铁
8	东壁街	崇文门	东城	1	0	...	其他	平房	348.0	150000	近地铁
9	东亚印象台湖	通州其他	通州	2	1	...	其他	板楼	225.0	34552	不近地铁
10	北京金茂府	宋家庄	丰台	4	2	...	精装	暂无数据	2789.0	135586	近地铁

图 8-3　缺失值处理后的前 10 条数据

8.2.2 异常值处理

在北京二手房房源信息中，“结构”属性中包含“暂无数据”信息，可以将其看作异常值并删除。此外，根据实际经验，若二手房的房龄太大（如超过 50 年），那么该房源的购买价值不大，因此可以将其看作异常值并删除。

步骤 1 输出删除异常值前的数据量。然后，获取“结构”为“暂无数据”的数据并将其删除；获取“房龄”小于 0 或大于 50 的数据并将其删除。最后，输出删除异常值后的数据量。

```
# 异常值处理
print('删除异常值前的数据量：',len(df))
# 获取“结构”为“暂无数据”的数据并删除
df1=df[df['结构']=='暂无数据']
df=df.drop(df1.index)
# 获取“房龄”小于 0 或大于 50 的数据并删除
df2=df['房龄'][(df['房龄']<0)|(df['房龄']>50)]
df=df.drop(df2.index)
print('删除异常值后的数据量：',len(df))
```

步骤 2 运行程序，结果如图 8-4 所示。可以看出，共删除了 47 条异常值数据，约占总数据量的 1.59%，不会对分析结果产生较大的影响。

```
删除异常值前的数据量： 2954
删除异常值后的数据量： 2907
```

图 8-4 删除异常值前后数据量对比

8.2.3 重复值处理

二手房房源信息中若存在重复的数据，可能会造成数据挖掘模型过拟合。因此，需要对重复值进行处理，保留重复值的第一行，并删除其他重复值。

步骤 1 输出删除重复值前的数据量。然后，使用 drop_duplicates()函数删除重复值中除第一行外的其他重复值。最后，输出删除重复值后的数据量。

```
# 重复值处理
print('删除重复值前的数据量：',len(df))
df=df.drop_duplicates()          # 删除重复值中除第一行外的其他重复值
print('删除重复值后的数据量：',len(df))
```

步骤 2 运行程序，结果如图 8-5 所示。可以看出，共删除了 12 条重复值数据。

```
删除重复值前的数据量： 2907
删除重复值后的数据量： 2895
```

图 8-5 删除重复值前后数据量对比

8.2.4 数据编码

在使用模型对房价进行预测时，无法直接使用字符型数据，须对其进行编码，以将其转换为数值型数据。在北京二手房房源信息中，对于“城区”“装修”“结构”“房源标签”属性，可通过 get_dummies()函数进行编码；对于“朝向”属性，需要创建“东”“南”“西”“北”“东北”“东南”“西北”“西南”八个新属性来存放朝向信息。

步骤 1 使用 get_dummies()函数对“城区”“装修”“结构”和“房源标签”属性进行数据编码，然后将原始数据与编码数据合并。

```
# 对“城区”“装修”“结构”和“房源标签”属性进行数据编码
encoded_df=pd.get_dummies(df[['城区','装修','结构','房源标签']],
prefix='',prefix_sep='',dtype=int)
# 使用 concat()函数将原始数据和编码数据沿列方向合并
df=pd.concat([df,encoded_df],axis=1)
```

步骤 2 创建“东”“南”“西”“北”“东北”“东南”“西北”“西南”八个新属性存放朝向信息。然后使用循环语句和 contains()函数查找“朝向”数据中是否存在这八个方向，若存在则标记为 1，若不存在则标记为 0。

```
# 创建八个新属性
directions=['东','南','西','北','东北','东南','西北','西南']
# 循环查找“朝向”数据中是否存在 directions 中的朝向
for direction in directions:
    df[direction]=df['朝向'].str.contains(direction).astype(int)
```

步骤 3 使用 to_excel()函数导出“北京二手房房源”数据预处理后的结果，并将其存放在“北京二手房房源_预处理.xlsx”文件中。

```
# 导出“北京二手房房源_预处理”数据
df.to_excel('北京二手房房源_预处理.xlsx',index=False)
```

8.3 某地二手房数据探索

北京二手房数据探索

处理了北京二手房房源信息中的缺失值、异常值和重复值后，继续进行数据探索，以确认数据预处理是否达到预期效果。在本项目中，数据探索的内容具体为二手房面积和房龄分布分析、二手房数量分布分析、二手房平均单价分析和二手房总价分析。

8.3.1 二手房面积和房龄分布分析

对于购房者来说，房源面积和房龄是其重点考虑的问题。为了清晰地了解市场上房源的面积和房龄情况，本节通过绘制北京二手房面积和房龄的分布直方图，以观察它们的分布情况。

步骤1 新建名称为“北京二手房数据探索”的 Python 文件。

步骤2 导入数据探索所需要的 Pandas 和 pyplot 模块，并设置可视化字体为“宋体”。

```
# 导入当前项目所需要的库和模块
import pandas as pd
import matplotlib.pyplot as plt
plt.rcParams['font.sans-serif']='SimSun'# 设置可视化字体为“宋体”
```

步骤3 读取“北京二手房房源_预处理”数据集。

```
# 读取“北京二手房房源_预处理”数据集
df=pd.read_excel('北京二手房房源_预处理.xlsx')
```

步骤4 使用 hist()函数绘制“面积（平方米）”数据直方图，查看二手房面积的分布情况。

```
# 绘制“面积（平方米）”数据的直方图（10 等分）
plt.hist(df['面积（平方米）'],bins=10)
plt.xlabel('面积（平方米）')                    # 横坐标名称
plt.ylabel('数量')                              # 纵坐标名称
plt.title('二手房面积分布')                      # 标题名称
plt.show()                                      # 显示图形
```

步骤5 运行程序，结果如图 8-6 所示。可以看出，绝大多数的二手房面积在 150 平方米以内。这说明在市场供应方面，中小面积的二手房更为主流，这可能是因为中小面积的房源总价相对较低，符合一般家庭的经济承受能力。

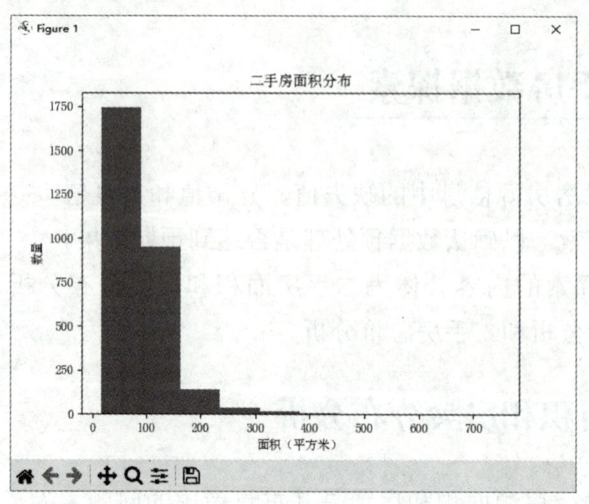

图 8-6　二手房面积分布直方图

步骤 6 使用 hist()函数绘制“房龄”数据直方图，查看二手房房龄的分布情况。

```
plt.hist(df['房龄'],bins=10)     # 绘制“房龄”数据的直方图（10 等分）
plt.xlabel('房龄（年）')           # 横坐标名称
plt.ylabel('数量')                 # 纵坐标名称
plt.title('二手房房龄分布')         # 标题名称
plt.show()                         # 显示图形
```

步骤 7 运行程序，结果如图 8-7 所示。可以看出，绝大多数的二手房房龄在 5 年到 30 年之间。这可能是因为较新的房源更能够满足购房者在居住条件和舒适度上的要求，进而使得这些房源在当前市场中具有较高的交易需求。

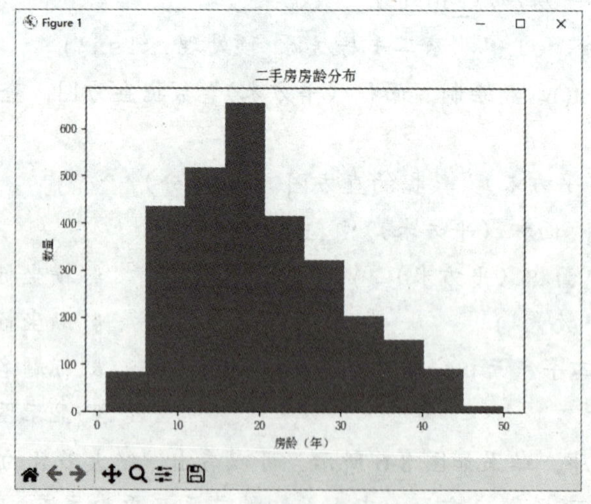

图 8-7　二手房房龄分布直方图

8.3.2 二手房数量分布分析

哪个城区的二手房房源多，就意味着该城区的二手房市场较为活跃，也表明如果购买了该城区房产，未来也相对比较容易售卖。为了直观地了解北京各城区二手房的市场规模，本节绘制二手房数量分布饼图，以观察二手房数量分布情况。

步骤 1 统计各城区的二手房数量，并将房源数量少于 30 的城区合并为“其他”。

```
# 统计各城区的二手房数量
count_district=df['城区'].value_counts()
# 筛选出房源数量少于 30 的城区
other_districts=count_district[count_district<30]
# 获取房源数量大于等于 30 的城区以构建新的数据系列
new_count_district=count_district[count_district>=30]
# 合并房源数量小于 30 的城区为“其他”
new_count_district['其他']=other_districts.sum()
```

步骤 2 使用统计后的数据绘制二手房数量分布饼图。

```
# 获取统计的各城区名称及对应房源数量
labels=new_count_district.index             # 获取各城区名称
sizes=new_count_district.values             # 获取对应房源数量
# 绘制二手房数量分布饼图
plt.pie(sizes,labels=labels,autopct='%2.2f%%')
plt.title('二手房数量分布')                  # 标题名称
plt.show()                                  # 显示图形
```

高手点拨

Matplotlib 的 pyplot 模块提供了 pie()函数用于绘制饼图，其一般使用格式如下：

```
pyplot.pie(x,labels=None,colors=None,autopct=None)
```

其中，x 是绘制饼图的数据；labels 是数据值对应的标签列表；colors 用于指定扇形的颜色列表；autopct 用于指定扇形中数据的格式。

步骤 3 运行程序，结果如图 8-8 所示。可以看出，朝阳的二手房数量占比最大，反映出该城区的二手房市场较为活跃，房源供应较为充足。丰台、海淀、通州等城区的二手房数量也相对较多，表明这些城区在二手房市场上具有一定的规模和重要性。相比之下，门头沟的二手房数量较少，说明该城区的二手房市场发展相对缓慢，房源供应相对有限。被归为“其他”城区的二手房数量也有一定占比，这提示在分析整体市场时，也不能忽视这些相对较小但仍占有一定份额的市场。

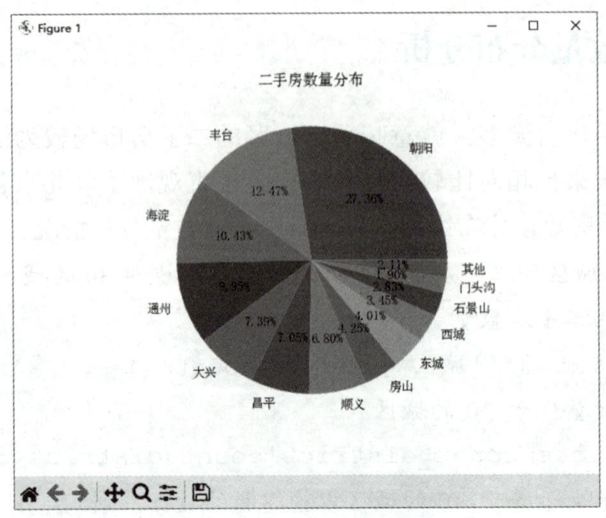

图 8-8　二手房数量分布饼图

8.3.3　二手房平均单价分析

在房源交易过程中，购房者、售房者对价格最为重视。为了了解各城区二手房市场的价格特点和差异，本节绘制各城区二手房的平均单价条形图，为购房者和售房者提供价格参考。

步骤 1　使用 groupby()函数和 mean()函数计算各城区二手房的平均单价。

```
# 计算各城区二手房的平均单价
avg_price=df.groupby('城区')['单价（元/平方米）'].mean()
```

步骤 2　使用计算得到的数据绘制二手房平均单价条形图。

```
# 获取各城区名称及对应的二手房平均单价
x=avg_price.index                         # 获取各城区名称
y=avg_price.values                        # 获取对应二手房平均单价
plt.figure(figsize=(12,8))                # 设置图形的尺寸
plt.bar(x,y)                              # 绘制条形图
plt.xlabel('城区')                         # 横坐标名称
plt.ylabel('平均单价（元/平方米）')          # 纵坐标名称
plt.title('二手房平均单价')                  # 标题名称
plt.xticks(rotation=45)                   # 标签旋转 45 度，使其不重叠
plt.grid(axis='y',linestyle='--')         # 添加横向网格线（虚线）
plt.show()                                # 显示图形
```

高手点拨

Matplotlib 的 pyplot 模块提供了 bar()函数用于绘制条形图，其一般使用格式如下：

```
pyplot.bar(x,height,width=0.8)
```

其中，x 表示条形图 x 轴的位置序列，可以是数字或字符串；height 表示条形图中条形的高度，对应 y 轴的值；width 表示条形的宽度，默认取值为 0.8。

步骤 3 运行程序，结果如图 8-9 所示。可以看出，西城、东城的二手房平均单价较高，这表明西城、东城在地理位置、教育资源、商业配套等方面具有显著优势，使得房源价值相对较高。海淀和朝阳的二手房平均单价相对较高，这与这两个城区的经济发展、产业聚集，以及教育资源丰富等因素有关。相比之下，密云、平谷、延庆、房山等城区的二手房平均单价相对较低，说明这些城区在发展程度、基础设施建设等方面缺乏竞争力。

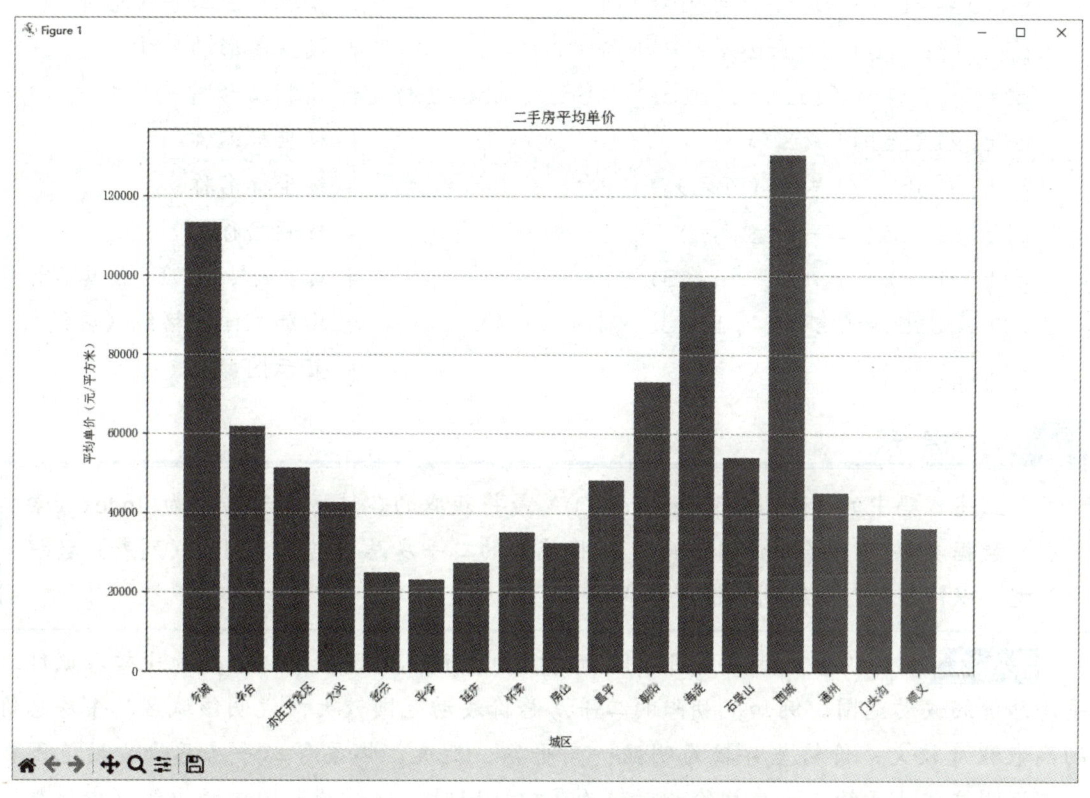

图 8-9 二手房平均单价条形图

8.3.4 二手房总价分析

对于购房者来说，总价也是重点考虑的问题，因为它直接关联着购房者的预算规划。为了清楚地了解各城区二手房总价的特征，同时对比各城区之间二手房总价的差异，本节绘制各城区二手房总价箱形图，以观察各城区二手房总价的分布特点。

步骤 1 使用循环语句和 groupby()函数获取各城区的二手房总价。

```
data={}                                        # 存放各城区的二手房总价
# 循环获取各城区的名称及对应的二手房总价
for city_district, group in df.groupby('城区')['总价（万元）']:
    data[city_district]=group.values
```

步骤 2 使用 boxplot()函数绘制二手房总价箱形图。

```
labels=pd.Index(data.keys())                   # 获取各城区名称
values=list(data.values())                     # 获取对应二手房总价
plt.figure(figsize=(12,8))                     # 设置图形的尺寸
plt.boxplot(values,tick_labels=labels)         # 绘制箱形图
plt.xlabel('城区')                              # 横坐标名称
plt.ylabel('总价（万元）')                       # 纵坐标名称
plt.title('二手房总价')                          # 标题名称
plt.xticks(rotation=45)                        # 标签旋转 45 度，使其不重叠
plt.grid(axis='x',linestyle='--')              # 增加纵向网格线（虚线）
plt.show()                                     # 显示图形
```

小提示

上述代码中的“pd.Index(data.keys())”是将获取的各城区名称转换为 Index（索引）数据类型，“list(data.values())”是将获取的二手房总价转换为 list（列表）数据类型，以符合箱形图绘制的输入格式要求。

步骤 3 运行程序，结果如图 8-10 所示。利用该箱形图，可以直观地比较各城区二手房总价的波动范围。例如，朝阳的二手房总价波动范围较大，说明该城区二手房总价的离散程度较大，价格差异较为明显；而平谷、延庆、怀柔等二手房总价波动范围较小，说明这些城区的二手房总价相对较为集中。同时，通过箱形图中的中线（中位数）可以看出不同城区二手房总价的中间水平。例如，西城和东城的中位数较高，其整体房价水平较高；反之，密云、门头沟等中位数较低的城区，房价较为亲民。

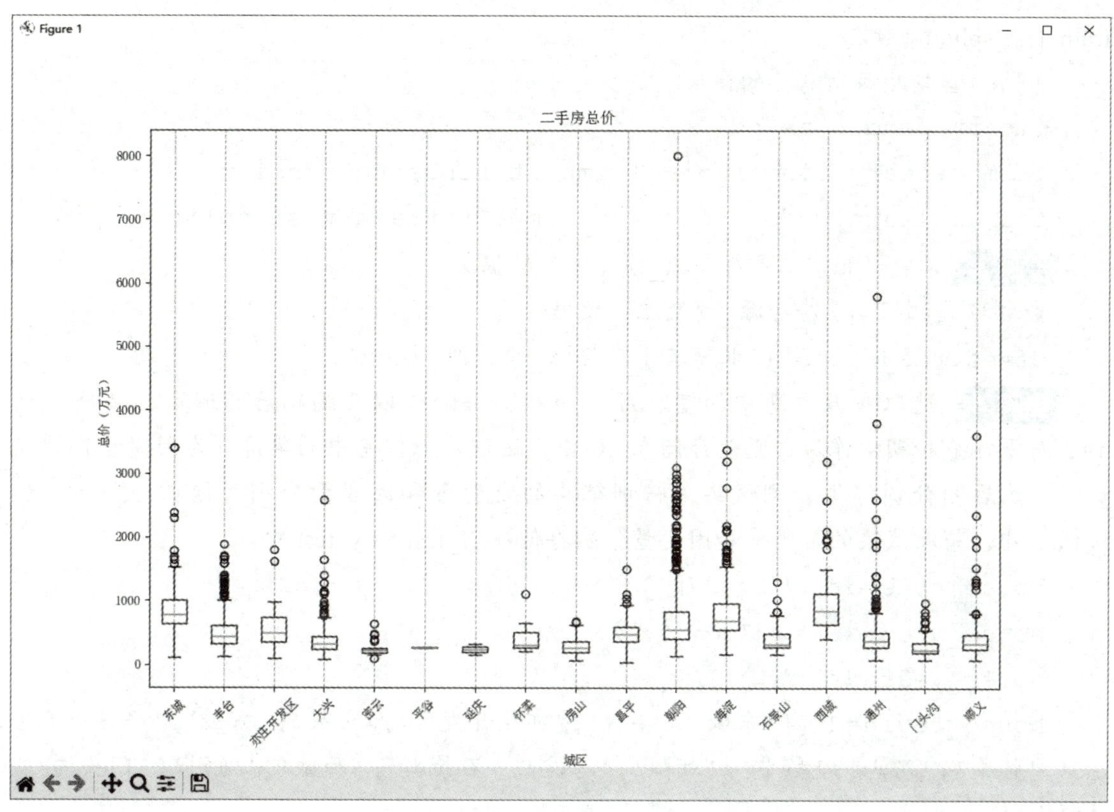

图 8-10　二手房总价箱形图

8.4 某地二手房房价预测

北京二手房房价预测

根据实际经验可知，二手房所在城区、户型（室、厅）、面积、房龄、朝向、装修、结构和房源标签（是否近地铁）都是影响房价的重要因素。而多元线性回归正适用于分析受多因素影响的连续数据。因此，本项目使用多元线性回归模型预测二手房房价。

8.4.1 构建多元线性回归模型

构建多元线性回归模型时，选取室、厅、面积、房龄，以及编码后的城区、装修、结构、房源标签和朝向作为自变量，单价作为因变量。需要注意的是，二手房单价可由总价和面积计算得到，因此构建多元线性回归模型时不可选取总价作为自变量。

步骤 1 新建名称为“使用多元线性回归模型预测房价”的 Python 文件。

步骤 2 导入构建多元线性回归模型所需要的 Pandas、LinearRegression 类和

train_test_split()函数。

```
# 导入当前项目所需要的模块
import pandas as pd
from sklearn.linear_model import LinearRegression
from sklearn.model_selection import train_test_split
```

步骤 3 读取“北京二手房房源_预处理”数据集。

```
# 读取“北京二手房房源_预处理”数据集
df=pd.read_excel('北京二手房房源_预处理.xlsx')
```

步骤 4 选取房源信息中的室、厅、面积、房龄，以及编码后的城区、装修、结构、房源标签和朝向作为自变量存储在 X 中，选取房源信息中的单价作为因变量存储在 y 中，然后划分训练集和测试集，将训练集的自变量和因变量分别存储在 X_train 和 y_train 中，将测试集的自变量和因变量分别存储在 X_test 和 y_test 中。

```
house_type=df[['室','厅']]
house_area=df['面积（平方米）']
house_year=df['房龄']
house_regin=df[['东城','丰台','亦庄开发区','大兴','密云','平谷','延庆','怀柔','房山','昌平','朝阳','海淀','石景山','西城','通州','门头沟','顺义']]
house_finish=df[['毛坯','简装','精装']]
house_structure=df[['塔楼','平房','板塔结合','板楼']]
is_subway=df[['不近地铁','近地铁']]
house_dirt=df[['东','南','西','北','东北','东南','西北','西南']]
# 选取自变量并存储在 X 中
X=pd.concat([house_type,house_area,house_year,house_regin,house_finish,house_structure,is_subway,house_dirt],axis=1)
y=df['单价（元/平方米）']                # 选取因变量并存储在 y 中
# 划分训练集和测试集，测试集占总数据集的 20%
X_train,X_test,y_train,y_test=train_test_split(X,y,test_size=0.2,random_state=42)
```

步骤 5 使用 LinearRegression 类的 fit()方法训练模型，并对测试集进行预测。

```
# 创建并训练多元线性回归模型
linr=LinearRegression()
linr.fit(X_train,y_train)
y_pred=linr.predict(X_test)
```

步骤 6 导入所需要的 pyplot 模块，然后使用 plot()函数绘制前 50 条数据（测试集）的真实值与预测值对比折线图。

```
# 绘制前 50 条数据的对比折线图
import matplotlib.pyplot as plt                    # 导入 pyplot 模块
plt.rcParams['font.sans-serif']='SimSun' # 设置可视化字体为“宋体”
plt.figure(figsize=(12,6))                         # 设置图形的尺寸
# 绘制真实值折线图
plt.plot(range(50),y_test[:50],'-*',label='真实值')
# 绘制预测值折线图
plt.plot(range(50),y_pred[:50],'--.',label='预测值')
plt.xlabel('前 50 条数据')                         # 横坐标名称
plt.ylabel('总价（万元）')                         # 纵坐标名称
plt.title('二手房房价真实值和预测值对比')          # 标题名称
plt.legend()                                       # 显示图例
plt.show()                                         # 显示图形
```

步骤 7 运行程序，结果如图 8-11 所示。可以看出，前 50 条数据的二手房房价的预测值与真实值稍有偏差，但整体趋势基本一致，可以通过该模型粗略预测北京二手房房价。

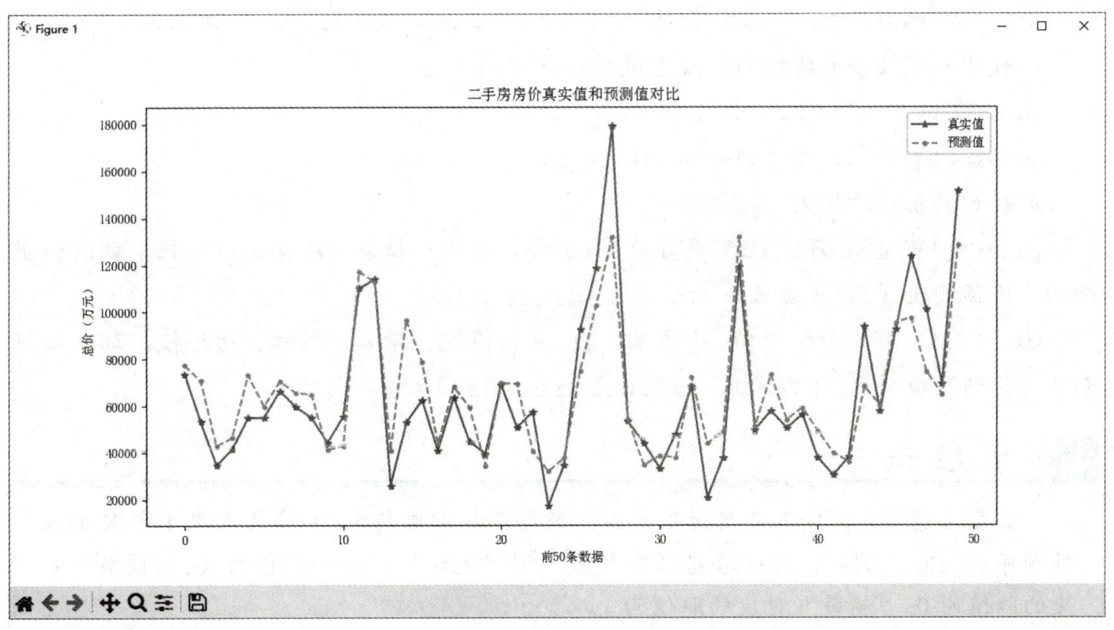

图 8-11　二手房房价真实值和预测值对比折线图

8.4.2 使用多元线性回归模型预测房价

现有两套房源，分别是昌平和海淀的 3 室 1 厅、100 平方米、15 年、精装、塔楼、近地铁、朝东和朝南的房源，预测这两套房源的二手房单价。

步骤 1 定义两套房源信息，然后使用 8.4.1 节中构建的多元线性回归模型进行房价预测。

```
# 获取各个属性的名称
column_names=X.keys()
# 第一套房源信息：3 室 1 厅、100 平方米、15 年、昌平、精装、塔楼、近地铁、朝东和朝南
new_data1=[3,1,100,15,0,0,0,0,0,0,0,0,0,1,0,0,0,0,0,0,0,0,0,
1,1,0,0,0,0,1,1,1,0,0,0,0,0,0]
# 第二套房源信息：3 室 1 厅、100 平方米、15 年、海淀、精装、塔楼、近地铁、朝东和朝南
new_data2=[3,1,100,15,0,0,0,0,0,0,0,0,0,0,1,0,0,0,0,0,0,0,0,
1,1,0,0,0,0,1,1,1,0,0,0,0,0,0]
# 将数据转换为 DataFrame 格式，以符合模型的输入格式要求
new_df1=pd.DataFrame([dict(zip(column_names,new_data1))])
new_df2=pd.DataFrame([dict(zip(column_names,new_data2))])
# 使用构建的多元线性回归模型进行房价预测
predicted1=linr.predict(new_df1)
predicted2=linr.predict(new_df2)
# 输出房价预测结果
print('3 室 1 厅、100 平方米、15 年、昌平、精装、塔楼、近地铁、朝东和朝南的房价预测值（元/平方米）：\n',predicted1)
print('3 室 1 厅、100 平方米、15 年、海淀、精装、塔楼、近地铁、朝东和朝南的房价预测值（元/平方米）：\n',predicted2)
```

小提示

需要注意的是，输入新房源信息时，数据顺序需要与 8.4.1 节的步骤 4 中 X 的属性顺序相对应。例如，有一套房源为精装，那“毛坯”对应的取值为 0，“简装”对应的取值为 0，“精装”对应的取值为 1。

上述代码中的“[dict(zip(column_names,new_data1))]”是将 column_names 中的元素和 new_data1 中的元素一一对应地组合成元组，然后再使用 dict()函数将这些元组转换为一个字典，而“[]”则是将生成的字典存放在一个列表中。

步骤 2 运行程序，结果如图 8-12 所示。可以看出，在其他因素均相同的情况下，海淀的二手房房价会高于昌平，结合 8.3 节中的分析可知，这种情况是符合实际的。

```
3室1厅、100平方米、15年、昌平、精装、塔楼、近地铁、朝东和朝南的房价预测值（元/平方米）：
 [52156.07384057]
3室1厅、100平方米、15年、海淀、精装、塔楼、近地铁、朝东和朝南的房价预测值（元/平方米）：
 [75558.28782908]
```

图 8-12 房价预测结果

8.5 某地二手房房源分析

为了更深入地分析北京二手房市场，挖掘不同二手房之间的内在关联和差异，本项目使用 K-Means 算法构建聚类模型来分析房源。构建 K-Means 聚类模型时，选择二手房的“面积（平方米）”“单价（元/平方米）”“总价（万元）”属性作为 K-Means 聚类的关键属性，以区分出不同价格区间、不同面积的二手房类别，进而了解不同需求层次的市场供应情况。

北京二手房房源分析

8.5.1 准备数据

由于 K-Means 算法对异常值十分敏感，所以在聚类前需要先去除数据中的极大值和极小值，以防止这些极端值影响聚类结果。由图 8-6 可知，二手房面积大部分在 400 平方米以内，因此删除面积大于 400 平方米的数据；由图 8-9 可知，二手房单价分布较为集中，没有明显的极端值；由图 8-10 可知，二手房总价大部分在 4 000 万元以内，因此删除总价大于 4 000 万元的数据。

此外，由于“面积（平方米）”“单价（元/平方米）”“总价（万元）”属性的取值范围相差非常大，会导致聚类时某个属性（如单价）占据主导地位，影响聚类的效果。因此，需要进行数据规范化，如 Z-Score 规范化，以减小不同取值范围造成的影响。

步骤 1 新建名称为“使用 K-Means 聚类模型分析房源”的 Python 文件。

步骤 2 导入构建 K-Means 聚类模型需要的 Pandas、KMeans 类和 StandardScaler 类。

```
# 导入构建 K-Means 聚类模型所需要的库和类
import pandas as pd
from sklearn.cluster import KMeans
from sklearn.preprocessing import StandardScaler
```

步骤 3 读取“北京二手房房源_预处理”数据集，并选取二手房的“面积（平方米）”“单价（元/平方米）”“总价（万元）”属性作为聚类的关键属性。

```
# 读取“北京二手房房源_预处理”数据集
df=pd.read_excel('北京二手房房源_预处理.xlsx')
df=df[['面积（平方米）','单价（元/平方米）','总价（万元）']]
```

步骤 4 删除二手房面积和总价中的极端值。

```
# 获取“面积（平方米）”大于 400 的数据并删除
df1=df['面积（平方米）'][df['面积（平方米）']>400]
df=df.drop(df1.index)
# 获取“总价（万元）”大于 4 000 的数据并删除
df2=df['总价（万元）'][df['总价（万元）']>4000]
df=df.drop(df2.index)
```

步骤 5 使用 StandardScaler 类规范化数据。

```
# Z-Score 规范化
df=StandardScaler().fit_transform(df)
```

8.5.2 构建聚类模型并分析房源

构建 K-Means 聚类模型时，需要预先确认聚类的簇数量，即 k 值。本节首先利用肘部法选取合适的 k 值，然后再构建 K-Means 聚类模型，最后使用三维散点图可视化聚类结果，并对聚类结果进行分析。

步骤 1 使用肘部法选取合适的 k 值。

```
import matplotlib.pyplot as plt                    # 导入 pyplot 模块
plt.rcParams['font.sans-serif']='SimSun'# 设置可视化字体为“宋体”
plt.rcParams['axes.unicode_minus']=False           # 正常显示负号
k_range=range(1,10)                                # 设定 k 值的范围
SSE=[]           # 初始化一个空列表用于存储不同 k 值对应的 SSE
for k in k_range:
    # 创建 K-Means 聚类模型
    kmeans=KMeans(n_clusters=k)
    # 训练模型
    kmeans.fit(df)
    # 计算 SSE，并将其存储在列表中
    SSE.append(kmeans.inertia_)
plt.plot(k_range,SSE,'bx-')                        # 绘制肘部曲线
plt.xlabel('k 值')                                 # 横坐标名称
plt.ylabel('SSE')                                  # 纵坐标名称
plt.show()                                         # 显示图形
```

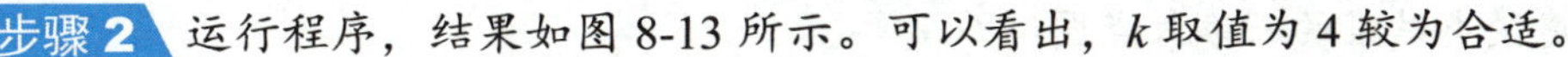

步骤 2 运行程序，结果如图 8-13 所示。可以看出，k 取值为 4 较为合适。

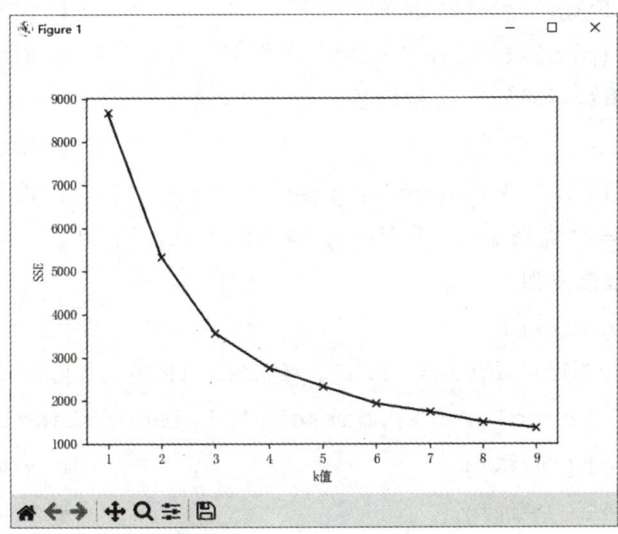

图 8-13 肘部法确定 k 值

步骤 3 使用 KMeans 类的 fit()方法训练模型。其中，n_clusters 取值为 4；random_state 取值为 42，以确保结果可以复现。

```
# 构建 K-Means 模型
kmeans=KMeans(n_clusters=4,random_state=42)
kmeans.fit(df)
```

步骤 4 使用 KMeans 类的 cluster_centers_属性获取簇质心。

```
centroids=kmeans.cluster_centers_
print('簇质心：\n',centroids)
```

步骤 5 运行程序，结果如图 8-14 所示。此时可以看到四个簇的质心，其坐标值对应规范化后的面积、单价和总价。通过质心大致可以看出四类房源的特点：第一类面积较大，但是单价不高；第二类面积较小，但是单价非常高；第三类面积较小，同时单价和总价都不高；第四类面积较大，同时单价和总价也很高。

```
簇质心：
 [[ 1.02319172 -0.45187995  0.249476  ]
 [-0.38643678  1.30649681  0.41021128]
 [-0.43288421 -0.54336847 -0.59426681]
 [ 2.31880016  1.01270479  2.87735406]]
```

图 8-14 簇质心

步骤 6 使用 axes()函数创建一个三维绘图区域，然后使用循环语句和 scatter()函数绘制聚类结果的三维散点图。

```
# 创建聚类结果的三维散点图
plt.figure(figsize=(7,5))                          # 设置图形的尺寸
ax=plt.axes(projection='3d')                       # 创建三维绘图区域
# 为每个类别添加不同的颜色和标签
labels=kmeans.labels_                              # 记录聚类标签
colors=['yellow','orange','green','blue']          # 设置散点图颜色
label_names=['类别1','类别2','类别3','类别4']        # 设置标签名称
# 循环绘制三维散点图
for i in range(4):
    ax.scatter(df[labels==i,0],df[labels==i,1],df[labels==i,2],
              c=colors[i],marker='o',label=label_names[i])
ax.set_xlabel('面积')                               # x轴坐标名称
ax.set_ylabel('单价')                               # y轴坐标名称
ax.set_zlabel('总价')                               # z轴坐标名称
ax.set_title('二手房房源聚类散点图')                  # 标题名称
plt.legend(loc='upper left')                       # 显示图例，放置左上角
plt.show()                                         # 显示图形
```

步骤7 运行程序，结果如图8-15所示。

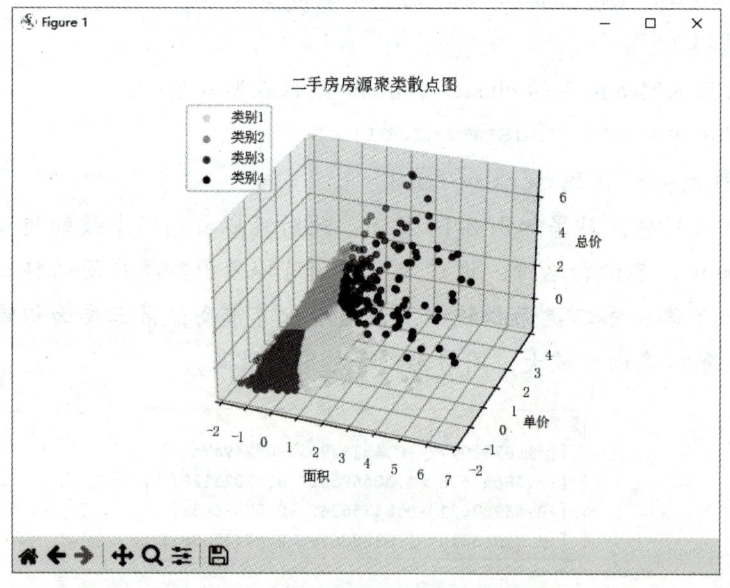

图8-15 二手房房源聚类散点图

根据图8-15并结合步骤5输出的簇质心可知，北京二手房房源大致可以分为以下4类。

（1）类别 1：面积较大、单价不高、总价适中。这类房源性价比较高，通常位于城市的新兴发展区域或者郊区。对于有较大居住面积需求但预算有限的家庭来说，这类房源是较为理想的选择。

（2）类别 2：面积较小、单价高、总价适中。这类房源多处于市中心或繁华地段，周边交通、教育、医疗等资源丰富，适合更看重生活的便利性和优质资源，但对居住面积要求相对较低的单身人士或小家庭。

（3）类别 3：面积小、单价低、总价低。这类房源一般位于城市的偏远地区或者老旧城区，房源条件可能相对较差，如一些老旧城区的小户型旧房。这类房源适合预算有限的购房群体，或者作为过渡性住房。

（4）类别 4：面积大、单价高、总价高。这类房源数量较少，往往是高端豪华住宅，具有独特的地理位置、优质的建筑品质和完善的配套服务。这类房源通常位于城市的核心地段，如高档公寓或别墅，目标客户为追求高品质生活和投资价值的高收入人群。

参考文献

［1］曹洁，邓璐娟．Python 数据挖掘技术及应用：微课版［M］．北京：清华大学出版社，2021．

［2］王磊，邱江涛．Python 数据挖掘实战：微课版［M］．北京：人民邮电出版社，2023．

［3］魏伟一，张国治．Python 数据挖掘与机器学习：微课视频版［M］．北京：清华大学出版社，2021．

［4］蔡毅，黄清宝，许可，等．数据挖掘［M］．北京：清华大学出版社，2023．

［5］尚文倩．神经网络与深度学习：微课视频版［M］．北京：清华大学出版社，2022．